Royal
Horticultural
Society

AROMA-
REVOLUTION
IM GARTEN

FACHCHINESISCH, NEIN DANKE

Für einen so begeisterten Botaniker wie mich war das Durchstöbern Tausender wissenschaftlicher Arbeiten und das Ausprobieren modernster gärtnerischer Methoden ein regelrechter Genuss.

Das Übersetzen des Fachchinesisch in ein Buch mit einfachen Tipps, die selbst Anfänger auf Anhieb verstehen, hatte jedoch seine Tücken. Es ist nun einmal eine Tatsache: Selbst bei x-fach getesteten Methoden spielen so viele Faktoren mit, dass der Erfolg nicht garantiert ist. Schon allein bei der Frage, was »gut« schmeckt, scheiden sich die Geister. Ich scheue mich also nicht zuzugeben, dass in diesem Werk eine gehörige Portion Subjektivität mitschwingt.

Das Buch liefert keine Beiträge für wissenschaftliche Fachzeitschriften und taugt auch nicht als Lehrwerk für Agraringenieure. Stattdessen ist es ein verständlich geschriebener, praxisorientierter Leitfaden für Obst- und Gemüsegärtner, die Wohlschmeckendes anbauen möchten, ganz gleich, wo sie leben.

Royal
Horticultural
Society

AROMA-
REVOLUTION
IM GARTEN

JAMES WONG

Fotografien von Jason Ingram
Illustrationen von Tobatron

INHALT

DIE
BASICS

ANBAUTIPPS VON JAMES WONG

»Selbstangebautes schmeckt *immer* besser als Gekauftes.«

Kommt Ihnen das bekannt vor? Das oder Ähnliches scheint der Pflichtsatz zu sein, mit dem fast jeder in den vergangenen 20 Jahren geschriebene Artikel über den Anbau von Obst und Gemüse im Garten anfängt. Ich als Wissenschaftler habe mit der Aussage eigentlich nur ein einziges Problem: Sie stimmt nicht so ganz.

Auch wenn man Gemüse mit viel Aufwand selbst angebaut hat, muss man sich eingestehen: *Manches* aus dem eigenen Garten schmeckt in Wirklichkeit genauso, wenn nicht sogar schlechter als das aus dem Supermarkt. Ja, ich meine euch, Sellerie, Steckrübe und Kopfkohl.

Das Bestürzende daran: **Etliche herkömmliche Empfehlungen – meist sind sie den landwirtschaftlichen Leitfäden des 19. Jahrhunderts entnommen – verwässern den Geschmack bewusst, weil sie den Ertrag über alles stellen.** Um die Moral der Hobbygärtner vollends zu zerstören: Zahlreiche Faustregeln, die wir mit Hingabe befolgen, sind oft reiner Mythos oder haben nur bedingt eine wissenschaftliche Grundlage. **Das muss nicht so sein!**

In diesem Buch versuche ich den Spieß umzudrehen und mithilfe neuester wissenschaftlicher Erkenntnisse dem herkömmlichen gärtnerischen Wissensschatz die Möglichkeit zurückzugeben, sein Versprechen Nummer eins zu halten:

unvergleichlichen Geschmack zu liefern. Die Abkehr von der Fixierung auf Maximalerträge kann nicht nur den Geschmack der Genüsse aus Ihrem Garten verbessern, sondern auch den Arbeitsaufwand gewaltig verringern, Überkapazitäten abbauen und den Nährstoffgehalt Ihrer Ernte in die Höhe treiben. **Maximaler Geschmack bei minimalem Aufwand** ist das Motto. Wir untermauern es mit modernsten Erkenntnissen – und widerlegen bei der Gelegenheit gleich einige der ältesten Gärtner-Mythen.

Das kann Ihnen 150 Prozent süßere Tomaten, 100-mal aromatischere Erdbeeren, Chilischoten mit der doppelten Feuerkraft und Rote Beten mit dreifach schwächerem Erdgeschmack bescheren. **Mein Ansatz ist entstanden nach der Auswertung von 2000 wissenschaftlichen Fachartikeln aus Zeitschriften in aller Welt. Er berücksichtigt neueste Forschungsergebnisse über den Einfluss von Sortenwahl und Anbaumethoden auf den Geschmack** und übersetzt akademisches Fachchinesisch in einfache Tipps und Tricks, die jeder umsetzen kann.

Ich habe persönlich die nach meinem System angebauten Gemüse- und Obstsorten probiert; Dutzende wurden im Garten der Royal Horticultural Society im englischen Wisley getestet. Sie liefern Ihnen vielleicht keine Rekorderträge und auch keine makellosen Früchte. Aber Sie bescheren Ihnen Genüsse mit unvergleichlichem Geschmack – und verwunderte Blicke vom Gartennachbarn. **Packen wir's also an!**

MYTHOS
NUMMER 1

SELBST-
GEZOGENES
SCHMECKT
BESSER

WARUM DAS, WAS GUT SCHMECKT, GUT SCHMECKT

Haben Sie schon mal darüber nachgedacht, warum Ihnen Fisch mit einem Spritzer Zitronensaft besser schmeckt als ohne? Ob Sie's glauben oder nicht: Mehrere Millionen Jahre Evolution haben Ihnen den Instinkt beschert, der Ihnen sagt, dass antibakterielle Zitronensäure die schädlichen, für den unangenehmen Fischgeruch verantwortlichen Keime abtötet. Je nachdem, in welchem Teil der Welt sie aufgewachsen sind, geht die keimtötende Wirkung vielleicht nicht von Zitronen aus, sondern von Chilis, Tamarinde, Essig, Wasabi, Ingwer oder Sojasoße. Sie alle enthalten antibakterielle Substanzen, die unangenehmen Geschmack dämpfen und damit das Fleisch genießbarer machen.

Selbst die Inuit, denen sehr wenige pflanzliche Würzmittel zur Verfügung stehen, lassen Fisch gären, bis er reichlich antibakterielle Essigsäure enthält, und mischen ihn dann mit frischem Fisch. Je roher und fischiger das Fischfilet, desto mehr antimikrobielle Mittelchen kommen drauf.

Überhaupt beruht unsere gesamte Vorstellung von gutem Geschmack auf einem komplexen Zusammenspiel unseres Geschmacks-, Geruchs- und Tastsinns mit einem einzigen Ziel: **potenziell schädliche Substanzen von unserem Mund fernzuhalten und nur das Gute hineinzulassen.** Dieser hochsensible chemische Detektor hat sich über Millionen Jahre entwickelt, bis er Tausende von Stoffen erkennen und analysieren konnte, damit wir uns von giftigen oder keimbelasteten Elementen in unserer Nahrung fernhalten und gleichzeitig diejenigen mit viel Energie und Nährstoff aufspüren können. **Es ist kein Zufall, dass die meisten gefährlichen Gifte fürchterlich bitter schmecken** (was fast alle Menschen als unangenehm empfinden), während kalorienhaltige, sichere Nahrungsmittel aus der Natur zuckersüß sind. Was wir wählen, kombinieren und kochen, ist gesteuert vom instinktiven Verlangen, ungefährliche, nahrhafte Speisen zu uns zu nehmen. **Unser guter Geschmack hat wenig mit individuellen Vorlieben zu tun, sondern ist größtenteils in unseren Genen verankert.**

GESCHMACK IST DOCH SUBJEKTIV, ODER?

Natürlich unterscheiden sich die Geschmacksvorlieben zwischen Individuen und Kulturen. **Trotzdem werden auf der ganzen Welt mehr oder weniger dieselben chemischen Stoffe als wohlschmeckend empfunden.** Selbst die berüchtigte Durianfrucht aus Südostasien, deren Gestank von Menschen aus dem Westen als perfektes Beispiel für die kulturelle Prägung von Geschmack genannt wird, enthält dieselben Schwefelverbindungen, Antioxidantien und essenziellen Aminosäuren, denen europäische Konsumgüter wie Camembert ihr Aroma verdanken. Dessen Duft übrigens empfinden südostasiatische Nasen als ekelerregend.

Universelle Vorlieben aber gibt es nicht nur für bestimmte Stoffe, sondern auch für ihre Konzentration. **Wie Geschmackstests gezeigt haben, bevorzugen Erwachsene in aller Welt die Süßung von Flüssigkeiten mit acht bis zehn Prozent Zucker.** Das ist genau die Menge, die in den beliebtesten Früchten enthalten ist, was wieder auf evolutionäre Prägung hindeutet. Nicht zufällig werden die meisten alkoholfreien Getränke mit exakt diesem Zuckeranteil gesüßt. **Noch schmaler ist die Bandbreite bei den anderen Hauptgeschmacksrichtungen.** Der Gesamtverbrauch von Salz ist zwar in Japan signifikant höher als in den meisten westeuropäischen Staaten, doch die Konzentration bewegt sich in vielen Rezepten auf ähnlichem Niveau. Neurowissenschaftlichen Untersuchungen in den USA zufolge ist ein Fett-Zucker-Verhältnis von 50:50 in zahlreichen verarbeiteten Nahrungsmitteln ansprechender als jede andere Kombination der beiden Substanzen. Aus den Tests ging außerdem hervor, dass exakt diese Verteilung die Lustzentren im Gehirn ähnlich stimuliert wie Kokain, Heroin oder andere Drogen und sogar eine vergleichbare Abhängigkeit erzeugen kann. **Obwohl wir also subjektiv den Eindruck bekommen, dass die geschmacklichen Vorlieben sehr breit gefächert sind, scheinen sie angesichts der riesigen Menge möglicher Substanzen relativ universell zu sein.** Mit anderen Worten: Die meisten Menschen geben einem Heidelbeerkuchen den Vorzug vor einem Teller Zweige, Erde und Kiefernrinde. Abgesehen von Anhängern der Molekularküche.

Ausnahme 1: Das Kraut des Unheils!

Ob man Koriander mag oder hasst, ist genetisch bedingt. Studien legen nahe, dass empfindliche Menschen wie ich ein Gen besitzen, das für den Geruchsrezeptor OR6A2 kodiert. Wir empfinden Koriander nicht als angenehm und zitronig, sondern als seifig und abstoßend. Leider sind wir Korianderphobiker in der Minderheit – nur 20 Prozent besitzen diese angeborene Abneigung – und sind deshalb dazu verdammt, das Kraut ein Leben lang aus den Gerichten zu picken. **Man kann versuchen, sich an Koriander zu gewöhnen. Aber die Gene werden, das verspreche ich, nicht mitspielen.**

Ausnahme 2: Heilsamer Instinkt?

Wie anthropologische Studien ergaben, ist in einigen afrikanischen Ethnien die Empfindlichkeit gegenüber bitterem Geschmack dort herabgesetzt, wo ein erhöhtes Malariarisiko gegeben ist. Nach Auskunft von Wissenschaftlern der Universität von Pennsylvania hat sich dieser Wesenszug möglicherweise entwickelt, damit die Menschen eher antibakterielle oder das Immunsystem stärkende Substanzen verzehren, die einen gewissen Schutz gegen die Krankheit bieten.

Das sind jedoch Ausnahmen, die nur die Regel bestätigen, wonach menschliche Geschmacksvorlieben universell sind.

DIE ANATOMIE DER PERFEKTEN ERDBEERE

Wie aber macht man sein Obst und Gemüse wohlschmeckender? Wissenschaftler haben eine Art Formel entwickelt, mit der sich Verkostern zufolge der Geschmack aller Sorten verbessern lässt. Dazu muss man nur den Gehalt an Zuckern, Säuren und Aromastoffen erhöhen und gleichzeitig die Menge an scharfen und bitteren Geschmacksgebern und Fasern verringern. Noch nicht überzeugt? Hier die Praxis zur Theorie.

SUPERMARKT-WARE

Die Erdbeersorte 'Elsanta' dominiert die mitteleuropäischen Supermärkte. Regelmäßig aber wird sie von Feinschmeckern wegen ihres faden Geschmacks geschmäht.

WENIG ZUCKER

Je höher der Zuckergehalt, desto besser der Geschmack – das ergab fast jeder Geschmackstest. Bei den meisten Obst- und Gemüsesorten gibt es nicht einmal eine Obergrenze, bis zu der mehr Süße auch besseren Geschmack bedeutet. Kein Wunder, dass 'Elsanta' mit ihren spärlichen sechs Prozent Zucker so unbeliebt ist.

WENIG SÄURE

Wenig Zucker allein wäre noch nicht so schlimm, wenn die Beere viel Säure hätte. Sie wäre dann zwar nicht unbedingt roh ein Genuss, gäbe aber ausgezeichnete Marmelade ab. Viel Säure ist beim Einmachen von Vorteil, weshalb speziell dafür gezüchtete Sorten wie der Apfel 'Bramley' in der Regel reichlich Säure enthalten. Sie bildet ein Gegengewicht zu der Zuckerlawine, die Kuchen, Gelees und Konfitüren hinzugefügt wird. Fehlt es einer Frucht an Zucker und zugleich Säure, empfinden sie viele als fade und wässrig.

WENIG AROMASTOFFE

Die Sorte 'Elsanta' ist bekannt für ihren niedrigen Gehalt an Aromastoffen. Das ist meiner Ansicht nach ein großes Manko, denn sie sind hauptverantwortlich für guten Geschmack. Zucker oder Säure kann man, etwa in Form von Zitronensaft oder Essig, einer Speise hinzufügen, um ihren Geschmack zu verbessern. Aber der komplexe Duft frisch gepflückter Erdbeeren oder sonnengereifter Tomaten lässt sich fast nicht imitieren.

MEHR FASERN

Dichte Fasern im Fruchtfleisch verbessern die Festigkeit, was beim Verpacken, der Handhabung und der Lagerung von Vorteil ist. Sie machen die Beere aber auch hart und trocken.

BITTERE, WÜRZIGE, ERDIGE UND ABSTOSSENDE NOTEN

Werden Erdbeeren unter Schutzatmosphäre gelagert, halten sie bis zum Verkauf wesentlich länger. Gleichzeitig aber erhöht diese Form der Haltbarmachung den Anteil von unangenehm schmeckenden Stoffen wie Ethylacetat, eine Substanz, die beispielsweise auch in Nagellackentferner enthalten ist. Wie schön!

DAS GOLD AUS DEM EIGENEN GARTEN

'Snow White' ist eine neue, von Spitzenköchen sehr geschätzte Gourmetsorte. Bei Verkostungen schneidet sie immer wieder hervorragend ab.

70% MEHR ZUCKER

Der enorme Zuckergehalt von über zehn Prozent katapultierte 'Snow White' in der Hitliste der süßen Bomben ganz nach oben: Die Sorte wartet mit durchschnittlich 70 Prozent mehr Zucker als 'Elsanta' und sogar mehr als Coca-Cola auf. Gesundheitsapostel, nicht hyperventilieren – es gibt auch eine gute Nachricht: Anbaumethoden, die den Zuckergehalt in die Höhe treiben, erhöhen auch den von Aromakomponenten und Nährstoffen.

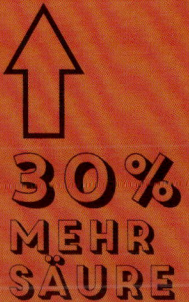

30% MEHR SÄURE

30 Prozent mehr Säure als 'Elsanta' – das ist ein ordentlicher Spritzer, der ein gutes Gegengewicht zum hohen Zuckergehalt bildet. Ohne die Säure würde man die Frucht trotz ihrer Süße als fade und »flach« empfinden. Sobald die Geschmacksknospen Säure registrieren, fahren die Speicheldrüsen die Produktion hoch, um den pH-Wert im Mund auszugleichen. Auch das macht bestimmte Speisen saftiger und erfrischender.

2× SO VIELE AROMA-STOFFE

Die Sorte 'Snow White' enthält doppelt so viele Aromastoffe wie 'Elsanta' und ist berühmt für ihren überwältigenden Duft, in dem auch Kiwi-, Ananas- und Zuckerwattenoten mitschwingen.

Aromen sind entscheidend für den Geschmack. Wissenschaftlern zufolge erschmeckt man nur etwa 20 Prozent mit der Zunge, der Rest wird über die Aromen registriert, die durch den hinteren Rachenraum in die Nase gelangen. Wie wichtig das ist, kann man ausprobieren, indem man die Augen schließt, sich die Nase zuhält und in Apfel- und Zwiebelscheiben beißt! Sie werden fast keinen Unterschied erkennen.

WENIGER FASERN

Je weniger zähe und faserige Masse die Frucht enthält, desto mehr Menschen empfinden sie als Genuss. In einer zarten, weichen Textur lösen sich die Geschmacksstoffe leichter von den Pflanzenzellen, sodass die Frucht reicher und intensiver schmeckt. Bei den meisten Obstsorten sind die Fasern nicht allzu präsent, doch Blattgemüse wird durch weniger Fasern zu einem süßen, saftigen Salat.

SOLLEN OBST UND GEMÜSE SÜSSER WERDEN?

Zucker hatte in letzter Zeit eine sehr schlechte Presse. Soll man Obst und Gemüse wirklich auf mehr Süße trimmen? Ja und nein, ist meine bescheidene Meinung als Nicht-Ernährungswissenschaftler.

Zwei Faktoren geben die Süße von Obst und Gemüse vor: die Konzentration von Zucker in den Zellen und die Menge der sauren oder bitteren Geschmacksstoffe, die die Süße kaschieren können.

MEHR ZUCKER

Im Gartenbau erhöht man den Zuckergehalt von Erntepflanzen, indem man entweder die Produktion der süßen Stoffe in der Pflanze selbst erhöht oder die enthaltene Wassermenge verringert, was den bestehenden Zucker konzentriert. Beides steigert generell die Konzentration so ziemlich aller Verbindungen im Pflanzengewebe, etwa der Aromastoffe, Vitamine, Mineralien und Antioxidantien. Zucker ist sogar paradoxerweise oftmals der wichtigste Baustein, den die Pflanzen zur Erzeugung der gesunden Inhaltsstoffe brauchen. Er macht die Früchte also nicht nur süßer, sondern erhöht auch die Dichte der Nährstoffe – und die können, wie Versuche gezeigt haben, selbst die nachteiligen Folgen von übermäßigem Zuckerkonsum ausgleichen.

WENIGER BITTERKEIT UND SÄURE

Probleme ergeben sich meiner Ansicht nach dann, wenn man die Süße von Obst und Gemüse nicht dadurch erhöht, dass man den Zuckergehalt verbessert, sondern den Anteil saurer und bitterer Verbindungen – dabei handelt es sich oft um wichtige Nährstoffe – drosselt, um die Süße in den Vordergrund zu rücken. Besonders süße Zwiebel- oder Kirschensorten enthalten nicht unbedingt mehr Zucker als ihre sauren oder bitteren Pendants, sondern nur weniger Substanzen, die die Süße überdecken. Süße Sorten und ihre weniger süßen Alternativen enthalten also oft eine ähnlich hohe Zuckermenge. Zucker auf Kosten anderer potenzieller Nährstoffe in die Höhe zu treiben ist, wie ich finde, zweifelhaft.

Vielleicht sollten wir nicht so viel Aufhebens um Zucker in frischem Obst und Gemüse machen, sondern eher den Konsum von Chips, Burgern und zuckerhaltigen Getränken drosseln. **Oder ist das zu offensichtlich?**

MEHR GESCHMACK HEISST OFT: MEHR NÄHRSTOFFE!

Verbessert man die Qualität von Obst und Gemüse, erhöht man in fast allen Fällen auch deren Nährwert – das ist für mich der große Vorteil bei den gärtnerischen Bemühungen um eine Verbesserung des Geschmacks. Schließlich gehen Genuss und Gesundheit nicht immer Hand in Hand.

Nehmen wir als Beispiel die Tomate. Biochemiker in den Vereinigten Staaten haben herausgefunden, dass alle wichtigen Geschmacks- und Aromakomponenten in diesem beliebten Gemüse »von essenziellen Nährstoffen und gesundheitsfördernden Verbindungen abgeleitet sind«. Sie sind enthalten in Pflanzen, auf die die Evolution den Menschen geeicht hat, damit er Nahrung mit wichtigen Nährstoffen und keimhemmenden, antioxidativen und krebshemmenden Substanzen ausfindig machen konnte. **Um es einfach auszudrücken: Je mehr Geschmack Tomaten, Erdbeeren, Kirschen und Trauben haben, desto höher ist ihr Nährwert.**

Manche dieser Verbindungen sind ganz offensichtlich wichtig, etwa Zucker, die ultimative Quelle sofort verfügbarer Energie, und Ascorbinsäure alias Vitamin C, das viele Nahrungsmittel um eine angenehm säuerliche Note bereichert. **Methylsalicylat, das für einen Teil des grünen, krautigen Geschmacks von Tomaten verantwortlich ist, hat ähnlich wie Aspirin blutverdünnende und entzündungshemmende Wirkung.** Die Aromastoffe, die den rosenartigen, fruchtigen Duft von Tomaten versursachen, wirken noch indirekter. Sie sind Abbauprodukte von Phytonährstoffen, den Karotinoiden, und ein ausgezeichneter Indikator für die Konzentration der gesundheitsfördernden Verbindungen in den Früchten.

> Alle wichtigen Geschmacksstoffe in Tomaten lassen sich von Nährstoffen und gesundheitsfördernden Verbindungen ableiten, wie Wissenschaftler nachgewiesen haben.

Einen Haken hat die Sache

Es gibt allerdings einige gewichtige Ausnahmen. **In der Regel suchen sich Käufer die zartesten Exemplare aus – jene mithin, die den geringsten Anteil an gesunden Ballaststoffen haben.** Das ist noch ein Überbleibsel aus unseren Tagen als Sammler und Jäger, als so ziemlich alles Essbare voller unverdaulicher Fasern war und man seinen Energiebedarf nur decken konnte, wenn man die jüngsten, weichsten Triebe verputzte. Nun hat sich der Mensch in den letzten 20 000 Jahren immer clevere Methoden ausgedacht, Obst und Gemüse zu züchten und zu verarbelten, und dabei die Ballaststoffe ein wenig zu erfolgreich reduziert.

Ziemlich gut waren wir auch darin, das Bittere aus unserer Nahrung zu verbannen – und das mit gutem Grund. **Die meisten Gifte schmecken bitter, weshalb wir eine Aversion gegen diese Geschmacksrichtung entwickelt haben.** Babys und Kleinkinder in aller Welt verabscheuen Bitteres, selbst einige Genüsse, die Erwachsenen schmecken, wie Brokkoli und Rosenkohl. Das Paradoxe an den meisten Giften ist, dass sie in hoher Dosierung gefährlich, in niedriger aber oft gesundheitsfördernd sind und antibakterielle, entzündungshemmende oder antioxidative Eigenschaften haben. **Genau diese bitteren Verbindungen in Brunnenkresse, Brokkoli, Rotwein und Tee beispielsweise sind die Phytonährstoffe, die aus ihnen sogenannte »Superfoods« machen.**

MEIN ZIEL

Ziel dieses Buchs ist es nicht, Sie herumzukommandieren und Ihnen vorzuschreiben, was Sie zu essen haben. Ich will Ihnen nur Ratschläge geben, wie Sie Obst und Gemüse so anbauen, dass sie gut schmecken. Wenn das zufällig auch noch positive gesundheitliche Auswirkungen hat, ist das schon ein ziemlicher Bonus.

Dabei werde ich auch auf einfache Tricks hinweisen, wie Sie den Nährstoffgehalt erhöhen können, selbst wenn das Obst oder Gemüse dann nicht mehr ganz dem Massengeschmack entspricht. So können Sie selbst entscheiden.

WARUM TOMATEN ANDERS SCHMECKEN ALS FRÜHER

Handelsübliche Obst- und Gemüsesorten stehen seit geraumer Zeit im Kreuzfeuer der Kritik. Ihr Geschmack habe sich verschlechtert, heißt es. Oft ist das nicht von der Hand zu weisen. Die Agrarwissenschaft wäre theoretisch durchaus in der Lage, eine wohlschmeckendere Tomate hervorzubringen. Das Problem ist nur: Erzeuger haben wenig Anreiz, das in die Praxis umzusetzen.

DAS ERZEUGERPARADOX

Die Kunden der Gemüse- und Obstbauern sind nicht Sie und ich, sondern einflussreiche Zwischenhändler wie Supermärkte. Bis vor Kurzem scherten sie sich recht wenig um Geschmack oder Nährwert, sondern bezahlten die Erzeuger ausschließlich nach Gewicht. Gleichzeitig forderten sie möglichst lange Haltbarkeit, makelloses Aussehen und Widerstandsfähigkeit gegen automatisiertes Waschen und Verpacken. Guter Geschmack und hoher Nährwert standen auf der Prioritätenliste ganz weit hinten.

Beim Durchforsten der vielen Hundert wissenschaftlichen Versuche entdeckte ich etliche Seiten, in denen detailliert Experimente und hervorragende Ratschläge, wie man festere, makellosere, glänzendere, noch mehr den Idealmaßen entsprechende Früchte züchtet. In manchen Studien aus dem Bereich des gewerblichen Kräuteranbaus wurden sogar Methoden aufgeführt, wie man das frische Aussehen von Kräutern erhalten kann, die schon lange einen Großteil ihres Geschmacks eingebüßt haben. Als ich vor Jahren einen Film bei einem Porree-Erzeuger drehte, zeigte mir der Bauer stolz seine Versuchsfelder, in denen Hunderte neuer Lauchsorten wuchsen. Sie waren Teil eines Zuchtprogramms, mit dem man einen möglichst einheitlich geformten, am besten maschinell verpackbaren Lauch finden wollte. Über 200 neue Sorten – und keine einzige davon war je verkostet worden. Aber sie sahen alle aus, als kämen sie aus dem 3-D-Drucker.

Erwartungsgemäß wurde diese Einheitlichkeit oftmals mit Einbußen beim Geschmack und Nährwert erkauft. **Man versucht den Ertrag zu steigern, indem man die Wasserspeicherfähigkeit der Pflanzen erhöht, die sie größer und fester macht, aber auch den Geschmack verwässert.** Kirschen etwa werden vor der Ernte häufig stark gegossen, damit sie anschwellen. Das steigert das Erntegewicht und verlängert die Haltbarkeit, macht sie aber auch fader. In manchen Ländern haben Pflaumenanbauer sogar mit dem Besprühen ihrer Früchte mit Putrescin experimentiert, einer Verbindung, die den Geruch von fauligem Fleisch verursacht. Das sollte das Obst widerstandsfähiger gegen Beschädigungen bei der Ernte und Verarbeitung machen. Leider senkt die Behandlung mit Putrescin die Menge an Zucker,

Vitaminen und Antioxidantien beträchtlich. **Eine längere Haltbarkeit erreicht man auch, indem man Früchte unreif erntet, bevor sie ihren normalen Gehalt an Zucker und Aromastoffen haben, außerdem durch starke Kühlung und spezielle Verpackungsmethoden.** Intensive züchterische Bemühungen zielen darauf ab, Tomaten dickere Schalen und festere Konsistenz anzuerziehen, damit sie wochenlang in den Regalen liegen können, ohne schlecht zu werden.

Kurzum: Die besten Agraringenieure, Züchter und Gartenbauwissenschaftler wurden bis vor Kurzem dafür bezahlt, Obst und Gemüse mit immer schlechterem Geschmack zu entwickeln. Man stelle sich vor, sie alle hätten ihr Augenmerk auf seine Verbesserung gerichtet!

MACH'S WIE DER ZUCKERRÜBEN-BAUER

Zu den wenigen Pflanzen, deren Erzeuger für den Geschmack bezahlt wurden, gehören Zuckerrübenbauern. Zuckerfabriken ist es egal, wie die Rüben aussehen, sie interessiert die Reinheit und Konzentration des in ihnen enthaltenen Zuckers. Das hat dazu geführt, dass sich der Zuckergehalt der Rüben in den letzten 100 Jahren verfünffacht hat.

SINKT DER NÄHR-WERT UNSERES ESSENS?

Einige Studien prangern eine beträchtliche Verringerung des Nährwerts einer Reihe wichtiger Obst- und Gemüsesorten in den vergangenen 60 Jahren an. Der Rückgang wird dem häufig angeführten Verwässerungseffekt zugeschrieben: Erhöht sich der Ertrag, sinkt der Anteil an Vitaminen und Mineralien, von denen viele für den typischen Geschmack verantwortlich sind.

In einer epochalen britischen Untersuchung verglichen Wissenschaftler die Zusammensetzung der Mineralien in historischen Sammlungen englischer Weizenkörner der letzten 160 Jahre. Zwischen 1845 und Mitte der 1960er-Jahre, so fanden sie heraus, blieb der Anteil an Zink, Eisen, Kupfer und Magnesium stabil, danach jedoch war ein signifikanter Rückgang zu verzeichnen, **der mit der Einführung neuer, ertragreicher Sorten einherging.**

Im *Journal of the Science of Food and Agriculture* erschien eine US-amerikanische Studie, in deren Rahmen man ältere, ertragsarme Weizensorten und ertragreichere moderne Hybriden miteinander verglich. Wie bei der britischen Untersuchung kam man zu dem Schluss, **dass der Anteil an den Spurenelementen Eisen, Zink und Selen nach der Einführung ertragreicher Sorten zurückging.**

Zu einem ähnlichen Schluss kamen drei neuere Forschungsprojekte, die historische Daten zur Nährstoffzusammensetzung zahlreicher Obst- und Gemüsesorten in Großbritannien und Nordamerika verglichen. Es zeigte sich, dass der Anteil einiger (nicht aller) wichtiger Nährstoffe in frischen Produkten auf beiden Seiten des Atlantiks zwischen 1930 und 1990 um fünf bis vierzig Prozent zurückgegangen war.

Dr. Donald Davis, Biochemiker an der Universität von Texas in Austin, stellte einen Rückgang mehrerer wichtiger Nährstoffe in 43 Obst- und Gemüsesorten fest. Sein Fazit: »Es deutet einiges darauf hin, dass bei einer Selektion nach Ertrag die Früchte zwar größer werden und schneller wachsen, die Produktion bzw. Aufnahme von Nährstoffen aber nicht in demselben Maße steigt«. Er schickt zwar sogleich hinterher, dass noch weitere Studien nötig seien, meint aber auch: »Noch besorgniserregender wäre ein Rückgang von Inhaltsstoffen, die wir nicht untersuchen konnten, weil sie um 1950 noch nicht erfasst wurden, also Magnesium, Zink, die Vitamine B_6 und E, Ballaststoffe und Phytochemikalien.«

GUTE NACHRICHT

Zum Glück nimmt der Druck der Öffentlichkeit in den letzten Jahren zu, sodass die Erzeuger endlich einen Anreiz bekommen, nicht mehr nur den Ertrag nach oben zu schrauben, sondern auch den Nährwert und Geschmack ihrer Produkte.

Mit mehreren Zuchtprogrammen versucht man neuerdings den Nährwert von Brokkoli, Erdbeeren, Tomaten und anderen Nutzpflanzen zu steigern. **Gerade Tomatenzüchter, die sich von jeher den Zorn von Feinschmeckern zugezogen haben, denken inzwischen um.** Sie investieren überaus erfolgreich in Methoden zur Verbesserung der Fruchtqualität. Ein großer Tomatenproduzent brachte es auf den Punkt: »Die Verbraucher sind inzwischen bereit, für mehr Geschmack und Qualität mehr zu bezahlen. Das bedeutet, dass wir es uns leisten können, uns auf den Geschmack zu konzentrieren.«

Das neue Interesse der Wissenschaft an einer Verbesserung des Geschmacks und Nährwerts zeigt Wirkung: Hunderte von Feldstudien finden in aller Welt statt. Manche ihrer Ergebnisse sind selbst auf den kleinsten Hausgarten übertragbar. **Wenn Hobbygärtner die richtigen Informationen bekommen, können sie sich Obst und Gemüse mit umwerfendem Geschmack heranziehen.** Dieses Buch soll Ihnen zeigen, wie das geht.

0 ✕

SO HÄUFIG KAM DAS WORT »GESCHMACK« IM AKTIONSPLAN FÜR NUTZPFLANZENZUCHT DES US-LANDWIRTSCHAFTSMINISTERIUM VOR.

SO ERREICHEN SIE MEHR GESCHMACK

Wie gut Selbstgezogenes schmeckt, hängt von vielerlei Faktoren ab, etwa vom Sonnenlicht und dem Bodentyp, aber auch vom Wässern und Schneiden. Selbst Mikroben spielen eine Rolle.

Man weiß noch nicht viel darüber, wie sich jeder dieser Faktoren nutzen lässt, um die zahlreichen für den Geschmack verantwortlichen Inhaltsstoffe zu beeinflussen. Wir Gartenfreaks kennen aber schon etliche supersimple und sogar wissenschaftlich abgesegnete Tricks, um die Qualität der Genüsse aus dem eigenen Garten zu steigern. Hier die sieben wichtigsten geschmacksverbessernden Methoden.

GESCHMACKSSACHE
FAKTOR 1: WAHL DER SORTE

Nicht alle Sorten sind gleich

In der großen Debatte um natürliche Ernährung haben unzählige Versuche gezeigt, dass der bei Weitem wichtigste geschmacksprägende Faktor die Genetik ist. Sie legt alles fest, den Zuckergehalt ebenso wie die Menge an Aromen, die eine Frucht mobilisieren kann, sogar deren Verhältnis zueinander. **Anders ausgedrückt: Mit genug Make-up, Styling und Einsatz von Airbrushes kann jeder auf einem Foto okay aussehen, schön auf die Welt aber kommen nur Supermodels.** Die mitunter spektakulären Unterschiede zwischen manchen Obst- und Gemüsesorten sind auf die genetische Ausstattung zurückzuführen.

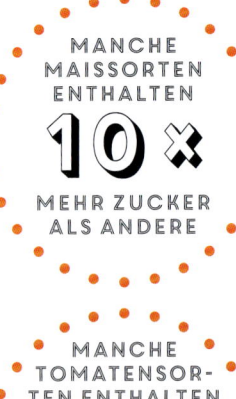

MANCHE MAISSORTEN ENTHALTEN **10x** MEHR ZUCKER ALS ANDERE

MANCHE TOMATENSORTEN ENTHALTEN **20x** MEHR LYCOPIN (EIN ANTIOXIDANS) ALS ANDERE

MANCHE ERDBEEREN HABEN **35x** SO VIELE AROMA-KOMPONENTEN WIE ANDERE

DAS WICHTIGSTE: DIE SORTE

Einige Aromastoffe sind in manchen Tomatensorten in 3000-fach höherer Konzentration als in anderen enthalten, haben Wissenschaftler in Kalifornien herausgefunden. Mit der Wahl der richtigen Sorte haben Sie also schon das Wichtigste getan. Clevere Anbaumethoden machen eine gute Sorte besser, können aber einen Ackergaul nicht in ein Rennpferd verwandeln.

Alte Sorten schmecken nicht immer besser

Was immer Anhänger der guten alten Zeiten erzählen: Das Alter einer Sorte ist keine Gewähr für guten Geschmack. Viele schmecken tatsächlich himmlisch, weil sie vom Züchterfetisch des 20. Jahrhunderts – Widerstandskraft gegen Krankheiten und Ertragssteigerung – verschont geblieben sind. **Wird aber mit modernsten Methoden auf Geschmacksverbesserung hingearbeitet, ziehen Opas Lieblinge oft den Kürzeren.**

Ein gutes Beispiel sind die Tomatensorte **'Sungold'** und die Erdbeere **'Mara de Bois'**. Beide sind für ihr umwerfendes Aroma bekannt. Wegen ihres Aussehens und Geschmacks hält man sie oft für alt. Dabei wurden sie erst in den 1990er-Jahren entwickelt. Wenn das schon alt ist, dann bin ich echt retro!

Viele alte Erbsensorten schmecken sogar fürchterlich, denn sie wurden zu einer Zeit gezüchtet, da man sie noch nicht jung und süß verzehrte, sondern stundenlang zu Erbspüree kochte. Liebhaber von Zuckermais wissen, dass moderne »extrasüße« Sorten bis zu zehnmal mehr Zucker enthalten als alte. **Zu behaupten, dass Altes immer besser schmecke als Neues, ist nichts weiter als gärtnerische Nostalgie.**

VERKOSTET

Herauszufinden, wie eine Sorte schmeckt, ist nicht ganz einfach. **Die Beschreibungen in Saatgut-Katalogen helfen nicht immer weiter.** Und die Faustregel, dass alte Sorten stets besser schmecken, stimmt einfach nicht. Zudem haben einige der am schlechtesten schmeckenden Züchtungen Namen, die einem den Mund wässrig machen. Eigentlich kann man nur eines tun: die Sorten selbst probieren.

Ich habe mich durch Hunderte von Sorten gekaut und nur die wahren Geschmacksgiganten herausgepickt. Sie sind nicht immer die Ertragreichsten, am leichtesten Anzubauenden oder die Widerstandsfähigsten gegen Schädlinge. Aber ich garantiere Ihnen: **Jedes Sorte in diesem Buch wurde von mir persönlich probiert, damit ich Ihnen wirklich nur die schmackhaftesten vorschlagen kann.**

MYTHOS NUMMER 2

ALTE SORTEN SCHMECKEN IMMER BESSER

Baue nicht an, was du auch kaufen kannst

Der mit Abstand beste Grund, selbst Obst und Gemüse zu kultivieren, ist die Tatsache, dass man sich dadurch einen ganzen Kosmos ansonsten nicht aufzutreibender Sorten erschließt.

Nehmen wir als Beispiel die mit Anthocyanen bepackte Heidelbeere 'Rubel', die Supermärkte nicht führen, weil sie für den Verkauf »zu klein« ist. Die Kirsche 'Morello' mit ihrem saftigen, weichen Fruchtfleisch ist so empfindlich, dass sie sich nicht um den Planeten fliegen lässt. Selbst die Erdbeere 'Malwina' mit einem absolut unvergleichlichen Duft wird von Supermarktkunden verschmäht, weil sie »zu rot« ist.

Samenkataloge brüsten sich zwar manchmal mit einer riesigen Auswahl, offerieren aber leider oft dieselben Sorten, die man auch in Geschäften findet. Sie gehen davon aus, dass Hobbygärtner exakt das anbauen möchten, was sie auf den Regalen der großen Supermarktketten sehen. Glauben Sie mir: Wenn Sie versuchen, das zu toppen, was Profis kultiviert haben, werden Sie aller Wahrscheinlichkeit nach keine überzeugenden Geschmacksunterschiede erreichen.

Katalogsprache

Samenkataloge haben ihren eigenen Jargon, den man erst entschlüsseln lernen muss, wenn man aus dem riesigen Angebot das Schmackhafteste herauspicken will. Erspäht man beispielsweise die Bezeichnung »Ausstellungssorte«, dann kann man davon ausgehen, dass sie groß und wässrig ist. Das gilt auch für »Riese«, »Gigant« und »Mammut«. »Neuheit«, »hoher Zierwert« und »Patio« deuten darauf hin, dass bei der Zucht Aussehen und geringe Größe und nicht Geschmack vorrangig waren. **Ich garantiere Ihnen: Wenn das Beste an einer Sorte der Geschmack wäre, dann würde das ganz groß in der Titelzeile beworben.**

Was man in diesem Buch nicht finden wird

Ich mag zwar frische Erbsen, neue Kartoffeln und süße Pastinaken, baue sie aber zugegebenermaßen nur selten an. Für eine einzige Portion Erbsen müsste ich die Hälfte meines winzigen Gartens hergeben. Selbst die mit viel Liebe selbst kultivierte Kartoffelsorte 'Jersey Royals' schmeckt meiner Ansicht nach nur unwesentlich besser als die Konkurrenz aus dem Geschäft. Für den erfolgreichen Anbau von Pastinaken bräuchte ich so etwas wie gärtnerische Superkräfte. Nicht einmal ansprechen sollten Sie mich auf »Mini-Auberginen«, die inzwischen in allen Katalogen angepriesen werden. Nach drei beherzten Versuchen bin ich zu der Überzeugung gelangt, dass ich eher ein Einhorn sehen als eine reiche Ernte zwergenhafter Auberginen aus einem Topf auf meiner Terrasse einfahren werde.

Damit ich Obst oder Gemüse selbst anbaue, muss es viel besser als die Handelsware schmecken. Außerdem möchte ich auch dann Chancen auf eine Ernte haben, wenn keiner meiner Daumen den Hauch einer Grüntönung hat.

Genau deshalb werden Sie hier keinen Kohl, Rosenkohl, Speisezwiebeln, Rettiche, Auberginen, Kartoffeln, Blumenkohl, Stangensellerie, Pastinaken, Salatgurken oder Paprika finden. Sie haben den Gartentest auf meinem Grundstück nicht bestanden. Wenn Sie sie unbedingt anbauen möchten, kein Problem. Ich möchte bloß nicht, dass Sie sich mit ihnen herumschlagen, nur weil sie meinen, dass sie besser schmecken.

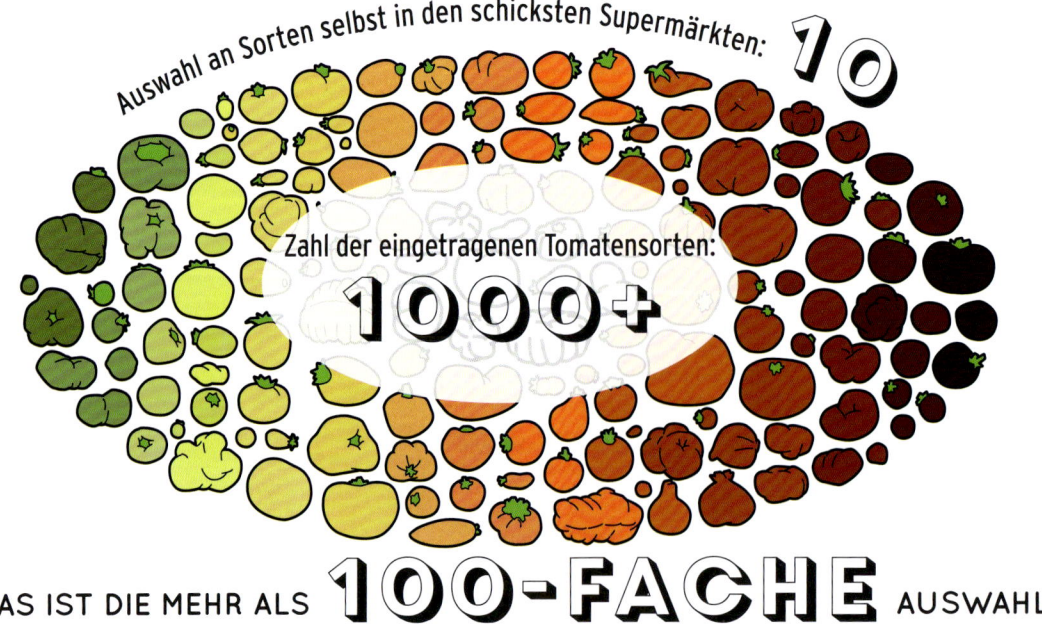

Auswahl an Sorten selbst in den schicksten Supermärkten: 10

Zahl der eingetragenen Tomatensorten: 1000+

DAS IST DIE MEHR ALS 100-FACHE AUSWAHL!

GESCHMACKSSACHE

Die Franzosen, die einiges vom Essen verstehen, haben ein nützliches Wort: *terroir*. Es bezeichnet das Zusammenspiel von Geologie, Geografie und Klima, die im Verbund mit dem genetischen Potenzial einer Pflanze ihren Geschmack bestimmen. Um diese Interaktion wussten schon die Chinesen vor Tausenden von Jahren beim Teeanbau. Genetisch identische Pflanzen können, das zeigen Untersuchungen, unter unterschiedlichen Bedingungen einen völlig anderen Geschmack entwickeln.

STRESS IST GUT

Ein wichtiger geschmacksprägender Faktor ist Stress. Die meisten sauren, bitteren, scharfen und würzigen Aromen sind chemische Stoffe mit genialer und oft unerwarteter Wirkungsweise. Sie wehren Bedrohungen wie Insekten, Austrocknung und UV-Licht ab. Je mehr Stress eine Pflanze ausgesetzt ist, desto mehr dieser Stoffe produziert sie. Hier einige Beispiele von vielen:

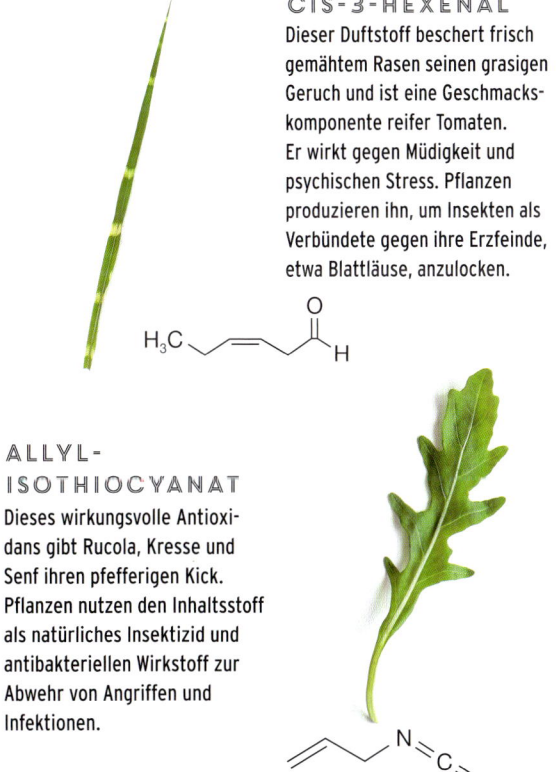

CIS-3-HEXENAL
Dieser Duftstoff beschert frisch gemähtem Rasen seinen grasigen Geruch und ist eine Geschmackskomponente reifer Tomaten. Er wirkt gegen Müdigkeit und psychischen Stress. Pflanzen produzieren ihn, um Insekten als Verbündete gegen ihre Erzfeinde, etwa Blattläuse, anzulocken.

ALLICIN
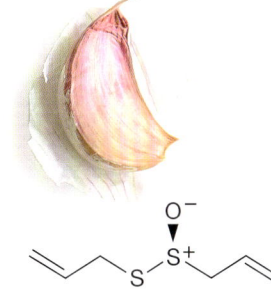
Wer den Geschmack und die gesundheitlichen Vorteile von Knoblauch schätzt, muss dem Allicin danken. Knoblauch entwickelt diesen Stoff binnen Sekunden an Wunden und verhindert so Bakterien und Pilzinfektionen.

METHYL-JASMONAT
Dieser Inhaltsstoff ist für den blumigen Duft von Jasmin und Oolongtee verantwortlich. Studien legen eine krebshemmende Wirkung nahe. In Pflanzen wirkt Methyljasmonat wie ein Alarmsignal und warnt Nachbarn vor Angriffen, damit sie ihr Abwehrsystem mobilisieren können.

ALLYL-ISOTHIOCYANAT
Dieses wirkungsvolle Antioxidans gibt Rucola, Kresse und Senf ihren pfefferigen Kick. Pflanzen nutzen den Inhaltsstoff als natürliches Insektizid und antibakteriellen Wirkstoff zur Abwehr von Angriffen und Infektionen.

MEHR STRESS = MEHR GESCHMACK *UND* WENIGER ARBEIT
Erhöht sich der Anteil dieser Verteidigungsstoffe, schmecken die Elitekämpfer der Botanik nicht nur besser, sondern sie sind auch widerstandsfähiger und leichter zu kultivieren. Für Gärtner bedeutet das maximalen Geschmack bei minimalem Aufwand. **Werden Pflanzen hingegen mit Wasser und Dünger traktiert, machen sie es sich quasi »am Pool mit einem Cocktail in der Hand gemütlich«.** Sie werden vielleicht größer und üppiger, enthalten aber weniger gute Substanzen. Der Trick besteht darin, sie gerade so sehr unter Stress zu setzen, dass sie nicht leiden, aber trotzdem möglichst viel gute Inhaltsstoffe produzieren.

FAKTOR 2: SONNENLICHT

So ziemlich alle Obst- und Gemüsesorten wachsen in der prallen Sonne nicht nur besser, sondern nehmen dort auch mehr Geschmack an. Pflanzen sind im Grunde eine Art Solarzellen, die mithilfe der Sonnenenergie Zucker, Säuren, Fette und Aromen produzieren – also alles, was gut schmeckt. Für fast sämtliche Pflanzen in diesem Buch gilt: Je mehr Licht sie bekommen, desto intensiver der Geschmack.

Tricks, um mehr Sonne abzubekommen

Wissenschaftler der Universität von Nottingham in England fanden heraus, dass eine Verdoppelung der Lichtintensität bei Erdbeerpflanzen, die im Schatten gezogen wurden, eine Verdoppelung der Konzentration an Aromastoffen nach sich zog.

Selbst wenn Pflanzen nicht den perfekten Platz an der Sonne haben, sondern im Schatten von Bäumen oder Gebäuden wachsen, kann man ihnen zu mehr Licht verhelfen.

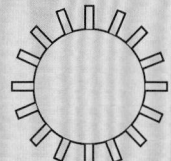

Entsorgen Sie Ihr Glashaus

Obwohl Glas für das menschliche Auge völlig durchsichtig wirkt, **filtert es bis zu 40 Prozent des Lichts,** insbesondere wenn es staubbedeckt ist. Das bedeutet 40 Prozent weniger Süße und Geschmack!

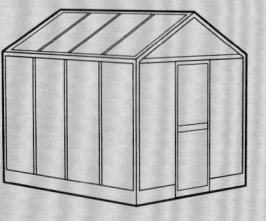

Sie verhelfen Ihren Pflanzen zu viel mehr Geschmack, wenn Sie sie im Freiland kultivieren, sofern sie winterhart sind, oder die Glasfenster von Gewächshäusern penibel sauber halten.

Werden Sie schneidefreudig

Ironie der Natur: Pflanzen selbst nehmen ihren eigenen Früchten durch ihre Blätter sehr viel Licht weg. Äpfel an der Spitze von Bäumen können doppelt so süß werden, eine bessere Farbe bekommen und sogar einen höheren Gehalt an Antioxidantien entwickeln als weiter unten wachsende. Es stimmt tatsächlich: Die süßesten Früchte fressen nur die großen Tiere.

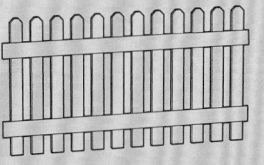

Es dauert nur wenige Minuten, die Krone etwas auszulichten und mehr Licht dorthin zu lassen, wo die Früchte es brauchen.

Lichtverstärker

Heller Kies als Wegbelag zwischen den Beeten oder ein weißer Mauer- und Zaunanstrich reflektiert mehr Licht als ein dunkler. Das kommt den Pflanzen zugute und kann zu einem merklichen Wachstumsschub führen. Positiver Nebeneffekt der hellen Flächen: Sie machen ihren Garten optisch größer und lassen ihn selbst an düsteren Tagen heller wirken.

Denken sie um

Die meisten Gartenbesitzer reservieren (logischerweise) den sonnigsten Platz in Ihrem Garten für den Sitzbereich – und stellen dann (unlogischerweise) einen Sonnenschirm, ein Rankgitter oder eine Pergola auf, um ihn zu beschatten.

Engagierte Hobbygärtner sollten einfach Terrasse und Nutzgarten austauschen. Das beschert ihnen schmackhaftere Früchte und spart Geld für Schattenspender.

Die Ausnahmen von der Regel

Mehr Sonne verbessert zwar in der Regel den Geschmack von Obst und Gemüse, doch bei manchen Blattgemüsesorten treibt sie auch den Anteil der Aromastoffe nach oben, die für einen scharfen oder stechenden Geschmack verantwortlich sind. Rucola, Grünkohl und Löwenzahnblätter werden im Hochsommer in der prallen Sonne kräftig und bitter, im Halbschatten dagegen mild und süß.

Farbtherapie

Nicht nur die Lichtmenge, sondern auch die Lichtqualität hat Auswirkungen auf das Pflanzenwachstum. Forscher an der Universität von Clemson in South Carolina fanden in den 1990er-Jahren heraus, dass die unterschiedlichen Wellenlängen, die von farbigem Kunststoffmulch zurückgeworfen werden, Ertrag und Geschmack enorm steigern können.

Wie Feldversuche an der Clemson University und der Cornell University in den USA zeigten, lieferten Tomatenpflanzen, die durch rote Mulchfolie wuchsen, um bis zu 20 Prozent höhere Erträge als Vergleichspflanzen ohne einen roten Teppich zu ihren Füßen. Dasselbe war bei Erdbeeren zu beobachten, die über Mulchfolie aromatischer und süßer ausfielen. Rote Kunststoffplanen gibt es im Baumarkt – probieren Sie's selbst aus!

An der Universität von Clemson entwickelte Basilikum über einer grünen Fläche eine wesentlich höhere Konzentration an Aromen und Phytonährstoffen. Der Geschmack Ihrer Topfpflanzen im Gewächshaus lässt sich vielleicht schon dadurch verbessern, dass Sie die Stellageflächen grün anpinseln.

ROT

GRÜN

Das Licht, das von roten und grünen Mulchmaterialien reflektiert wird, wirkt ähnlich wie Licht, das nahe Pflanzen zurückwerfen. Durch Sensoren in ihren Blättern interpretieren Nutzgewächse wie Tomaten und Erdbeeren dieses Lichtspektrum als mögliche Konkurrenz und reagieren, indem sie mehr Energie in das Wachstum und die Vermehrung stecken. So kann man mit einfachen Mitteln Pflanzen zur Bildung größerer, schmackhafterer Früchte anregen.

SILBER

SCHWARZ

US-Studien aus den 1970er-Jahren ergaben, dass Paprikapflanzen über Alufolie 85 Prozent mehr Früchte ansetzten und wesentlich seltener unter Blattlausbefall litten. Wissenschaftlern zufolge war das auf die erhöhte Lichtmenge zurückzuführen, die die Pflanzen abbekamen. Auch aus anderen Untersuchungen ging ein Rückgang der Schädlingshäufigkeit hervor. Schlagen Sie Ihre Stellagen daher mit Alufolie aus der Küche aus.

Zieht man Melonen im Freiland durch schwarze Mulchfolie, erwärmt man ihren Wurzelraum. Das führt zu einer drei bis vier Wochen früheren Fruchtreife und höheren Erträgen. Probieren Sie's aus. In regenreichen Sommern könnte das durchaus den Unterschied zwischen Erfolg und Misserfolg ausmachen. Ich ziehe Mulch aus schwarzer Biokohle vor, der sich leicht streuen lässt und die Bodenstruktur verbessert.

FAKTOR 3: WÄSSERN

Ohne Wasser kann keine Pflanze überleben. Zu starkes Gießen aber ruiniert den Geschmack von Obst und Gemüse. Die Flüssigkeit wird über die Wurzeln aufgenommen und in die Zellen und Früchte transportiert. Das senkt die Konzentration der Zucker, Vitamine und Aromastoffe im Gewebe und verwässert buchstäblich den Geschmack. War das stundenlange Halten des Schlauchs das wert?

Die meisten Obst- und Gemüsesorten stammen eigentlich aus halbwüstenähnlichen, mediterranen Zonen und vertragen Trockenheit wesentlich besser, als man meint. **Das Drosseln der Wassergaben führt oft nachweislich zur Erhöhung des Geschmacks- und Nährstoffgehalts, ohne den Ertrag zu schmälern – vor allem bei Baumobst.** Umgekehrt mindert ein verstärktes Wässern die Süße von Kirschen, Trauben, Birnen und Pfirsichen, senkt den Gehalt von Zucker, Vitamin C und Antioxidantien in Äpfeln und verringert sogar die Schärfe von Chilischoten.

Außerdem vermeidet man durch die Senkung der Wassergaben ein zu starkes Wachstum des Laubs, das den Früchten Energie entzieht und ihnen Sonne wegnimmt. Nach Überzeugung von Winzern zwingt Wassermangel Reben dazu, ihre Wurzeln tiefer in das Erdreich zu schicken, wo sie mehr Mineralien finden, die sich wiederum in einem reicheren, komplexeren Geschmack des Weins niederschlagen. **Einige kalifornische Tomatenbauern stellen die Bewässerung nach dem Einwachsen der Pflanzen sogar völlig ein.** Dieses sogenannte Dry Farming erbringt merklich kleinere Pflanzen und geringere Erträge, erhöht die Konzentration von Geschmacksstoffen in den Früchten aber gewaltig. Selbst bei Roten Beten und Karotten steigt der Zuckergehalt, wenn man sie weniger gießt – die nahrhaften Polyphenole nehmen beispielsweise um 86 Prozent zu.

Das tieferreichende Wurzelsystem hat zudem den Vorteil, dass es die Gewächse zäher macht, sodass sie bei einer völligen Unterbrechung der Bewässerung (Urlaub, Vergesslichkeit, Faulheit – Unzutreffendes bitte streichen) die Durststrecke oft gänzlich unbeschadet überstehen. **Mit Wasser verwöhnt man Pflanzen am besten nur in der ersten Zeit nach dem Setzen** (bei Einjährigen ein paar Wochen, bei Bäumen und Sträuchern einige Monate). Anschließend werden sie nach und nach bis auf das absolute Minimum entwöhnt.

BEI OBST ist eine Reduzierung der Bewässerung in den Tagen vor der Ernte sogar entscheidend. Schon eine Woche Trockenheitsstress kann den Geschmack entscheidend verbessern.

BEI BLATTGEMÜSE rate ich dagegen zum Gegenteil, denn es hat ein geringeres Volumen und enthält oftmals schärfere oder bitterere Geschmacksstoffe. Wenn Sie möchten, dass Rucola richtig feurig schmeckt, lassen Sie das Wasser weg. Bevorzugen Sie dagegen mildere Blätter (wie die meisten Menschen), verwöhnen Sie das Grün mit dem Gartenschlauch. Das Wasser macht die Blätter obendrein zarter und saftiger statt zäher und faseriger.

DIE REDUZIERUNG DER WASSER-GABEN ERHÖHT BEI WURZELGEMÜSE WIE KAROTTEN DEN GEHALT AN ZUCKER UND ANTIOXIDANTIEN UM BIS ZU

86 %

FAKTOR 4: BODEN UND DÜNGER

Nutzpflanzen brauchen ausreichend Nährstoffe, um ihr volles Geschmackspotenzial auszuschöpfen. Leider sind darüber viele Legenden und Falschinformationen in Umlauf. Die beste Düngemethode ist für uns »Geschmacksgärtner« zum Glück die einfachste und billigste zugleich. Hier ist alles, was Sie wissen müssen.

Verwenden Sie Gartenerde

Was immer Ihnen Anzeigen in Hochglanzmagazinen weismachen wollen: **Aus Feinschmeckersicht ist Gartenerde besser als das beste Substrat mit der ausgefeiltesten Mischformel.** Freilandpflanzen müssen wesentlich weniger gewässert werden und brauchen bei guter Bodenpflege nur minimale Düngergaben. Sie enthalten außerdem eine breitere Palette wichtiger Mineralien und Mikronährstoffe, die es ihnen ermöglichen, ihr Geschmackspotenzial voll auszuschöpfen. Selbst wenn Sie nur einen Balkon oder eine Terrasse für die Obst- und Gemüsekultur haben, füllen Sie Ihre Gefäße trotzdem mit einer auf Gartenerde basierenden Mischung.

Schießen Sie organische Substanz zu

Den Nährstoffgehalt von Gartenerde erhöht man langfristig am einfachsten durch **Einarbeiten von reichlich organischer Substanz wie Komposterde oder Laubhumus.** Das gewährleistet nicht nur einen ausgewogenen Nährstoffmix, sondern fördert auch die Ausbreitung nützlicher Mikroorganismen im Boden. Geeignete organische Substanz kann entweder selbst hergestellt oder in Kompostieranlagen in Ihrer Nähe gekauft werden. Verteilen Sie einfach jedes Frühjahr eine 5 cm dicke Lage auf Ihren Beeten und arbeiten Sie diesen Mulch leicht in die Oberfläche ein. Den Rest besorgen die Würmer.

Halten Sie sich mit Flüssigdünger zurück

Die meisten handelsüblichen Dünger zur Ertragsoptimierung enthalten große Mengen der für das Pflanzenwachstum wichtigsten Nährstoffe Stickstoff, Phosphor und Kalium. Das ist, als würde man sich ausschließlich von Eiweiß, Kohlenhydraten und Fett ernähren und auf Vitamine und Mineralien verzichten.

Eisen, Kupfer, Zink und andere Mineralien bzw. Spurenelemente, die für die Gesundheit der Pflanzen und derjenigen, die sie verzehren, ebenfalls wichtig sind, findet man in diesen Präparaten hingegen nur selten. Mit dem gärtnerischen Junkfood werden ihre Pflanzen zwar groß und üppig, doch kann der Nährwert leiden, wie Untersuchungen gezeigt haben.

Zu viele Hauptnährstoffe und vor allem Stickstoff senken nicht nur den Zuckergehalt in den Gewächsen, sondern auch den Anteil an Säuren, Antioxidantien und essenziellen Mineralien wie Magnesium und Kalzium – mithin von praktisch allem, was den Früchten Geschmack gibt. Tomaten, die als »nährstoffhungrig« gelten, scheinen auf Düngergaben besonders empfindlich zu reagieren. Studien zufolge verschlechtert sich ihr Geschmack und der Anteil an Phytonährstoffen durch ein Zuschießen großer Stickstoffmengen beträchtlich. Gleiches gilt für etliche andere Nutzpflanzen wie Kopfsalat, Rote Bete, Grünkohl und Radicchio, deren Vitamin-C-Gehalt bei einer Überdosis Stickstoff um bis zu 20 Prozent sinkt.

Hinzu kommt, dass das Erdreich in Hausgärten normalerweise gar keinen Mangel an Nährstoffen hat, wenn es einigermaßen gut gepflegt wurde. **Die wiederholte Ausbringung von Flüssigdünger über einen längeren Zeitraum kann die Bodenqualität sogar verschlechtern.** Vor allem hohe Phosphordosen töten nützliche Mikroorganismen ab, die die Widerstandsfähigkeit der Pflanzen gegen Schädlinge und Krankheiten, aber auch gegen Wassermangel erhöhen und die Nährstoffaufnahme verbessern. Sogar bei der Bildung von Geschmacksstoffen können die symbiotischen Bakterien und Pilze eine Rolle spielen. Ihnen den Garaus zu machen ist also keine sonderlich gute Idee.

MYTHOS NUMMER 3
TOPFKULTUR IST EINFACHER

ZUR KRÄFTIGUNG

Wer Nutzpflanzen und ihren Helfern, den Mikroorganismen, Beistand leisten will, kann ihnen mit preiswerten, problemlos erhältlichen Präparaten auf die Sprünge helfen. Sie liefern ihnen dringend benötigte Mineralien und Mikronährstoffe und verbessern das Bodenleben ohne massive Stickstoff- oder Phosphorgaben.

SUPER-SEETANG

Seetang findet seit Langem Verwendung als Dünger und reichhaltige Quelle verschiedenster Mineralien und Spurenelemente wie Zink, Selen und Eisen, die in Gartenböden – und auch unserer Nahrung – oft Mangelware sind.

Zudem liefert Seetang dem Boden Kalium, das den Geschmack und Nährstoffgehalt von Nutzpflanzen wie Tomaten, Erdbeeren, Birnen und Melonen verbessert. US-Forschern zufolge kann dieses zusätzliche Quäntchen Kalium sogar die Vitamin-C-senkende Wirkung ausgleichen, die ein zu hoher Stickstoffanteil mit sich bringt.

In Küstennähe ist es nicht schwer, an Seetang zu kommen. Das Material muss nur auf den Beeten verteilt werden. Es verrottet im Nu und gibt dabei seine wertvollen Mineralien frei. In küstenfernen Gegenden kann man es in Form von Präparaten kaufen.

MEGA-MELASSE

Melasse fällt bei der Zuckerproduktion an und ist wie Seetang ein guter Lieferant von Spurenelementen und Kalium, enthält aber auch eine dritte Geheimwaffe: Zucker.

So wie man Hefe beim Backen mit etwas Zuckerwasser füttert, damit sie in Aktion tritt, so kann Zucker im Boden nützliche Bakterien und Pilze animieren.

Zucker wird von den Wurzeln aufgenommen und gibt den Pflanzen einen Energieschub, der vor allem darbenden und gestressten Exemplaren über die Runden hilft. Bei Versuchen der Universitäten von Reading und Florida stellte sich heraus, dass das Wässern frisch verpflanzter Bäume mit einer Zuckerlösung das Wurzelwachstum verbesserte und die Widerstandsfähigkeit der Pflanzen gegen Stressfaktoren wie Streusalz um mehr als 50 Prozent erhöhte.

In den Vereinigten Staaten wird Melassedünger bereits vermarktet, in Europa dagegen ist er noch weitgehend unbekannt, doch wird sich das meiner Meinung nach bald ändern. Am billigsten bekommt man Melasse übrigens als Pferdefutter.

Geben Sie 500 g Melasse in eine gefüllte 10-l-Gießkanne und bringen Sie die Lösung den Sommer über monatlich in einer Menge von einem Liter pro Quadratmeter aus.

FAKTOR 5: SCHÄDLINGSATTACKEN

Wenn Nutzpflanzen Angriffen von Schädlingen ausgesetzt sind, fahren sie ihre Produktion natürlicher Verteidigungsstoffe hoch. Ein merkwürdiger Nebeneffekt dieser Abwehrmechanismen ist, dass sie dadurch schmackhafter und zugleich nahrhafter werden. Knoblauchzehen schmecken schärfer, Tomaten süßer und Himbeeren aromatischer.

Scheinangriffe

Zum Glück gibt es Tricks, wie wir gesunde Pflanzen »glauben machen« können, dass sie in Gefahr sind. Sie reagieren dann mit mehr Geschmack und Nährwert, ohne dass der Ertrag sinkt, der mit einem echten Schädlingsbefall einhergeht. Ein solcher Kniff ist die Verabreichung von Stresshormonen. Sie werden nicht glauben, wie simpel das ist.

MYTHOS NUMMER 4

SCHÄDLINGE SIND BÖSE

ASPIRINSPRAY

Salicylsäure bildete den Ausgangsstoff für die Produktion von Aspirin und ist ein natürlich vorkommendes Pflanzenhormon. Wird es Pflanzen verabreicht, kann es ihr Immunsystem ankurbeln und verhilft ihnen zu einer sogenannten systemisch erworbenen Resistenz.

HERSTELLUNG: Eine viertel bis halbe Tablette mit 300 mg löslichem Aspirin in 1 l Wasser auflösen (bitte kein Paracetamol und Ibuprofen verwenden, sie wirken leider nicht!).

ANWENDUNG: Wie sich bei Versuchen gezeigt hat, reicht es schon, die Aspirinlösung auf den Pflanzen zu verteilen, um ihnen vorzutäuschen, dass ein Angriff ansteht. Interessanterweise genügt bei Einjährigen anscheinend schon eine einmalige Gabe, um den Mechanismus für den Rest ihres Lebens »einzuschalten«. Ich gehe gern auf Nummer sicher und besprühe sie einmal im Monat. Wenn es meine Chancen erhöht ...

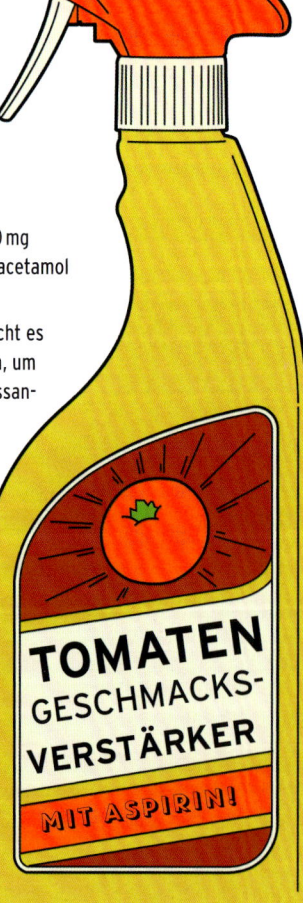

TOMATEN GESCHMACKSVERSTÄRKER

MIT ASPIRIN!

⭐ **Kräftigere Pflanzen:** Die Pflanzen werden widerstandsfähiger gegen Umwelteinflüsse wie Kälte, Hitze und Trockenheit. Dieser Effekt wurde durch eine Reihe von Versuchen mit so unterschiedlichen Nutzpflanzen wie Mais, Tomaten, Kartoffeln und Erdbeeren nachgewiesen.

⭐ **Schmackhaftere Ernte:** Geschmack *und* Nährwert von Nutzpflanzen können sich verbessern. In einer Studie stieg der Zuckergehalt nach dem Besprühen mit Salicylsäure um mehr als das Eineinhalbfache, während der Vitamin-C-Gehalt um 50 Prozent nach oben ging. Ähnlich reagieren Salbei, Oliven, Erdbeeren, Knoblauch, Äpfel und Pfirsiche.

⭐ **Wissenswertes für Wissenschaftsfreaks:** Wie einige Versuche gezeigt haben, bringt das Besprühen als weiteren positiven Effekt eine erhöhte Widerstandsfähigkeit gegen Schädlinge und Krankheiten mit sich. Bei einer Feldstudie ging die Häufigkeit von Tomatenfäule um 47 Prozent zurück.

JASMINDUFTSPRAY

Der süße Duft von Jasminblüten stammt vom Methyljasmonat, einem Stresshormon, das Pflanzen produzieren, wenn sie von Schädlingen befallen werden. In die Luft abgegeben warnt es Nachbargewächse vor der Gefahr und veranlasst sie, ihr eigenes Verteidigungssystem zu mobilisieren.

HERSTELLUNG: Jasminwasser und Jasminöl werden zum Aromatisieren von Cocktails und Desserts eingesetzt, finden aber auch in der Aromatherapie Verwendung. Sie enthalten eine ordentliche Dosis Methyljasmonat und können online bestellt werden. Verwenden Sie zu 100 Prozent natürliche, für den Verzehr geeignete Produkte.

ANWENDUNG: Besprüht man die Pflanzen kurz vor der Ernte mit der Lösung, registrieren sie eine Bedrohung und produzieren mehr Geschmacks- und Nährstoffe.

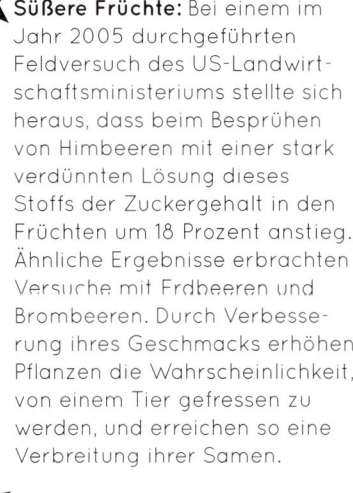

Süßere Früchte: Bei einem im Jahr 2005 durchgeführten Feldversuch des US-Landwirtschaftsministeriums stellte sich heraus, dass beim Besprühen von Himbeeren mit einer stark verdünnten Lösung dieses Stoffs der Zuckergehalt in den Früchten um 18 Prozent anstieg. Ähnliche Ergebnisse erbrachten Versuche mit Erdbeeren und Brombeeren. Durch Verbesserung ihres Geschmacks erhöhen Pflanzen die Wahrscheinlichkeit, von einem Tier gefressen zu werden, und erreichen so eine Verbreitung ihrer Samen.

Mehr Nährwert: Beim selben Versuch erhöhte sich nach einer Behandlung mit Methyljasmonat der Anthocyangehalt um fast 100 Prozent. Eine vergleichbare Wirkung wurde auch bei Äpfeln, Himbeeren, Brombeeren, Trauben und Brokkoli beobachtet. Derzeit laufen weitere Versuche. Ich jedenfalls bewaffne mich schon mal mit einer Sprühflasche.

Wissenswertes für Wissenschaftsfreaks: Methyljasmonat wirkt, wie Untersuchungen gezeigt haben, als natürliches Pheromon und lockt räuberische Insekten wie Marienkäfer an, die sich von Schädlingen ernähren. Ein echter Superwirkstoff!

HAFTUNGSAUSSCHLUSS

Die Verwendung von Aspirin und Jasminwasser als geschmacksförderndes Spritzmittel geht schnell, macht Spaß und ist nicht verboten. Einiges deutet darauf hin, dass ihre Inhaltsstoffe auf natürliche Weise die Eigenabwehr von Pflanzen gegen verschiedene Schädlinge und Krankheiten mobilisieren. Gleichwohl entspricht die Anwendung dieser Mittel nicht dem aktuellen EU-Recht. Meine Ratschläge sind daher ausschließlich als Information für Wissenschaftler gedacht.

FAKTOR 6:
SCHNEIDEN, VEREDELN UND AUSLICHTEN

Von allen Pflegemaßnahmen scheint das Schneiden den Einsteigern unter uns Geschmacksgärtnern am meisten Kopfzerbrechen zu verursachen. Dabei lassen sich mit nur wenigen Handgriffen der Geschmack, die Größe und sogar der Ertrag von Obst enorm verbessern. Gleichzeitig werden die Gehölze kompakter und robuster. Hier meine Tipps, wie Sie Geschmack und Nährwert Ihrer Pflanzen in den Turbomodus bringen.

Lassen Sie Licht herein

Durch simples Auslichten der Krone kann die Qualität der Früchte enorm verbessert werden, da die Maßnahme die Sonne dorthin lässt, wo sie am dringendsten gebraucht wird. Normalerweise lichtet man im Spätwinter oder Vorfrühling vor dem Austrieb aus.

Vorher

Früchte von oben schmecken besser und enthalten bis zu doppelt so viel Zucker sowie mehr Antioxidantien als unten wachsende.

Durch den Lichtentzug fallen die Früchte im unteren Bereich saurer, wässriger und sogar blasser aus als weiter oben wachsende.

Nachher

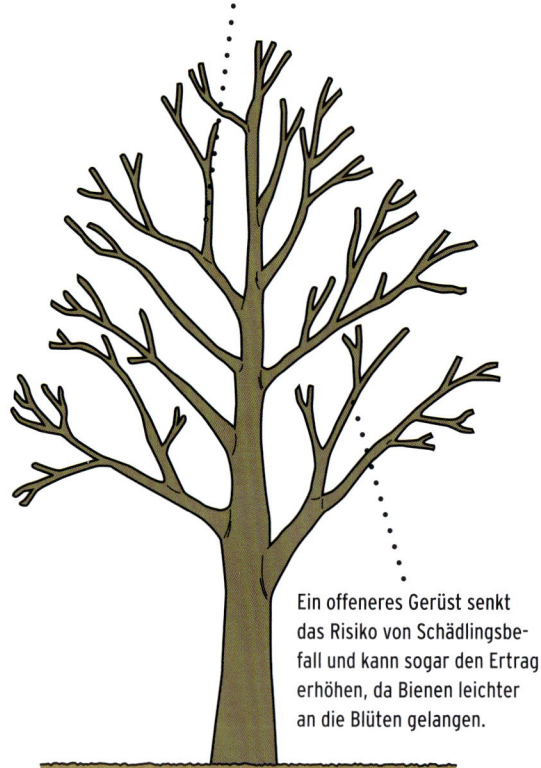

Durch simples Herausnehmen von toten, über-kreuzten und verdichteten Trieben gelangt mehr Licht und Luft in den Kronenraum.

Ein offeneres Gerüst senkt das Risiko von Schädlingsbe-fall und kann sogar den Ertrag erhöhen, da Bienen leichter an die Blüten gelangen.

Bei Exemplaren mit dichter Krone herrschen nur im oberen und äußeren Kronenbereich optimale Lichtverhältnisse. Das eigene Laub verhindert, dass Licht zu den Früchten gelangt, und drosselt so ihren Zucker- und Nährstoffgehalt.

Eine schlechte Luftzirkulation in der Kronenmitte begünstigt zudem das Auftreten von Schädlingen und Krankheiten.

Bäume mit offenerer Krone tragen größere, süßere und nähr-stoffreichere Früchte, die zudem gleichmäßiger verteilt wachsen.

Die Bäume sind ansprechender geformt und werfen weniger Schatten im Garten, wodurch wiederum andere Nutzpflanzen in ihrer Nähe mehr Licht (und Geschmack) bekommen. Nicht schlecht für zehn Minuten Schneiden, oder?

Klein ist groß

Auf eine schwachwüchsige Unterlage veredelte Obstbäume tragen Studienergebnissen zufolge merklich besser schmeckende Früchte. Sie enthalten mehr Zucker, Säuren und Nährstoffe und werden sogar größer. Die Autoren der Studie nehmen an, dass dieser Effekt ähnlich wie bei einem Schnitt auf die Begrenzung des Blattwachstums zurückzuführen ist. In einer lichteren Krone gelangt mehr Sonnenlicht zu den Früchten, ohne dass Massen an Laub sie beschatten und ihnen die Energie nehmen. Mit anderen Worten: Schwachwüchsige Unterlagen sind fast wie ein Schnitt – abzüglich der Arbeit!

Die Vorteile schwachwüchsiger Unterlagen schlagen bei so unterschiedlichen Obstpflanzen wie Kirschen, Äpfeln, Pflaumen, Birnen und Zitrusfrüchten zu Buche. Und als sei das nicht genug, **tragen Zwergsorten ihre ersten Früchte auch noch viel früher als ihre großen Schwestern. Dank ihrer kleinen Statur passen sie zudem in die immer kleiner werdenden Gärten.** Sie lassen sich leichter schneiden und abernten. Für ungeduldige Stadtgärtner wie mich sind sie ein Geschenk Gottes. Halten Sie beim Kauf Ihres Obstgehölzes Ausschau nach dem Begriff »schwachwüchsige Unterlage«, ob auf dem Etikett oder in den Beschreibungen von Bestellkatalogen.

Gebündelte Energie

Pflanzen nutzen für das Wachstum ihrer Blätter, Wurzeln, Blüten und Früchte ihre Zuckerreserven. Je mehr Organe sie gleichzeitig versorgen müssen, desto weniger Nahrung bekommen die einzelnen ab. Pflanzen sind anscheinend wie Männer: unfähig zu Multitasking.

Durch Schneiden und Ausdünnen verhindert man, dass sich ihre Ressourcen unnötig erschöpfen. So können sie ihre ganze Energie auf ein einziges Ziel konzentrieren: schmackhafte Früchte. Ein leichter Sommerschnitt, etwa das Abzwicken von Seitentrieben bei Tomaten oder das Entfernen der Zweigspitzen von Birnbäumen nach dem Fruchtansatz, drosselt übermäßige Laubbildung, was der reifenden Frucht zugutekommt.

Dünnt man die Zahl der Früchte an jeder Pflanze kurz nach dem Fruchtansatz aus, werden die nicht abgeschnittenen Exemplare größer, süßer und nährstoffreicher. Untersuchungen ergaben sogar, dass die Qualität der verbliebenen Früchte umso höher ist, je früher und radikaler man sie dezimiert.

Auch wenn das Abtrennen einzelner Früchte Ihnen selbst nach dem x-ten Mal noch das Herz brechen wird: Sobald die Erntezeit naht, sind Sie mir für diesen Rat dankbar.

Noch nicht überzeugt? Sehen Sie sich den Vergleich zwischen Früchten von gleich alten und gleich großen Birnbäumen derselben Sorte an. Sie wurden im Garten der Royal Horticultural Society in Wisley geerntet. Links Früchte eines nicht ausgedünnten Baums, rechts eine Birne von einem ausgedünnten Baum.

NICHT AUSGEDÜNNT

Unmengen winziger, deformierter Früchte, die nur aus Schale und Kernen zu bestehen scheinen.

Das bisschen Fruchtfleisch ist weniger süß, nährstoffärmer und zudem auch zäher.

AUSGEDÜNNT

Die Zahl der Früchte fällt wesentlich geringer aus – aber jede ist riesig und merklich süßer.

Der Anteil des Fruchtfleisches ist höher. Farbe und Nährstoffgehalt haben sich verbessert. Ein Kerngehäuse fehlt fast völlig!

FAKTOR 7: ERNTE UND LAGERUNG

Dieser Teil der Obstkultur scheint so simpel zu sein, dass Sie sich vielleicht fragen werden, warum ich ihn überhaupt erwähne. Schließlich kann sich der Geschmack jetzt nicht mehr groß verändern, oder? Weit gefehlt: Ernte und Lagerung sind für den endgültigen Geschmack fast ebenso wichtig wie die Wahl der Sorte. Zum Glück ist es kinderleicht, das Richtige zu tun.

REIF ERNTEN

Bei schnell reifenden Früchten wie Beeren vermehren sich die Aromastoffe in den letzten Reifetagen fast explosionsartig. Eine rosa Erdbeere etwa kann gerade einmal ein Prozent der Menge an Aromaverbindungen eines voll ausgereiften Exemplars enthalten! Mit anderen Worten: Innerhalb von nur zehn Tagen verbessert sich der Geschmack um das Hundertfache.

Aber nicht nur die Aromen, auch Zucker und Phytonährstoffe wurden auf der Zielgeraden noch einmal mächtig draufgepackt. Hinzu kommt ein Rückgang der Säuren, was die wahrgenommene Süße zusätzlich intensiviert. Manche Obstsorten reifen zwar nach dem Ernten nach, doch zeigen wissenschaftliche Untersuchungen, dass die meisten nie auch nur annähernd ihr volles Geschmackspotenzial erreichen, wenn sie zu früh von der Pflanze getrennt werden. Unterdrücken Sie den Drang, nicht ganz Ausgereiftes zu ernten, um ein, zwei Tage, und sie erleben einen gewaltigen Anstieg des Genusspegels.

TAG

1   2   3   4   5   6   7   8   9   10

AROMA × 100

Mir fallen nur zwei Ausnahmen von dieser Regel ein: Birnen und Dattelpflaumen. Sie schmecken wesentlich besser, wenn man sie kurz vor der vollen Reife vom Baum holt und für sich nachreifen lässt. Im Gartenbau gibt es eben immer Ausnahmen von der Regel – sogar von meinen!

Timing ist alles

Die Menge an Wasser, Zucker und Aromastoffen in den Pflanzen kann im Tagesverlauf und natürlich mit der zugeführten Wassermenge stark schwanken. **Deshalb fällt auch der Geschmack je nach Erntestunde erstaunlich unterschiedlich aus.** Gewerbliche Züchter, die Rosen für die Duftölindustrie anbauen, wissen beispielsweise, dass die Konzentration der Aromastoffe in ihren Pflanzen im Tagesverlauf um das bis zu Sechsfache ansteigt und ihren Höhepunkt noch vor dem Mittag erreicht. Die meisten Melonenanbauer dagegen ernten am Abend nach großzügiger Wässerung (was leider den Geschmack ordentlich in den Keller sacken lässt). **Hier sind für Einsteiger einige Tipps, wie sie ihr Obst und Gemüse exakt dann ernten, wenn es am besten schmeckt.**

MYTHOS NUMMER 5

FRISCH IST BESSER

Saftige Salate

Salatblätter sind am mildesten und zartesten, wenn man sie in der morgendlichen Kühle erntet, denn zu dieser Tageszeit ist der Feuchtigkeitsgehalt am höchsten. Noch besser ist es, sie eine Stunde vorher noch ordentlich zu gießen, um bittere oder scharfe Aromen zu verwässern und eine möglichst saftige, knackige Textur zu erreichen.

Auch für Kräuter wie Lavendel und Basilikum sind die Morgenstunden ideal, wie Untersuchungen in verschiedenen Ländern gezeigt haben. Der Grund: Die aromatischen Öle, die über Nacht gebildet werden, haben sich durch die Mittagshitze noch nicht verflüchtigt.

Zuckerbomben

Um möglichst süße, intensiv duftende Früchte zu bekommen, verlegt man die Erntezeit dagegen besser auf den späten Nachmittag eines trockenen Tages. So lässt man ihnen Zeit, den ganzen Tag lang in der Sonne ihre Zuckerverbindungen und Geschmacksstoffe zu erhöhen und gleichzeitig etwas Feuchtigkeit abzugeben, die den Geschmack verwässern kann. Der Wassergehalt von Weintrauben, Äpfeln und Tomaten sinkt in der Nachmittagshitze. Das gilt auch für Wurzelgemüse wie Rote Beten und Möhren. Nachmittags ist das Fruchtleben am süßesten!

Frisch ist nicht (immer) am besten

Je frischer Obst und Gemüse ist, desto besser schmeckt es, wird uns immer gesagt. Aber das ist nur teilweise wahr.

Einige alte Maissorten verlieren in den ersten zwölf Stunden nach der Ernte bis zu 60 Prozent ihres Zuckers. Andere Obst- und Gemüsesorten wie **Winterkürbisse, Birnen und Erdbeeren aber verbessern durch Lagern Geschmack und Nährwert.**

Bei Erdbeeren ist diese Frist nur einige Tage lang. Butternut-Kürbisse hingegen schmecken erst nach drei Monaten am süßesten.

Vorsicht Kühlschrank

Eigentlich logisch: Soll etwas frisch bleiben, gehört es in den Kühlschrank. Für Blattgemüse wie Salat gilt das tatsächlich. Bei anderen Genüssen aber ist das Gegenteil der Fall.

Zum einen können unsere Geschmacksknospen Kaltes schlechter registrieren (weshalb Limonaden bei Raumtemperatur zahnschmelzend süß schmecken). Zum anderen aber **bringt Kälte die Entstehung von Geschmacksstoffen in manchen Früchten zum Stillstand.**

Bei Tomaten werden die für den Geschmack verantwortlichen chemischen Reaktionen unterhalb von 10 °C drastisch gedrosselt. Hinzu kommt, dass sie dann auch noch die verlieren, die sie bereits gebildet haben. Nach zwei Tagen im Kühlfach schmecken sie weniger süß und aromatisch, dafür aber bitterer. Ähnliches lässt sich bei Erdbeeren, Pfirsichen, Melonen, Zwiebeln und Süßkartoffeln beobachten. Sie werden bei Raumtemperatur aufbewahrt und serviert.

AUSSAAT UND PFLANZUNG

Mit der Aussaat von Samen und dem Einpflanzen von Bäumen steigen viele naturgemäß in das Hobby Obst- und Gemüsebau ein. Viele herkömmliche Saat- und Pflanzmethoden sind allerdings hoffnungslos veraltet. Sie lassen entweder die neuesten Erkenntnisse außer Acht oder bestehen auf Verfahren, die schon vor Jahren widerlegt wurden. Oder beides! Hier mein wissenschaftlich abgesicherter Schnellkurs. Gärtner der alten Schule: Bitte weghören!

AUSSAAT

Jeder seriöse Samenanbieter liefert eine detaillierte Anleitung, wann eine Sorte auszusäen ist und bei welcher Temperatur und Pflanztiefe man mit optimalen Ergebnissen rechnen kann. Was viele allerdings nicht erwähnen, sind die folgenden drei simplen Tricks, die die Erfolgschancen enorm steigern können, wie mehrere Feldversuche gezeigt haben.

Einweichen in Aspirin und Seetang

Bei schwer keimenden Samen, etwa von Petersilie und »extrasüßem« Zuckermais, kann das Einweichen in eine Aspirin- und Seetanglösung Wunder wirken. Geben Sie 10 ml (2 TL) Seetangextrakt und eine viertel Tablette Aspirin 300 auf einen Liter Wasser und weichen Sie die Samen vor dem Ausbringen über Nacht darin ein.

Das mag verrückt klingen, aber ich versichere Ihnen, es basiert auf wissenschaftlichen Erkenntnissen. Seetangextrakt enthält einen Cocktail natürlicher Pflanzenhormone, die den Keimungsprozess in Gang bringen. Aspirin und verwandte Verbindungen wiederum unterstützen die Samen beim Austrieb und machen die spätere Pflanze in einem kühlen Frühjahr widerstandsfähiger gegen Kälte. **Zahlreiche Freilandversuche haben gezeigt, dass das Einweichen von Samen in eines der beiden Präparate die Keimfähigkeit vieler Pflanzen von Sojabohnen und Mais bis zu Paprika, Dicken Bohnen und Tomaten signifikant verbessern kann.** Das mag nicht für alles gelten und muss auch noch eingehender erforscht werden, aber ich bin um jede Hilfe froh, die ich bei schwierigen Keimern kriege.

Das optimale Substrat

Auf dem Regal des Gartencenters sehen sie alle ziemlich gleich aus. Aber glauben Sie einem eifrigen Sämann wie mir: **Die Erfolgsaussichten unterscheiden sich von Saaterde zu Saaterde enorm.** Versuche im Garten der Royal Horticultural Society im englischen Wisley erbrachten ausgezeichnete Ergebnisse mit einer Mischung aus Kokoserde und einem natürlichen Mineral namens Vermiculit im Verhältnis 8:1. Beides sollte in guten Gartencentern zu finden sein.

Streicheleinheiten

Drinnen ausgesäte Samen können auf einer warmen, hellen Fensterbank langtriebig und dünn werden. Siedelt man sie nach draußen um, bekommen die verhätschelten Weichlinge von einer Sekunde auf die andere die harte Realität zu spüren – und können bei Kälte und Wind prompt umkippen. **Es gibt jedoch einen Trick, um sie bis zu 37 Prozent standfester zu machen, ihre Kältetoleranz um das Sechsfache zu erhöhen und die Erfolgsaussichten beim Einwachsen um bis zu 70 Prozent zu steigern.** Gar nicht schlecht für eine Methode, die Sie ganze zehn Sekunden täglich in Beschlag nimmt und nichts kostet.

Streichen Sie langsam und sanft in beiden Richtungen über die Oberfläche der Sämlinge, sobald sie etwa 3 cm hoch sind. Bei besonders kleinen oder zarten Exemplaren kann man auch ein Stück Papier oder eine Feder verwenden. Zehnmal täglich diese Behandlung reicht Untersuchungen der Cornell Universtät in den USA aus, um die innere Chemie der Pflänzchen zu verändern. Die Berührungen verursachen Vibrationen, die den von Wind oder vorbeistreichenden Tieren verursachten ähneln. Winzige Sensoren in den Blättern registrieren sie und bringen die Pflanze dazu, Stoffe zu produzieren, die sie standfester und widerstandsfähiger gegen Kälte, Wind und sogar Schädlinge macht. **Sie meinen, das klingt verrückt? Viele gewerbliche Züchter setzen schon Roboter ein, die die Streicheleinheiten verabreichen.** Kein Witz!

ES MAG SELTSAM AUSSEHEN, ABER TÄGLICHES STREICHELN VERBESSERT DIE ERFOLGSCHANCEN VON SETZLINGEN UM BIS ZU **70%**

DER PFLANZENFLÜSTERER

PFLANZUNG

Kaum ein Standardrat für das Einpflanzen von Bäumen und Sträuchern lässt sich wissenschaftlich verifizieren, angefangen vom Einarbeiten organischer Substanz bis zum Bestäuben des Ballens mit Knochenmehl. Die gute Nachricht: Wenn Sie das alles nicht befolgen, steigen Ihre Erfolgsausschichten gewaltig. Das Experimentieren mit modernen wissenschaftlichen Prinzipien hat meine Pflanzmethoden verändert.

. . . .

Die wurzelnackte Wahrheit

Wurzelnackte Exemplare sind nicht nur billiger und in einer viel größeren Auswahl an Sorten erhältlich, sondern wachsen auch deutlich besser ein. Man sollte sie jedoch rechtzeitig bestellen und gleich nach dem Eintreffen pflanzen.

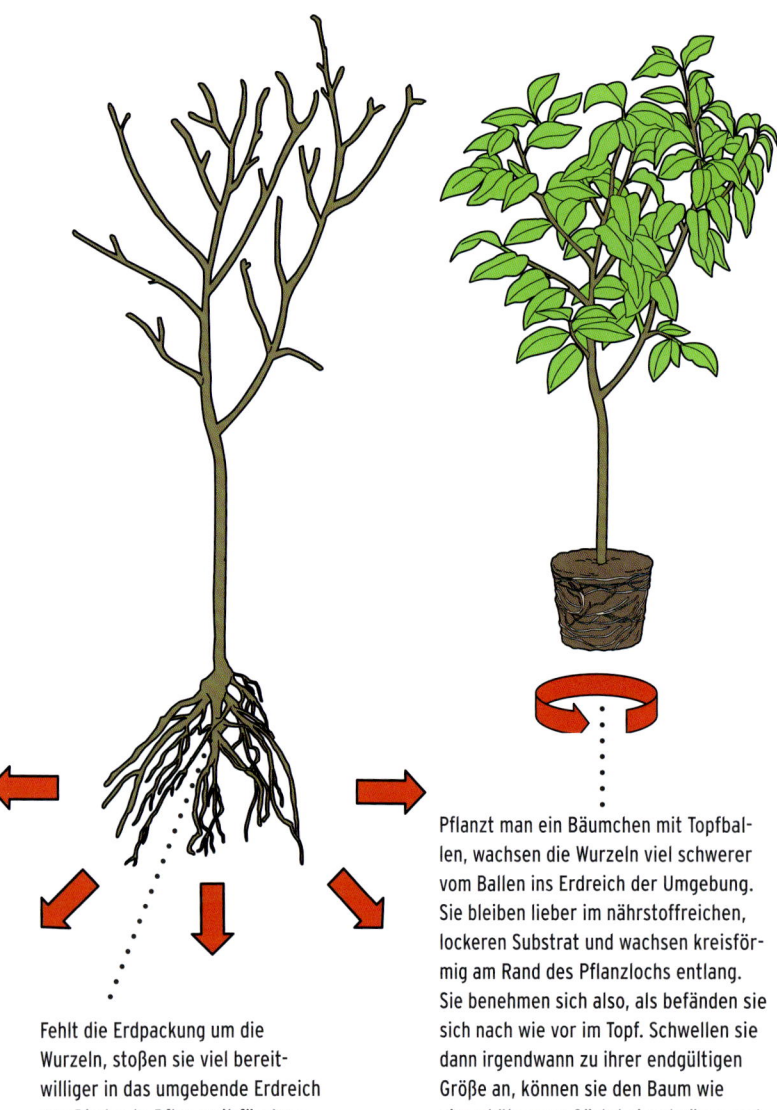

Fehlt die Erdpackung um die Wurzeln, stoßen sie viel bereitwilliger in das umgebende Erdreich vor. Die beste Pflanzzeit für Jungbäume ist der Herbst.

Pflanzt man ein Bäumchen mit Topfballen, wachsen die Wurzeln viel schwerer vom Ballen ins Erdreich der Umgebung. Sie bleiben lieber im nährstoffreichen, lockeren Substrat und wachsen kreisförmig am Rand des Pflanzlochs entlang. Sie benehmen sich also, als befänden sie sich nach wie vor im Topf. Schwellen sie dann irgendwann zu ihrer endgültigen Größe an, können sie den Baum wie einen hölzernen Gürtel einschnüren und erwürgen. Baumfolter nennt man das!

MYTHOS NUMMER 6

FAST ALLES, WAS MAN IHNEN BISHER ÜBER DAS PFLANZEN VON BÄUMEN ERZÄHLT HAT

BALLEN-PFLANZEN SETZEN

Schneiden Sie im Spätherbst oder Winter ein 2 cm tiefes X ins untere Ende des Ballens. Ist er sehr verdichtet, zieht man die Enden des X seitlich weiter bis zur Oberfläche. Dieser Schnitt regt die Pflanze zur Bildung von Seitenwurzeln an. Stellen Sie den Ballen in ein Pflanzloch und waschen Sie mit einem Schlauch so viel Erde von den Wurzeln wie möglich. Anschließend können Sie das Gehölz wie ein wurzelnacktes Exemplar pflanzen. Das widerspricht den üblichen Pflanzanleitungen, doch haben Tests der Universität von Washington gezeigt, dass man damit viel bessere Ergebnisse erzielt.

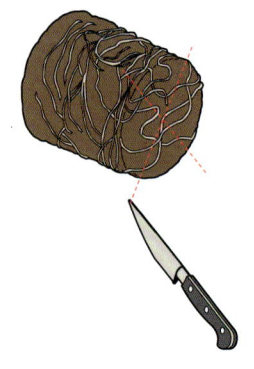

In ein quadratisches Loch pflanzen

Ein quadratisches anstelle eines runden Lochs verhindert, dass die Wurzeln spiralförmig wachsen. Stoßen sie in die Ecken, wachsen sie in das Erdreich weiter, sodass der Baum noch schneller einwächst.

Eine dicke Mulchschicht auf dem Wurzelraum hilft Feuchtigkeit in der Erde zu speichern, unterdrückt das Unkrautwachstum und verbessert die Bodenstruktur. Ich verwende bevorzugt Hackschnitzel, da sie leicht zu bekommen sind. Man kann auf dem Holz auch essbare Pilze züchten (siehe S. 148), deren Myzelfäden für eine raschere Verrottung des Holzes sorgen.

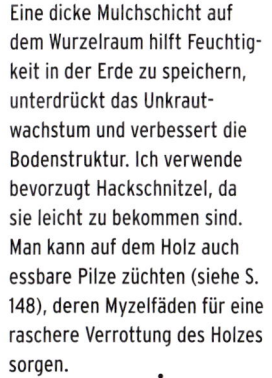

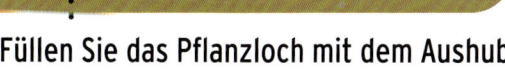

Füllen Sie das Pflanzloch mit dem Aushub

Wenn Sie den üblichen Ratschlägen folgen und in Ihr Pflanzloch organische Substanz einarbeiten, schaffen Sie damit im Grund einen »Topf« aus reichem, nährstoffreichem Substrat in der härteren, kargeren Gartenerde.

Bei keinem einzigen wissenschaftlichen Versuch konnte je nachgewiesen werden, dass das Verbessern der Erde im Pflanzloch besser ist, als gar nichts zu tun. Vielmehr kommen Studien zu dem gegenteiligen Schluss.

Füllen Sie deshalb Ihr Pflanzloch mit dem Aushub wieder auf und stampfen Sie ihn gut fest, um Lufteinschlüsse zu entfernen. Gleich danach und in den ersten beiden Jahren nach dem Pflanzen wird gut gewässert, um das Einwachsen des Bäumchens zu fördern. Der entscheidende Faktor für gutes Gelingen nach dem Einpflanzen ist vermutlich die Bewässerung. Sparen Sie deshalb nicht mit dem Gießen.

Lassen Sie das Knochenmehl weg

In den meisten traditionellen Pflanzanweisungen heißt es, dass man über die Wurzeln frisch gepflanzter Bäume Knochenmehl streuen sollte, um sie zum Wachsen anzuregen. **Fakt ist: Das regt den Baum zwar zur Wurzelbildung an, aber vor allem deshalb, weil das Wachstum nützlicher Mykorrhizapilze gehemmt wird.** Diese natürlich vorkommenden Pilze agieren wie eine Art zweites Wurzelsystem und leben in Symbiose mit den Pflanzen, deren Versorgung mit Wasser und Nährstoffen sie erleichtern, ja, sie schützen sie sogar vor Schädlingen und Krankheiten. Ihre Unterdrückung mit Knochenmehl zwingt den Baum zu verstärktem Wurzelwachstum, was mit hohem Energieaufwand verbunden ist. Knochenmehl ist reine Zeitverschwendung.

Viele führende Gartenbauwissenschaftler empfehlen stattdessen ein Bestäuben mit Mykorrhizapräparaten, die es in jedem Gartencenter gibt. Noch ist allerdings unklar, ob die handelsüblichen Präparate bei allen Baumarten wirken.

OLD SCHOOL

TOMATEN

Wenn Sie diesen Sommer nur ein einziges Gemüse anbauen können, nehmen Sie Tomaten. Selbst gezogene Exemplare mit ihrem intensiven Duft und den komplexen Geschmacksnuancen sind der gängigen Supermarktware so weit voraus, dass sie jede Blindverkostung bestehen.

Angesichts der verblüffenden Vielfalt verschiedenster Geschmacksrichtungen – manche bizarre Sorten erinnern eher an Obstsalatzutaten als an Pizzabelag – fällt es schwer, keine fanatische Sammelleidenschaft zu entwickeln.

SORTEN-GUIDE

Der mit Abstand wichtigste geschmacksbestimmende Faktor bei Tomaten ist die Genetik. Sie legt alles fest: wie viel Zucker sie enthalten, aber auch, ob sie eher kräftig und pikant oder eher zart und tropenfruchtig schmecken. Ich habe persönlich 400 verschiedene Sorten aus aller Welt verkostet, um auch wirklich diejenigen mit dem besten Geschmack aufzuspüren.

Zum Glück ist die Farbe der Früchte ein ziemlich guter Indikator für bestimmte Geschmacksfaktoren – fast wie diese großen Festtagsdosen mit weihnachtlichen Lebkuchen. Gehen wir's an…

ROT & ROSA

Klassischer, traditioneller Tomatengeschmack, säurereicher als Sorten in anderen Farben. Warme, würzige Noten runden ihn ab. Die rote Farbe wird von Lycopin verursacht, einem Phytonährstoff, der angeblich das Krebsrisiko senkt.

'Rosella'

Eine einzigartige rosarote Kirschtomate mit kräftigem, fruchtigem Geschmack. 'Rosella' beeindruckt mit einer deutlichen Himbeer-/Brombeermarmeladennote, die von minziger Frische abgerundet wird. Sie ist so süß, dass sie mehr Ähnlichkeit mit einer Wüstenfrucht als mit einem Gemüse hat.

'Tomaccio' *Ideal zum Trocknen*

Nach zwölf Jahren züchterischer Bemühungen auf der Suche nach der ultimativen sonnengetrockneten Tomate entstand diese moderne Hybride aus Wildarten des peruanischen Hochlands! Sie eignet sich so gut zum Trocknen, dass die Frucht oft noch am Trieb dekorativ zu schrumpfen beginnt. Wie alle zum Trocknen geeigneten Sorten zeigt sie frisch einen guten, ausgewogenen Geschmack, entwickelt aber in vollständig getrocknetem Zustand eine wesentlich kräftigere, anheimelnde Saucennuance. Köstlich!

'Flamingo'

Unter optimalen Kulturbedingungen ist 'Flamingo' die wohl süßeste aller Tomatensorten und spielt in einer Liga mit Zuckerschwergewichten wie 'Russian Rose', 'Orange Paruche' und 'Green Envy'. Zusätzlich zu ihrer reinen Sirupsüße wartet sie noch mit einem unglaublich duftig-leichten, fruchtigen Geschmack auf, der mehr an Sommerbeeren als an klassische Tomaten erinnert und einen Hauch von umami offenbart.

'San Marzano' *Ideal für Saucen*

Die alte neapolitanische Sorte wurde speziell für Saucen gezüchtet. Mit ihr bereiten Sie Marinara-Sauce wie eine echte italienische Mamma zu. Durch ihren niedrigen Wassergehalt hat sie roh eine schwammige, fast schaumige Konsistenz, verwandelt sich jedoch schon nach kurzem Köcheln in reichen, seidigen Genuss. Mit ihrem leicht würzigen Aroma und der Geschmackstiefe sollte sie zum Pflichtprogramm aller Pizza- und Pastafans mit etwas Selbstachtung gehören.

'Gardener's Delight' ('Gärtners Wonne')

Sie hat keine exotische Geschichte zu bieten, sondern nur traditionellen, ehrlichen Geschmack. Die weltweit beliebte Kirschtomate hat wohl jeder Großvater schon angebaut. Sie liefert Unmengen hochwertiger Früchte an anspruchslosen Pflanzen. Einziger Wermutstropfen: Es scheinen mehrere Sortengruppen unter diesem Namen in Umlauf zu sein, leider nicht alle mit derselben Geschmacksintensität. Deshalb ist ihr Kauf ein bisschen ein Glücksspiel. 'Gardening Delight' ist eine neue Sorte und angeblich eine »restaurierte Fassung« des Originals. Gut für alle, die wie ich schon auf eine Fälschung hereingefallen sind.

'Corazon'

Eine Ochsenherztomate mit Sommerferiengeschmack. Sie hält das Gleichgewicht zwischen süß und pikant und hat die Wüchsigkeit einer modernen F_1-Hybride. Fast unschlagbar ist sie, wenn es um Suppen, Saucen und Eintöpfe geht. Mit ihrem relativ trockenen Fleisch und dem geringen Säuregehalt garantiert sie seidig weichen Geschmack ohne beißende Schärfe.

☆ 'Pink Brandywine' *Ideal zum Schneiden*

Die 1885 entstandene Sorte gehört zu den Züchtungen mit dem besten Geschmack überhaupt. Sie trägt riesige, fast kernlose Früchte, hat einen umwerfenden, altmodischen Tomatengeschmack und eine fleischige Textur. Leider neigt sie sehr zum Aufplatzen, da ihre dünne Schale die riesige Frucht nicht immer im Zaum halten kann. Aber ein Biss in eine dicke, saftige Scheibe, mit der Sie beim nächsten Grillfest Ihren selbst gemachten Burger belegen, und Sie vergessen garantiert ihr einziges Manko.

'Russian Rose'

Die alte russische Sorte zündet eine Geschmacksexplosion, sobald sie mit Ihrer Zunge in Berührung kommt. Ihr Geschmack bleibt auch nach dem Schlucken noch mehrere Minuten lang im Mund. Ich übertreibe nicht! Wellen zuckriger Supersüße, intensiver umami-Würze und reicher Säure branden am Gaumen an und buhlen um Ihre Aufmerksamkeit. Sie ist schon fast zu intensiv – so, als hätte sie jemand in Geschmacksverstärkern gebadet. Beinahe hätte ich die kleinen, dünnen Pflänzchen mit ihrem mageren Ertrag während meiner Testläufe auf den Komposthaufen geworfen. Inzwischen gehört sie bei mir zum festen Garteninventar.

'Belriccio'

Mit ihrem intensiven »klassischen« Tomatengeschmack ist auch 'Belriccio' ein Dauergast in meinem winzigen Garten. Sie ist prall gefüllt mit Fruchtfleisch, während Kerne fast völlig fehlen. Dank ihrer Schärfe, Intensität und fast übermächtigen Säure macht sie ein BLT erst so richtig perfekt!

ORANGE & GELB

Sie gehören zu den Tomaten mit dem höchsten Zuckergehalt, haben aber relativ wenig Säure und weniger umami-ähnliche Geschmacksstoffe als andere, was unterm Strich eine ausgeprägtere Tropenfruchtnote ergibt. Für die orange Farbe ist das Betacarotin verantwortlich, ein viel gepriesenes Antioxidans.

'Sungold'

Sie gilt als Musterbeispiel für eine gute Kirschtomate. Mit ihrem gewaltigen Zuckergehalt und dem fruchtigen Geschmack eignet sie sich bestens für Salate und Bruschetta.

'Yellow Pear'

Eine extrem ertragreiche, seit über zwei Jahrhunderten bekannte Sorte. Sie wirkt mit ihrem duftigen, süßen Tropengeschmack wie eine Kreuzung zwischen Aprikose und Ananas. Auf einer sommerlichen Gemüseplatte ist sie der Renner.

'Tangerine'

Eine fleischige, schnittfeste Sorte mit süßem, komplexem Geschmack. Sie enthält eine ungewöhnliche Form von Lycopin, das Untersuchungen zufolge leichter vom Körper aufgenommen wird, womit 'Tangerine' eine bessere Antioxidantienquelle als die meisten anderen Sorten ist. Auch geschmacklich braucht sie sich nicht zu verstecken: Ihr süßer Tropenfruchtgeschmack und die fleischige Textur passen hervorragend zu gekochtem bzw. geräuchertem Schinken in Sandwiches oder auf Pizzas anstelle von Ananas.

'Ildi'

Diese sonderbare Tomate treibt Bündel mit über 50 weintraubengroßen Früchten aus, die sich durch einen erfrischend süß-sauren Geschmack auszeichnen. Zudem gehört sie zu den am frühesten reifen Sorten. Hängt man die Bündel an einen kühlen, dunklen Ort, behalten sie wochenlang ihren Geschmack und ihre Frische, was für Tomaten sehr ungewöhnlich ist.

☆ 'Orange Paruche' *Die süße Frucht*

Laut Allgemeinwissen ist eine Tomate eine Frucht, die Tradition sagt, dass sie nicht in den Obstsalat gehört. Die Tradition hat anscheinend noch nie 'Orange Paruche' probiert! Mit ihrem Litschi- und Passionsfruchtduft, dem sirupartigen Saft und nur einem ganz leisen Hauch umami empfiehlt sie sich förmlich für Desserts. Die perfekte Tomate für alle, die keine Tomaten mögen.

'Artisan Sunrise Bumble Bee'

Eine bezaubernde Pflaumentomate in Orange mit sonderbarem Namen und ebensolchem Aussehen. Sie ist wie ein Fabergé-Ei leuchtend rot gestreift und roh eine Spur zu mehlig, erhitzt man sie jedoch ein paar Minuten, entwickelt ihr Fleisch einen satten, weichen Geschmack. Ob gegrillt, gebacken oder gebraten, sie ist ein Gedicht.

GRÜN

Die säuerlichen, zitrusfruchtigen Sorten bleiben sogar voll ausgereift grün und zeichnen sich durch eine frische, lebhafte Säure und einen grasig-krautigen Geschmack aus. Zudem enthalten sie Tomatidin, das beim Muskelaufbau hilft, wie Forscher der Universität von Iowa herausgefunden haben.

☆ 'Green Zebra' *Ideal für Salsa*

Diese Fleischtomate ist nicht wässrig, sondern hat ein dickes, fleischiges, intensiv nach umami schmeckendes Fleisch, das seidige Textur und pikante Fülle in sich vereint. Sie ist roh genauso köstlich wie gekocht und hat ihren großen Auftritt als smaragdgrüner Mozzarella-Salat mit Basilikum.

'Green Envy'

Eine großartige Kirschtomate mit Bündeln weintraubengroßer Früchte. Die Kombination aus tiefer Säure und eigentümlich anhaltender Süße verweilt mehrere Minuten im Mund. Wenn es um Geschmacksintensität geht, ist sie meine Favoritin.

BLAU & VIOLETT

Violette Tomaten sind das Ergebnis eines kürzlichen züchterischen Erfolgs der Oregon State University, der es gelang, wilde südamerikanische Arten mit Sorten zu kreuzen, die angeblich gesundheitsfördernde violette Pigmente, sogenannte Anthocyane, enthalten, wie man sie auch in Heidelbeeren und dunklen Weintrauben findet. Obwohl sie vor allem auf einen höheren Nährwert hin gezüchtet wurden, entstanden kürzlich einige sehr schmackhafte Zuchtlinien mit komplexem, rauchigem, sehr umami-betontem Geschmack.

Ihre Schale wird in der Sonne, schon lange bevor die Frucht tatsächlich reif ist, violett. Je intensiver das Licht, desto intensiver die Farbe. Reif sind sie, wenn sie sich weich und fest zugleich anfühlen und die Schale unter den beschatteten Blättern am Trieb dieselbe Farbe wie der Rest der Frucht hat. Dank ihrer Wildtomatengene brauchen violette Sorten weit weniger Feuchtigkeit als herkömmliche Züchtungen. Standardbewässerung kann sogar zu wässrigen Früchten führen. Wenn sie ihr wahres Geschmackspotenzial entfalten soll, hält man sie so trocken wie möglich.

'Clackamas Blueberry'

Immer wieder geht 'Clackamas Blueberry' aus Verkostungswettbewerben siegreich hervor. Die Sorte wurde aus 'Indigo Rose' entwickelt, der ersten blauen Tomate. Sie ist ein Zuchterfolg der Wissenschaftler der Oregon State University, die nach Früchten mit höherem Nährwert suchen. Ihr frischer, süßer Geschmack ist von Pflaumen- und Brombeernuancen überlagert, zu denen sich eine merkliche rauchige, pfeifentabakartige Note gesellt. Weitere geschmacksintensive Abkömmlinge der Oregon State University sind die kleine, süße und rauchige 'Indigo Cherry Drops' und die 'Indigo Pear Drops'.

KIRSCHE ODER FLEISCH?

Die für den unvergleichlichen Tomatengeschmack verantwortlichen Stoffe sind nicht gleichmäßig in der Frucht verteilt, sondern konzentrieren sich in bestimmten Gewebebereichen. Weil der Anteil dieser Gewebe variiert, kann sich auch das Geschmackserlebnis von einer Sorte zur anderen unterscheiden.

KIRSCHE

Glutamate und Säuren sind in der geleeartigen Masse konzentriert.

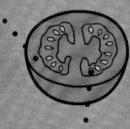

Die bitteren, seifigen Noten findet man in den Samen.

Wegen ihrer geringen Größe ist bei Kirschtomaten der Anteil von Schalen und Samen am Gesamtvolumen wesentlich größer als bei Fleischtomaten, bei denen das Fruchtfleisch dominiert. Manche Sorten haben bis zu 20-mal mehr Antioxidantien als Fleischtomaten, da die Nährstoffe in der Schale konzentriert sind.

Die gallertartige Masse mit den Samen darin enthält sechsmal so viel Glutamat wie das Fleisch, weshalb Kirschtomaten sehr würzig schmecken. Manchmal empfehlen sie experimentierfreudige Köche für die Zubereitung von Pastasauce mit einer kräftigen umami-Note.

Leider finden sich in Tomatensamen Saponine, Verbindungen, die den Früchten gekocht einen unangenehm bitteren Geschmack verleihen. Hinzu kommen Unmengen Samen und Schalenreste zwischen den Zähnen. Am besten genießt man diese Sorten daher frisch.

FLEISCH

Das Fleisch enthält anteilig am meisten Zucker.

Antioxidantien wie Lycopin und weitere Carotinoide sammeln sich vor allem in der Schale.

Die besten Fleischtomaten enthalten fast keine gallertartige Masse und darin eingebettete Samen, sondern von Wand zu Wand viel Fleisch. Dieses enthält durchschnittlich 20 Prozent mehr Zucker und 50 Prozent weniger Säure als die Gallertmasse.

Der Glutamatanteil ist geringer. Sie schmecken damit fruchtiger und haben weniger unangenehme Nuancen, die Verkoster besonders bei glutamatreichen Sorten registrieren, etwa bittere, fischige oder ranzige Noten. Weil aber auch der Anteil der Schale proportional geringer ist, liegt auch der Gehalt an Antioxidantien pro Gramm niedriger.

Wegen des niedrigeren Wassergehalts haben sie roh eine fleischigere Textur. Gekocht liefern sie cremige, seidige Suppen und Saucen und sind damit für diesen Zweck wesentlich besser geeignet als Kirschtomaten.

SALAT-SORTEN

Salatsorten enthalten viel Wasser und haben daher eine frische, saftige Textur. Man genießt sie am besten roh. Sie sind eher säuerlich und süß als üppig und fleischig.

Frisch und säuerlich: Der Zucker in diesen Sorten wird von lebendiger Säure ausbalanciert. Sie verleiht den Tomaten einen komplexeren, schärferen Geschmack. Für mich sind sie der ideale Rohstoff für frische, saubere Salsas und ölige Speisen - sozusagen tomatenförmige Chutney-Fertiggerichte an Trieben.

Supersüß: Bei den meisten modernen, auf besseren Geschmack hin gezüchteten Sorten hat man sich darauf konzentriert, den Zuckergehalt in die Höhe zu treiben. Deshalb schmecken sie mitunter so süß, dass sie mehr an Tafelobst als an Gemüse erinnern - manche sind sogar süßer als Erdbeeren. Hört sich super an, aber wenn man Pastasauce daraus machen will, bekommt man etwas, das wie Marmelade schmeckt. Glauben Sie mir, den Fehler habe ich mehr als einmal gemacht!

FRISCH & SÄUERLICH

SUPERSÜSS

'Green Zebra'

'Ildi'

'Gardener's Delight'

'Flamingo'

'Sungold'

'Rosella'

'Green Envy'

'Orange Paruche'

'Russian Rose'

'Corazón'

'Clackamas Blueberry'

'Artisan Sunrise Bumble Bee'

'San Marzano'

'Tomaccio'

NUR ZUM KOCHEN

FRISCH UND

'Pink Brandywine'

'Tangerine'

'Belriccio'

KOCH-SORTEN

Kochsorten enthalten wenig saftige Gallertmasse und dafür viel Fleisch. Sie lassen sich also schneller zu einer dicken, seidigen Sauce kochen. Das und ihr kräftiger umami-Geschmack prädestiniert sie für das Trocknen, für Schmorgerichte und für Pizzas.

Nur zum Kochen: Diese Sorten haben einen niedrigen Wasseranteil und sind daher die mit Abstand beste Wahl für kräftige, weiche Saucen und ofengebackene Tomaten, die ihre Form perfekt bewahren und nicht zu einem wässrigen Brei zerfließen. Roh sind sie dagegen schwammig und hart. Sie brauchen Hitze, um ihr Potenzial zu entfalten.

Frisch und gekocht schmackhaft: Sie verbinden kräftigen, würzigen Geschmack mit einem weichen Fleisch, das sich wie Butter schneiden lässt. Die fast samenlosen Sorten schaffen den Spagat zwischen einem Einsatz in der Küche und in Salaten. Eine dicke Scheibe davon in einem Sandwich oder Burger und Sie fragen sich, wie Sie bisher nur ohne sie auskommen konnten.

GEKOCHT SCHMACKHAFT

TIPPS & TRICKS

Lässt man die Genetik einmal beiseite, so beein-flussen vier Faktoren nachweislich die Speisequa-lität von Tomaten: Lichtintensität, Wasserzufuhr, Düngung und Schnitt. Paradoxerweise zielen die üblichen Ratschläge für Hobbygärtner größtenteils darauf ab, den Geschmack zu verwässern statt zu verbessern, nur um die Erträge in die Höhe zu treiben. Hier zeige ich Ihnen, wie Sie das ändern.

Weg mit dem Glashaus

Wie bei allen Früchten gilt: Der Zuckergehalt ist mehr oder weniger direkt proportional zur Lichtmenge, der die Früchte ausgesetzt sind. Die Glasscheiben eines Gewächshauses können

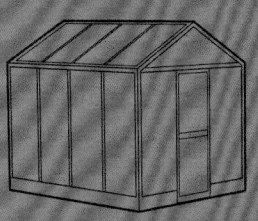

bis zu 40 Prozent des Sonnenlichtes herausfiltern und Ihr Ziel, möglichst viel Geschmack zu bekommen, in weite Ferne rücken lassen. **Wenn Sie einen sonnigen, geschützten Platz im Freiland finden, der sich für Ihre Tomaten eignet, werden Sie dort einen merklichen Zuwachs an Süße feststellen.**

Überraschenderweise ist Licht und nicht Wärme der wichtigste Faktor. **Zu viel Wärme in Gewächshäusern führt sogar nach-weislich zu einem schlechteren Geschmack und geringerem Ertrag.** Hinzu kommt, dass viele harzige, kräuterwürzige und fruchtige Aromaverbindungen, die den klassischen Tomaten-geschmack ergeben, mit Zucker als Baustein von der Pflanze gebildet werden, sodass sich die Wirkung potenziert.

Einen Haken indes hat die Freilandkultur: Draußen fangen sich die Pflanzen leichter die Kraut- und Braunfäule ein, die in Gewächshäusern nur selten auftritt.

Weg mit Pflanzsäcken

Pflanzsäcke und -gefäße sind die beliebtes-ten »Aufzuchtstationen« für Tomaten. Ich habe jedoch die Erfahrung gemacht, dass damit schlechter Geschmack schon fast garantiert ist - ganz zu schweigen von einem Haufen Arbeit. Fast alle Topferden basieren nämlich auf Materialien wie Torf, die von Haus aus wenig Mineralien und andere Nähr-

stoffe enthalten. Damit werden Gärtner von teurem Flüssigdün-ger abhängig gemacht, der wiederum den Ertrag erhöht, nicht jedoch den Geschmack verbessert. **Wenn Sie die Anwendungs-empfehlungen für handelsüblichen Tomatendünger beachten,** geben Sie fast mit Sicherheit ebenso viel Geld für Dünger aus, wie Sie durch den Nichtkauf der Tomaten gespart haben.

In gut gepflegter Freilanderde hingegen bekommen die Pflan-zen mehr natürlich vorkommende Mikronährstoffe, die man in den meisten Flüssigdüngern vergeblich sucht.

Her mit dem Zucker

Die Unmengen Dünger, die für Tomaten empfohlen werden,

versorgen die Pflanzen regelmäßig mit Stickstoff, was den Ertrag merklich steigert. Leider werden dabei die Früchte nur mit Wasser vollgepumpt, was die Zucker- und Vitaminanteile verdünnt - schlechterer Geschmack und Nährwert sind die Folge. Pflanzen mit leichtem Stickstoffdefizit hingegen tragen Früchte von wesentlich höherer Qualität, denn sie enthalten bis zu 17 Prozent mehr Zucker.

Da gute Gartenerde ausreichende Mengen der wichtigen Nährstoffe enthält, schlage ich vor, herkömmliche Dünger wegzulassen und stattdessen simple Melasse (siehe unten) einzusetzen. Dieses Nebenprodukt der Zuckerherstellung enthält viel Kalium, das nachweislich nicht nur den Geschmack und Ertrag von Tomaten verbessert, sondern auch den Lyco-pingehalt erhöht. Selbst als Reifebeschleuniger wirkt Melasse, was gerade in kurzen Sommern das Leben der Tomaten retten kann. **Zudem ist Melasse eine ausgezeichnete Mineralien-quelle für Pflanzen. Die Zucker fördern die Bildung nützli-cher Bakterien und Pilze im Boden.** Diese Mikrolebewesen schöpfen überschüssigen Stickstoff ab, was die Süße der Früchte verbessert und auch noch den Gehalt an Säure und Vitamin C erhöht, weil es die Pflanzen geringfügigem Stress aussetzt. Eine regelrechte Aufwärtsspirale (siehe auch S. 27)!

Wenn Sie selbst damit experimentieren möchten, verdünnen Sie 500 g Melasse in 10 l Wasser und gießen Sie Ihre Tomaten damit, sobald sie zu blühen beginnen. Sofern man nicht gerade ausgesprochen karge oder sandige Böden hat, braucht gepflegte Erde mit hohem Anteil organischer Substanz keinen weiteren Zuschuss an Nährstoffen.

Energiespritze

Auch wenn es seltsam klingt: Das gelegentli-che Besprühen mit verdünntem Aspirin kann die Zuckerkonzentration in Tomaten um das mehr als Eineinhalbfache steigern und den Vitamin-C-Gehalt um 50 Prozent erhöhen. Das Mittel stärkt das Immunsystem der Gewächse und macht sie widerstandsfähiger gegen Tro-ckenheit und Kälte. Versuche haben außerdem gezeigt, dass Aspirin die Abwehrkräfte gegen die

Dürrfleckenkrankheit und die Fusarium-Welke stärkt, zwei der häufigsten Tomatenkrankheiten. Selbst das Risiko einer Infektion durch die von Freilandgärtnern gefürchtete Kraut- und Braunfäule sank einer Studie zufolge um fast 50 Prozent. Allerdings muss darauf hingewiesen werden, dass Aspirin zwar als sicheres Mittel zur Verbesserung des Geschmacks gilt, aber gemäß EU-Recht nicht für die Schädlingsbekämpfung empfohlen werden darf (mehr über die exakte Verdünnung und den Wirkungsmechanismus auf S. 28-29).

Gibt man dem Mix noch einen Spritzer mineralienhaltiges Seetangextrakt hinzu, bekommen die Pflanzen alle Spurenelemente, die sie brauchen - und obendrein eine zusätzliche Dosis Kalium, die die Süße nach oben treibt.

Gießen Sie mit Salzwasser!

Mitte des 20. Jahrhunderts wollten israelische Wissenschaftler herausfinden, ob man kostbares Trinkwasser sparen konnte, indem man Felder in wüstenähnlichen Anbaugebieten mit verdünntem Meerwasser bewässerte. Dabei machten sie eine erstaunliche Entdeckung: **Mit Salzwasser gegossene Tomaten wachsen besser.** Ja, mehr noch: Weil Salz die Wasseraufnahme in den Früchten selbst bei geringer Konzentration erschwerte, ließ es den Gehalt von Vitamin C, Lycopin und Betacarotin in den frischen Tomaten um bis zu 35 Prozent ansteigen. Inzwischen wurden diese Beobachtungen von amerikanischen, italienischen und spanischen Forschungsteams bestätigt. Weiter entdeckten die Fachleute, dass Salzwasser die Früchte schneller reifen ließ - manchmal um Tage, manchmal sogar um Wochen.

Manche Experten führen das auf das Natrium zurück, einen unbedeutenden Pflanzennährstoff, der mit der Entstehung von Geschmacksstoffen verknüpft ist. Der gleiche geschmackssteigernde Effekt wurde auch bei Oliven, Birnen, Melonen und Weintrauben beobachtet. Inzwischen werden mit Salzwasser bewässerte israelische Tomaten in Europa unter der Bezeichnung 'Desert Sweet' vermarktet. Das US-Landwirtschaftsministerium stellte 1980 fest, dass fleischige Früchte von Böden mit hohem Salzgehalt merklich weicher und saftiger ausfielen. Einen Nachteil allerdings hat das »Salzwässern«: Der geschmackliche Gewinn geht mit einem Ertragsverlust einher.

> **Mit Salzwasser gegossene Tomaten enthalten ein Drittel mehr Antioxidantien als normal gewässerte.**

MYTHOS NUMMER 7

Rund 80 Prozent des Zuckers in Tomaten entsteht in den Blättern. Zur Förderung der Fruchtreife wird oft ein Entlauben der Pflanzen empfohlen. Lassen Sie das lieber.

Die Pflanzen bleiben kleiner und unansehnlicher. Aber ihre Früchte schmecken hervorragend!

Meine Empfehlung, Tomaten zweimal jährlich mit Salzwasser zu gießen, basiert auf Erkenntnissen der Rutgers University in New Jersey. Bei einer starken Verdünnung von zwei Prozent sollte nicht die Gefahr bestehen, dass der Boden versalzt - Regen und reguläres Wässern waschen das Salz bald heraus (mehr über die exakte Anwendung auf S. 52). Aber Vorsicht: Nicht alle Pflanzen vertragen Salz. Erdbeeren etwa reagieren schon auf kleinste Mengen empfindlich.

Flach halten

In den 1960er-Jahren suchte der britische Wissen-schaftler Dr. Allen Cooper nach Möglichkeiten, den hohen Arbeitsaufwand beim Schneiden und Erziehen von Tomatenpflanzen zu reduzieren. Da hatte er eine Idee: Warum nicht einfach die Triebspitzen der Gewächse abzwicken, nach-dem sie ihre ersten Fruchtbündel angesetzt haben, und sie so von wüchsigen Kletterpflanzen in gedrungene 50-cm-Zwerge verwandeln. Dann musste man sie nicht mehr stützen oder schneiden und konnte sie auch wesentlich dichter pflanzen, während der Gesamtertrag in etwa gleich blieb. Bingo!

Die Pflanzen stecken ihre Energie nicht mehr in die Bildung zahl-reicher neuer Blätter und Früchte, sondern zu 100 Prozent in das Wachstum und die Reifung der bestehenden Früchte. Es reiften also größere Tomaten mit weit besserem Geschmack. Skeptisch? Im Bild unten sehen Sie eine Pflanze in meinem Garten, an der ich das ausprobiert habe. Die niedrigen Exemplare bekommen obendrein mehr Licht ab, weil sie es sich nicht gegenseitig wegnehmen. So entstehen selbst bei weniger Helligkeit Tomaten mit ausgezeichnetem Zucker- und Säuregehalt.

Kombiniert man die Salzwasserbehandlung (S. 49) mit dieser Methode, wiegt der höhere Fruchtansatz die mit salzigem Boden verbundene Ertragsreduzierung auf und lässt die Früchte sogar früher reifen. Das senkt das Risiko eines Befalls mit der Kraut- und Braunfäule und macht überdies die Kultur alter mediter-raner Sorten möglich, die in unseren kurzen Sommern sonst wenig Chancen hätten (genaue Anleitungen dazu auf S. 52).

Kümmerlich & wässrig
Die normalen Tomaten mit vier Rispen waren vier Wochen zurück.

Groß & fleischig
Meine Tomaten in einer einzi-gen Rispe waren dreimal größer.

TOMATEN ANBAUEN

Aussaat und Kultur

SÄEN Sie Tomaten im März oder April in Töpfe oder Saatschalen und stellen Sie sie drinnen auf eine warme, sonnige Fensterbank. Nach ein bis zwei Wochen sollten sie keimen. Die Idealtemperatur liegt bei 18 °C. Sobald sie vier Blätter haben, pflanzt man sie in kleine Töpfe, lässt sie aber noch am selben Platz.

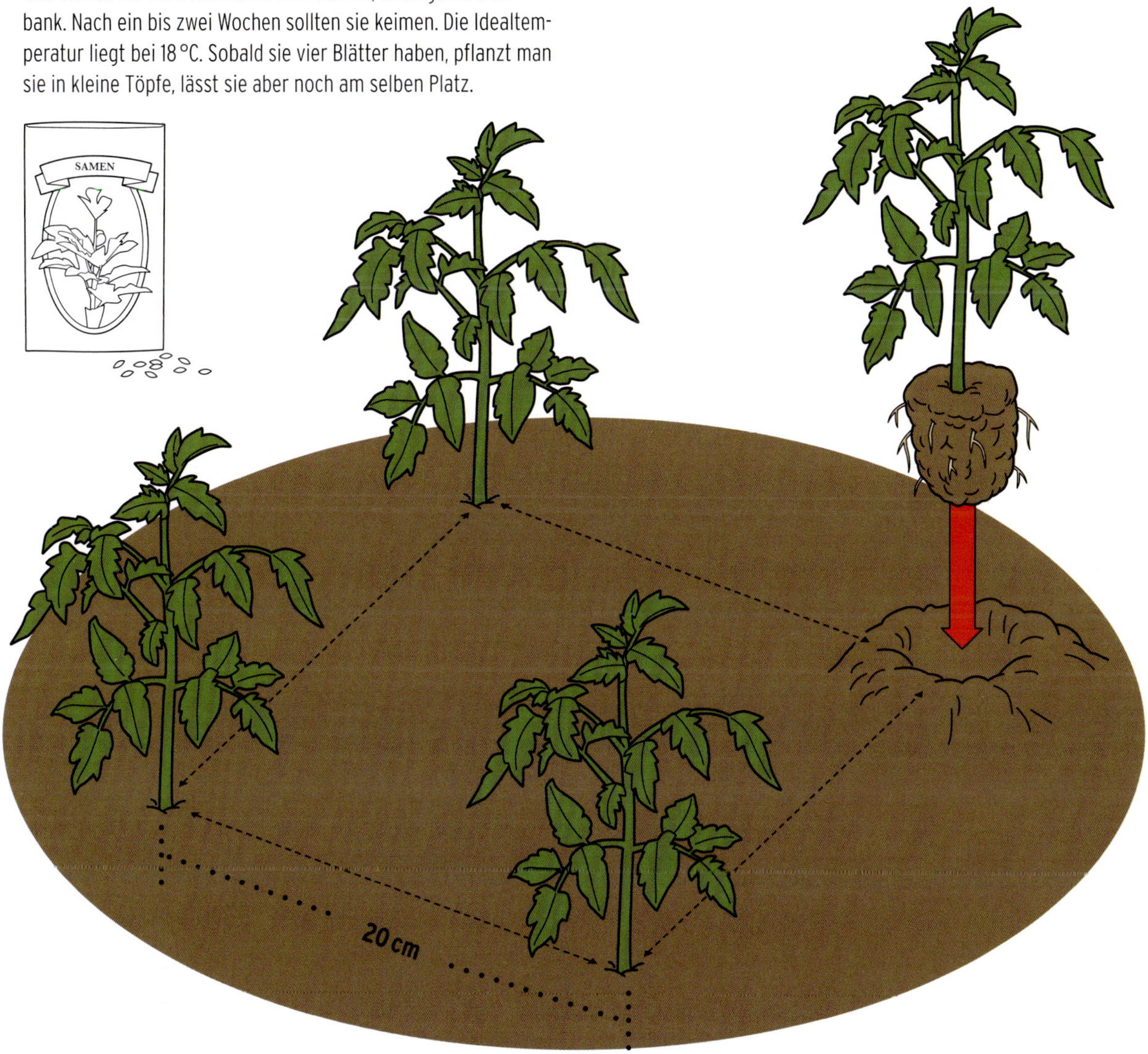

20 cm

GEBEN Sie den Pflänzchen eine ordentliche Dusche mit meiner Aspirinlösung, sobald die ersten Blüten erscheinen. Mindestens eine Woche später bzw. wenn keine Spätfröste mehr zu erwarten sind, pflanzt man sie mit 20 cm Abstand in Rabatten (lieber nicht in Töpfe oder Pflanzsäcke).

GRATISPFLÄNZCHEN

Tomatensamen können sehr teuer sein. Manche Sorten kosten bis zu 40 Cent *pro Samenkorn*! **Sie können aber die ersten Seitentriebe Ihrer Pflänzchen** im Frühjahr oder Frühsommer in kleinen Töpfen auf einer sonnigen Fensterbank einwurzeln und damit binnen weniger Wochen **die Zahl Ihrer Exemplare mehr als verdoppeln.** Diese Stecklinge wachsen wesentlich schneller als Sämlinge. Sie können im Frühsommer ins Freiland gepflanzt werden und **liefern eine zweite kostenlose Ernte im Herbst.**

LAUFENDE PFLEGE

Wässern
Seien Sie geizig

In den ersten Monaten nach dem Pflanzen müssen Tomaten regelmäßig gewässert werden. Später reduziert man die Wassergaben nach und nach auf ein absolutes Minimum. Sind die Pflanzen gut eingewachsen, wird nur noch gegossen, wenn sie sichtlich unter Wassermangel leiden.

Schnitt und Erziehung
Ein-Rispen-Schnitt

Herkömmliche und Fleischtomaten: Sobald der erste Fruchtstand (Rispe) erscheint, kappt man die Triebspitze drei Blätter oberhalb der Rispe und entfernt alle Seitentriebe. Dann wird man kaum je wieder stützen oder schneiden müssen.

Kirschtomaten: Den wüchsigen »Königstrieb« (den Seitentrieb direkt unterhalb des Blütenstands) lässt man wachsen, sodass die Pflanze eine Y-Form entwickelt, bevor man die Spitze drei Blätter über dem ersten Fruchtansatz abzwickt. Wie japanische Untersuchungen ergaben, lässt sich der Ertrag von Kirschsorten auf diese Weise ohne Qualitätseinbußen verdoppeln. Einziger Nachteil: Die Pflanzen brauchen eventuell eine Stütze.

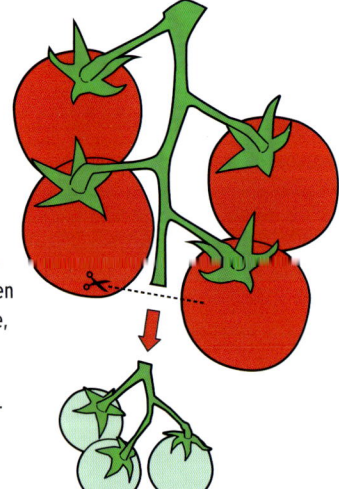

Die Spitze jedes Fruchtstands wird abgewickt, sodass an herkömmlichen Sorten noch 4–5 Früchte, an Kirschtomaten noch 8–10 Früchte bleiben. Dadurch reifen sie leichter aus, werden größer und entwickeln einen besseren Geschmack.

Düngung
Holen Sie die Geheimwaffen heraus

Besprühen Sie Ihre Pflanzen den Sommer über monatlich reichlich mit einer Aspirinlösung, am besten am Vormittag, da Tomaten zu dieser Zeit am schnellsten wachsen (siehe Ernte und Lagerung, rechts).

Meerwasserbehandlung

Wenn die kleinen grünen Früchte gerade erbsengroß sind, tränkt man den Boden um die Pflanzen mit einer Meersalzlösung. Pro Quadratmeter bringt man 60 g Meersalz auf 3 l Wasser aus. Vorsicht: Das Laub darf nicht mit der Salzlösung in Berührung kommen! Zwei Wochen später wird die Prozedur wiederholt, dann muss ein Jahr Pause gemacht werden.

Ernte und Lagerung
Ernte am Nachmittag

Tomaten wachsen am stärksten morgens, wenn sie reichlich Wasser aus dem Wurzelraum holen. Deshalb ist diese Tageszeit ideal zum Wässern. Am späten Nachmittag hat die Sonne die Gewächse schon etwas ausgetrocknet und alle Zucker und Geschmacksstoffe in der Frucht konzentriert, sodass dies die beste Erntezeit ist. Manche Gärtner lassen die Pflanzen sogar ein, zwei Tage welken, bevor sie die Früchte ernten, um optimalen Geschmack und honigartige Süße zu bekommen.

Nie in den Kühlschrank

Tomaten lassen sich einige Tage ohne Geschmackseinbußen aufbewahren. Die Frucht bildet weiter Geschmacksstoffe, um diejenigen zu ersetzen, die sie an die Umgebungsluft abgibt – aber nur, wenn man sie nicht in den Kühlschrank steckt. Temperaturen unter 10 °C können verheerende Folgen für den Geschmack haben (siehe S. 33). Lassen Sie die Tomaten in der Küche einfach offen in der Obstschale liegen.

GESCHMACKGEBER LAUB

Sie mögen den betörenden würzigen Duft frischer Tomatenblätter? Dann verwenden Sie sie doch in der Küche! Obwohl die Meinung vorherrscht, dass sie giftig sind (schließlich gehören sie zu den tödlichen Nachtschattengewächsen), setzen US-Spitzenköche sie immer häufiger in der Küche ein, da sie Suppen und Saucen um eine »grüne« Waldnote bereichern.

Tomatenblätter enthalten zwar tatsächlich winzige Mengen eines giftigen Stoffs namens Tomatin, der auch in allen grünfleischigen Tomaten und natürlich in grünem Tomaten-Chutney enthalten ist, doch ist die Dosis so gering, dass man sie schon regelmäßig kilogrammweise verputzen müsste, um etwas zu spüren. Sie sind also nicht giftiger als Rhabarber oder Mandeln, die ebenfalls geringe Mengen Gift enthalten.

ONE-POT PASTA MIT TOMATENLAUB

Aromatisiert man ein Glas handelsübliche Pastasauce mit ein paar Tomatenblättern, bekommt selbst das fadeste Produkt einen Frisch-aus-dem-Garten-Geschmack. Ich setze aber noch eins drauf und füge sie meinem eigenen One-Pot-Rezept hinzu, bei dem die Nudeln in ihrer eigenen Sauce gekocht werden. Klingt unwahrscheinlich, aber funktioniert tatsächlich!

Zutaten:

350 g Spaghetti

2 ganze Tomatenblätter

350 g Tomaten – ich nehme '**Russian Rose**', '**Yellow Pear**' oder '**Green Zebra**'

1 rote Chilischote, geschnitten

1 l Gemüsebrühe

1 Zwiebel, in dünne Scheiben geschnitten

2 EL Olivenöl

5 Knoblauchzehen, gehackt

Zubereitung:

ALLES in einen großen Topf geben, größere Tomaten vierteln, kleine dürfen ganz bleiben, 10 Minuten kochen, Tomatenblätter herausnehmen und genießen!

BLATTSALATE

Blattsalate gehören wegen ihrer geringen Haltbarkeit und fragilen Konstitution zu den teuersten Waren an der Gemüsetheke. Dafür aber lässt sich kaum ein anderes Gemüse schneller und leichter anbauen. Da sich fast jede Pflanze mit zarten, essbaren Blättern als Blattsalat eignet, umfasst die Kategorie wesentlich mehr Vertreter als nur den wässrigen Eisbergsalat und den nahezu geschmacklosen Babyspinat. Hier die zartesten, saftigsten Köstlichkeiten – und einige Überraschungsgäste.

GESCHMACKSRICHTUNGEN

Sie haben die Wahl: Möchten Sie milden und süßen oder kräftigeren und feurigen Blattsalat? Oder vielleicht etwas dazwischen, das weder zu scharf noch zu mild, sondern exakt auf Ihren persönlichen Geschmack abgestimmt ist – sozusagen eine Idealsorte 'Goldene Mitte'? Dazu brauchen Sie nur eine bestimmte Anbaumethode wählen …

Mild und süß

Sie wollen die zartesten Blättchen mit dem mildesten Geschmack? Halten Sie sich einfach an die herkömmlichen Kulturempfehlungen.

Schattiger Standort

Da sich die meisten Geschmacksstoffe in der Sonne am besten entwickeln, **unterdrückt man potenzielle Schärfe oder Bitterkeit im Laub, indem man die Salate im Halbschatten anbaut.** Ohne direkte Sonne werden die Blätter größer, damit sie so viel Licht wie möglich einsammeln können. Das macht sie weniger faserig, dafür weicher und zarter im Geschmack.

Topfkultur

Der Anbau nicht in Gartenerde, sondern in Schalen oder Töpfen mit Blumenerde ohne Tonanteil, kann Blattsalate noch milder machen. Zurückzuführen ist das auf den Mangel an Spurenelementen, die die Pflanzen brauchen, um die stechenden oder feurigen Geschmacksstoffe zu bilden.

Viel Wasser

Großzügige Wassergaben und eine Düngung mit einem stickstoffreichen Präparat verstärken die Wirkung eines Anbaus an schattigen Standorten, da sich die Blätter mit Wasser vollsaugen. Das senkt die Konzentration intensiver Geschmacksstoffe und gibt dem Laub einen saftigen, frischen Biss, verhindert aber auch, dass die Pflanzen Blüten ansetzen, was die Bildung kräftiger Nuancen und zäher Blätter fördert.

Babyblätter

Bei den meisten Pflanzen sind die unreifen Blätter die saftigsten und zartesten und haben zudem noch nicht alle kräftigen bzw. bitteren Geschmacksstoffe entwickelt (siehe S. 159).

Voll und feurig

Wenn Sie es pfeffrig und scharf mögen, seien Sie ein Gartenrebell und tun Sie genau das Gegenteil von dem, was die Tradition rät.

Sonniger Standort

Positionieren Sie Ihr Salatbeet an den sonnigsten Platz und der Geschmack der Blätter kann sein ganzes Potenzial entfalten. Diese Maßnahme erhöht aber auch den Anteil von Phytonährstoffen wie Senfölglycosiden, die für den bitteren, scharfen Geschmack verantwortlich sind.

Freilandkultur

In der Freilanderde finden Ihre Salatpflanzen wesentlich mehr Mineralien, was bei der Entwicklung des vollen Geschmacks eine entscheidende Rolle spielen kann. Es soll sogar schon Liebhaber feuriger Genüsse gegeben haben, die vor dem Pflanzen ein, zwei Esslöffel Bittersalz (Magnesiumsulfat – gibt es in der Apotheke oder Gartencenter) auf das Erdreich streuen, da es eine Schwefelquelle ist und Pflanzen wie Rucola oder Senf zu ihrem stechenden Geschmack verhilft.

Wenig Wasser

Pfiff bekommen die Blätter auch, wenn man die Pflanzen erst wässert, sobald sie zu welken beginnen. Wer schwere Böden hat, kann sogar viel Kies oder Sand in das Beet einarbeiten und so die Durchlässigkeit des Erdreichs verbessern, um Staunässe zu vermeiden. Der Wasserstress regt Gewächse oft zu einer verfrühten Blüte an, die sie noch schärfer macht.

Reife Pflanzen

Indem man die Ernte nach hinten verschiebt, gibt man den Pflanzen die Möglichkeit, noch mehr Geschmacksstoffe zu bilden, was ihre Wirkung im Gaumen noch ausgeprägter macht.

Neuseelandspinat

Romanasalat 'Little Gem'

Schnittmangold 'Ruby Red'

Kopfsalat 'Granada'

Feldsalat

Spinat 'Amazon'

MILD

WÜRZIG

Blattsenf 'Red Giant'

Grünkohl 'Ragged Jack'

Wilde Rauke

Mizuna

Rauke 'Dragon's Tongue'

Radicchio 'Castelfranco'

Kapuzinerkresse 'Empress of India'

Radicchio 'Rossa di Treviso'

Salzkraut

Queller

EXOTISCHE BLATTSALATE

Sie möchten die Welt der Blattsalate jenseits der Supermarktregale erkunden? Diese Gourmetgenüsse gehören zu den schmackhaftesten und am leichtesten zu kultivierenden Edelsalaten.

KAPUZINERKRESSE

Tropaeolum majus

Die Pfeffrige

Obwohl die Kapuzinerkresse das vielleicht geschmacksintensivste und vielseitigste Salatgemüse überhaupt ist und fast überall wächst, **fristet es seit mehr als hundert Jahren ein Dasein in Zierblumenrabatten.** Man sollte der südamerikanischen Exotin, die schon die Inka kannten, eine Chance im Gemüsebeet geben, wo sie monatelang als fast unerschöpfliche Quelle pfeffriger Blätter mit Kressegeschmack und knackigen Samen dient. Ich mag besonders die Sorte **'Empress of India'** wegen ihres kleinen Wuchses und der violett überlaufenen Blätter.

Kapuzinerkresse gehört zu den unkompliziertesten Nutzpflanzen, die sich aus Samen ziehen lassen. Man sät sie 1,5 cm tief in feinkrümelige, durchlässige Erde an den Platz, an dem sie auch blühen soll. Wer möglichst früh Ergebnisse sehen will, sät zu Saisonbeginn jeweils 2-3 Samen in kleine Töpfe aus und stellt sie auf eine sonnige Fensterbank oder ins Gewächshaus. Drohen keine Spätfröste mehr, können die Pflänzchen ins Freiland umgesiedelt werden.

WILDE RAUKE

Diplotaxis tenuifolia

Die Feurige

Für Anhänger feuriger Hardcore-Genüsse wie mich gibt es nichts Besseres als Wilde Rauke. Ihre Kulturformen wurden speziell auf jene in der Nase kitzelnde Meerrettich- bzw. Wasabischärfe hin gezüchtet und schmecken wie normaler Rucola mit Wasabi-Vinaigrette. Weil ihre Blätter vollgepackt sind mit Senfölglycosiden, jenen Antioxidantien, die auch in Brokkoli und Brunnenkresse vorkommen, ist sie so gesund wie schmackhaft.

Wie die meisten Rucola-Sorten sät sich die Wilde Rauke bereitwillig selbst aus. Was in fünf Minuten ausgebracht ist, liefert also unablässig Nachschub. Ich mag besonders die Sorte **'Dragon's Tongue'** mit ihren weinroten Adern, die nicht nur dekorativ auf dem Teller aussieht, sondern im Garten auch leicht aufzuspüren ist, wenn sie sich an unerwarteten Orten niederlässt.

SALZKRAUT

Salsola soda

Das Sonderbare

Die zerzausten Büschel aus zarten Blättern sind besonders in Japan beliebt, wo man sie als *okahijiki* kennt. In Italien sind sie als *agretti* oder *barba di frati* (wörtlich »Mönchsbart«) eine regionale Spezialität. Ansonsten war das Salzkraut im Rest der Welt bis vor Kurzem unbekannt.

Die dickschaligen Blätter sind außen fest, aber innen seltsam saftig und schmierig. Sie haben einen mild grasigen Geschmack mit dezenten sauren und bitteren Noten. **Roh verzehrt oder sehr kurz gedämpft und mit Öl als Sommersalat bzw. mit Pasta zubereitet schmecken sie köstlich.**

Den pflegeleichten, wüchsigen Pflanzen macht es nichts aus, wenn sie den Sommer über immer wieder abgeerntet werden. Zudem sind sie unempfindlicher für Trockenheit als fast alle anderen Blattsalate. Einen kleinen Fehler aber haben sie: Die Samen haben eine extrem kurze Lebensdauer, weshalb sie nur von Spezialanbietern - meist online - geführt werden. Selbst wenn man sie im Nu bekommt, keimt nur etwa die Hälfte. Auf der Habenseite ist zu verbuchen, dass die Posten oft großzügig bemessen sind und bis zu 2000 Samen enthalten. Wenn sie einmal austreiben, sind sie zudem ausgesprochen ergiebig.

Bestellen Sie die Samen so, dass sie im April eintreffen, und säen Sie sofort 1 cm tief an einen sonnigen Platz in feuchte Gartenerde. Gutes Wässern ist Pflicht. Nach etwa sieben bis zehn Tagen sollten die Körnchen keimen - Sie erfahren also ziemlich schnell, ob Sie lebensfähiges Saatgut erhalten haben. Ich habe die Erfahrung gemacht, dass die meisten Anbieter äußerst verantwortungsbewusst agieren und nur frisch gesammelte Samen liefern. Sobald die Pflänzchen 10 cm hoch sind, dünnt man sie auf 10-15 cm Abstand aus. Mitunter werden im Versandhandel auch Setzlinge angeboten; mit ihnen umgeht man das Problem der nicht keimenden Samen.

> Wilde Rauke und Kapuzinerkresse säen sich sehr stark selbst aus und erscheinen bald überall im Garten. Sie pflanzen sich praktisch von selbst fort.

QUELLER

Salicornia europaea

Der Salzige

Diese Wattpflanze kam scheinbar aus dem Nichts und avancierte binnen Kurzem zu einer der angesagtesten neuen Gemüsespezialitäten in Restaurants und an den Fischtheken exklusiver Supermärkte. **Ihre bizarren, festen Finger mit ihrem sukkulenten, salzigen Fleisch schmecken wie eine frische Meeresbrise.** Queller ist eine reiche Vitamin-C-Quelle und ganz und gar ungewöhnlich. Man serviert ihn am besten mit Fisch oder Meeresfrüchten roh, kurz in etwas Butter gedünstet oder sogar in Essig eingelegt.

Für eine Pflanze, die sich an extreme Küstenbedingungen angepasst hat, ist sie überraschend pflegeleicht, sofern man ihre beiden Hauptbedingungen erfüllt: **Sie will häufig mit Salzwasser duschen und braucht reichlich Sonne.** Ich wässere meinen Bestand zweimal wöchentlich mit einem Liter Leitungswasser, in das ich 6 TL Meersalz rühre. Meersalz ist wesentlich besser als normales Speisesalz, da es mehr Mineralien enthält, die das Pflanzenwachstum fördern. Queller gedeiht zwar auch ohne diese Sonderbehandlung relativ gut, verliert aber dann seinen typisch salzigen Geschmack und entwickelt langes, weiches Laub. Die Pflanze kann ausgesät werden, keimt jedoch unzuverlässig. Alternativ bestellt man bei Spezialversendern Setzlinge.

Am einfachsten ist die Kultur in mittelgroßen, kiesgefüllten Kästen ohne Abzugslöcher. Während man bei der Salzdiät nicht allzu streng sein muss, geht Queller beim Sonnenlicht keine Kompromisse ein – viel muss es sein. Weisen Sie ihm daher einen hellen Platz mit direkter Sonne den ganzen Tag über zu. Wenn Sie ihm dann noch einen gelegentlichen Salzcocktail servieren, ist er vollends zufrieden.

RADICCHIO

Cichorium intybus

Der Bittere

Die dunkelroten Blätter dieser italienischen Chicorée-Spielart machen in Herbstsalaten eine hervorragende Figur. Ihr außerordentlich bitterer Geschmack bildet einen herrlichen Kontrast zu den ansonsten zuckersüßen Geschmacksnuancen der Saison, die etwa von Äpfeln und Birnen beigesteuert werden. Mit Honig-Senf-Dressing, einer Handvoll Walnüsse und etwas geriebenem Hartkäse entführt Radicchio in den Feinschmeckerhimmel. Der bittere Geschmack und das intensive Dunkelrot werden von einer hohen Konzentration an Phytonährstoffen verursacht, die den Salat zu einem fantastisch gesunden Gemüse machen.

Ich säe Radicchio in der zweiten Sommerhälfte direkt ins Freiland an vollsonnige Standorte (er ist ein Bittergemüse, also soll er auch bitter schmecken). Sobald die Sämlinge da sind, dünne ich sie auf 35 cm Abstand aus und lasse sie in Frieden. **Gutes Wässern macht die Blätter schön und fest, ohne den Geschmack zu beeinträchtigen.** Das gilt auch für gelegentliche Gaben eines stickstoffreichen Düngers. Zum Herbstbeginn sollte man die erste Ernte einfahren können. Die Pflanzen sind winterhart und wachsen sehr langsam, sodass man fast den ganzen Winter hindurch versorgt wird.

Sehr viel Geschmack hat 'Grumolo Rossa', eine spät reifende Sorte aus Verona. Ihre Blätter erinnern an burgunderrote Rosen. 'Castelfranco' trägt ein rot gezeichnetes, grünes Laub. 'Orchidea Rossa' beeindruckt mit hellroten Blättern früh in der Saison. Der ausgesprochen winterharte 'Rosso di Treviso' färbt sich nach den ersten strengen Frösten rot und weiß und enthält zehnmal so viel Antioxidantien wie die meisten Blattsalate.

GESUNDHEITSTIPP
Der violette Radicchio 'Rosso di Treviso' bildet lockere Köpfe und enthält **10x** so viele Phytonährstoffe wie grüne Sorten.

SEETANG: TURBO FÜR NÄHRWERT UND GESCHMACK

Mehrere wissenschaftliche Studien kommen zu dem Ergebnis, dass sich der Gehalt an Phytonährstoffen in Blattgemüse wie Spinat, Kopfkohl und Brokkoli durch simples Besprühen mit einer Seetangextraktlösung erhöhen lässt – bei Spinat sogar um das Doppelte. Ein einmaliges Benetzen mit einer Lösung von 1g handelsüblichem Seetangextrakt auf 1l Wasser zwei Wochen vor der Ernte reicht, um den Gehalt an Inhaltsstoffen wie Phenolen und Flavonoiden in die Höhe zu treiben.

Feinschmecker werden sich besonders über den Anstieg der Flavonoide freuen, denn die Pennsylvania State University hat nachgewiesen, dass diese leicht bitteren Verbindungen den Geschmack einer ganzen Reihe gekochter Speisen verbessern. Zudem scheinen sie die Bildung unangenehmer Geschmacksstoffe, hervorgerufen durch zu starkes Kochen, zu hemmen, ohne den bitteren Geschmack zu intensivieren.

BESSER ALS PASTINAKEN

Ich gestehe es gleich: Ich kann keine Pastinaken anbauen. Sie sind meine gärtnerische Krux. Ich habe schon jeden Trick ausprobiert, angefangen vom kontrollierten Kühlen im Kühlschrank bis zur Beachtung der Mondphasen, aber sie keimen entweder gar nicht erst oder verwandeln sich in eine faserige Masse. Zum Glück kosten sie nicht viel und haben auch im Handel einen Geschmack, der sich, wie man mir sagte, nicht wesentlich von dem selbst gezogener Exemplare unterscheidet.

Dennoch hatten die Irrungen und Wirrungen meines Pastinakenstrebens auch etwas Gutes: Ich entdeckte einige ihrer lange verloren geglaubten Verwandten, die zu meiner Überraschung nicht nur leichter zu kultivieren und im Handel schwerer zu bekommen sind, sondern auch besser schmecken.

KERBELRÜBE

Chaerophyllum bulbosum

Was ist denn das?

Mit seinem hohen Gehalt an Zucker und mehliger Stärke wird das kurze, gedrungene, auch Knollenkerbel oder Knolliger Kälberkropf genannte Wurzelgemüse vielleicht am besten als geschmackliche Kreuzung zwischen sirupgesüßten Pastinaken und Butterkartoffeln beschrieben.

Die köstlichen, daumengroßen Stücke standen einst in hohem Ansehen, sind in den letzten ein, zwei Jahrhunderten aber auf mysteriöse Weise aus unserer Küche verschwunden. Das halte ich für eine veritable kulinarische Tragödie, denn die Kerbelrübe ist **das süßeste, cremigste Wurzelgemüse, das sich in unserem gemäßigten Klima anbauen lässt** (und glauben Sie mir, ich habe schon die ungewöhnlichsten und unglaublichsten herangezogen). Nur französische Feinschmecker, die Pastinaken eher als Viehfutter ansehen, wissen sie noch zu schätzen.

Die Kerbelrübe enthält extrem wenig Terpene, jene chemischen Verbindungen mit terpentinähnlichem Geschmack, die in den meisten Vertretern der Möhrenfamilie enthalten sind. Die metallische Härte, die man mitunter in Karotten und Pastinaken antrifft, fehlt ihr also völlig. Anstelle der Terpene sind die Wurzeln vollgepackt mit duftenden Aromaverbindungen, deren einzigartige, fast blumige Noten bestens zur Süße des Gemüses passen.

Anbau

Die Kerbelrübe wird wie Pastinaken oder Möhren angebaut (siehe S. 73-74) - von zwei Ausnahmen abgesehen. Erstens müssen die Samen stratifiziert werden, damit sie keimen, was bedeutet, dass man sie ein paar Wochen lang in einem kühlen, feuchten Milieu lagern muss. Sät man sie im Herbst, erledigt das der Winter von selbst, sodass sie im Frühjahr austreiben.

Wie bei allen Angehörigen der Karottenfamilie ist auch der Samen der Kerbelrübe ausgesprochen kurzlebig und keimt nur unzuverlässig, wenn auch meiner Erfahrung nach bei Weitem nicht so sporadisch wie der von Pastinaken. Kaufen Sie das Saatgut daher jährlich frisch und verwenden Sie nicht die Überbleibsel aus der letzten Saison. Man sollte es sogar im Kühlschrank aufbewahren, wenn man es nicht sofort ausbringen kann.

Der zweite wichtige Unterschied zwischen Kerbelrübe und Pastinaken ist ihre längere Reifeperiode. Die Rüben können nicht vor dem Saisonende geerntet werden. Himmlisch süß werden sie sogar erst nach den ersten Herbstfrösten, wenn die Kälte die in ihnen enthaltene Stärke in Zucker verwandelt. Zwischen Aussaat und Ernte vergeht also ein volles Jahr. Aber das Warten lohnt sich!

Wie man sie genießt

Die Kerbelrübe wird in der Küche genauso verwendet wie die Pastinake und Kartoffel. Man verarbeitet sie mit Sahne und Muskatnuss zu einem Brei, röstet sie in Gänseschmalz, kocht sie in Suppen mit sautiertem Lauch oder lässt sie mit geröstetem Kürbis und Blumenkohl in einem vegetarischen Currygemüse köcheln. Ich glaube, ich habe schon allein beim Tippen dieser Zeilen ein Pfund zugenommen ...

NAMEN TÄUSCHEN
Die Kerbelrübe hat nichts mit dem Echten Kerbel (*Anthriscus cerefolium*) zu tun. Achten Sie zur Sicherheit auf den wissenschaftlichen Namen *Chaerophyllum bulbosum* auf der Verpackung.

WURZELPETERSILIE

Petroselinum crispum var. *tuberosum*

Was ist denn das?

Diese Petersilienform mit besonders großen Wurzeln ist die perfekte Multitaskerin. Sie liefert oberirdisch Unmengen von glattem Petersilienlaub und unterirdisch schlanke, süße Wurzeln. Als Gemüse hat sie große Bedeutung in der osteuropäischen Küche, wo die Wurzeln Eingang in Suppen, Eintöpfe und Aufläufe finden, aber auch wie Karotten geschnitten und roh in Salaten genossen werden. **Geschmacklich ähneln sie Pastinaken, offenbaren aber eine saubere, grasige Petersilienfrische.**

Anbau

Wurzelpetersilie wird genauso kultiviert wie Pastinaken, ist aber unkomplizierter. Sie neigt nicht zu einem gegabelten Wuchs, keimt leichter und wächst relativ rasch, sodass sie nur halb so lang bis zur Reife braucht. Zudem bekommt man bis zur Ernte viele frische Petersilienblätter als Dreingabe. Man muss dieses Gemüse einfach mögen!

So genießt man sie

Für mich ist Wurzelpetersilie eine wichtige Zutat für erstklassige Brühen und Suppen. Sie liefert die Süße von Möhren im Verbund mit dem krautig-würzigen Duft der Petersilie. Man kann sie geschnitten und mit Knoblauch, roten Chilischoten und reichlich Ingwer in klarer Hühnerbrühe als wärmendes Wintergericht einsetzen, das immer schmeckt. Mit Frühlingszwiebeln und ein paar Tropfen Sesamöl servieren.

ZUCKERWURZEL

Sium sisarum

Was ist denn das?

Meine Damen und Herren, darf ich vorstellen: die Zuckerwurzel, eine der schmackhaftesten, aber unbekanntesten Gemüsesorten überhaupt!

Ich mache Ihnen einen Vorschlag: Wie wäre es mit einem traditionellen Wurzelgemüse, das zweimal so süß wie die Pastinake ist und weiße Blütendolden trägt, die Jahr für Jahr erscheinen, ohne neu ausgesät werden zu müssen? **Zuckerwurzeln liefern dicke Bündel langer, weißlicher Wurzeln, die ähnlich wie Pastinaken schmecken,** aber mehr Stärke und wesentlich mehr Zucker enthalten. Sie werden höchstens 1 cm dick und haben eine dünne, essbare Schale. Für mich sind sie vorgeschälte, vorgeschnittene Pastinaken und so süß, dass man sie sogar roh essen kann. Bis ins frühe 20. Jahrhundert hinein war die Zuckerwurzel ein beliebtes Gemüse.

Anbau

Der größte Vorteil der Zuckerwurzel ist ihre Mehrjährigkeit. Sobald man die anfängliche Hürde, die Samen zum Keimen zu bringen, geschafft hat, braucht man sich nicht mehr mit der Anzucht herumzuschlagen, wie es bei den Angehörigen der Möhren- und Pastinakenfamilie der Fall ist. Sie gedeihen jahrelang und breiten sich bereitwillig in den Beeten aus.

Manche Spezialanbieter verkaufen sie im Frühjahr als Setzlinge, sodass man sich die Mühe mit der Aussaat sparen kann. Zuckerwurzeln brauchen einen sonnigen Platz in tiefgründiger, nährstoffreicher, durchlässiger Erde. Sie gedeihen selbst in schweren Böden, bleiben dort aber kleiner und faseriger.

Geerntet wird im Herbst oder Frühwinter, nachdem die Blätter im ersten Frost erfroren sind. Sie werden eine Masse langer, weißer, bleistiftdicker Wurzeln aus der Erde holen. Man schneidet 80 Prozent der Wurzeln ab, lässt aber die am Ansatz intakt und setzt die Pflanze danach wieder in die Erde. Hält man Zuckerwurzeln im Sommer feucht und lässt ihnen gelegentlich einen Flüssigdünger angedeihen, liefert Ihnen ein einziges Exemplar jahrelang Nachschub.

Wie man sie genießt

Zuckerwurzeln sind eine herrlich süße, knackige Rohkostnascherei. Sie brauchen nur kurz abgeschabt zu werden. Man kann sie aber auch mit Granatapfelsamen bestreut und einem Spritzer ungefiltertem, naturtrübem Olivenöl verfeinert mit Hummus genießen oder **blanchieren und in Gänseschmalz zu »Chips« braten, die regelrecht süchtig machen.** Sie liefern den perfekten Mix aus Stärke, Fett und Zucker.

Ich zaubere aus Zuckerwurzeln das Gratin aller Gratins. Dazu schichte ich die blanchierten Wurzeln mit karamellisierten Zwiebeln und knackig gebratenem Schinken in eine Auflaufform, gebe eine üppige Béchamelsauce darüber, bestreue das Ganze mit geriebenem Käse und backe das Gratin bei 200 °C etwa 10 Minuten lang, bis es goldgelb ist.

GUT UND SCHÖN

Mit ihren weißen Blüten sieht die Zuckerwurzel so gut aus, dass sie sogar inkognito im Blumenbeet wachsen kann. Ein Vielseitigkeitsgemüse.

Wurzelpetersilie 'Eagle'

Kerbelrübe

Zuckerwurzel

MAIS

Mais gehört zu den unkompliziertesten Gemüsearten. Er begeistert mit verblüffendem Geschmack, muss zum Glück aber nicht mit ausgefallenen Anbaumethoden verwöhnt werden. Begeben Sie sich aus der Komfortzone, indem Sie die fade, kanariengelbe Supermarktware links liegen lassen, um eine vielfältige Welt aus Geschmack, Textur und Farbe zu entdecken.

SORTEN-GUIDE

Saatmais

Sicher haben sie es gemerkt: Die Überschrift dieser Seite lautet nicht »Zuckermais«. Es gibt viele Hundert Maissorten von Futter- bis Speisemais, die überhaupt nicht süß sind, sondern kräftiger und ausgewogener schmecken und eine stärkeartige Textur zwischen esskastanienartiger Mehligkeit und der cremig-wächsernen Konsistenz neuer Kartoffeln haben. Sie unterscheiden sich von Zuckermais wie Popcorn von frischen Maiskörnern direkt aus dem Kolben, sodass vielleicht sogar Zuckermaishasser ihrem Charme erliegen - vor allem wenn sie herausfinden, dass sie in unserem gemäßigten Klima auch noch wesentlich leichter zu kultivieren sind.

Ich bin ein großer Fan der Sorte 'Blue Jade', die bezaubernde 7-cm-Kolben aus zartvioletten Körnern an lediglich 1m hohen Pflanzen trägt. 'Bloody Butcher', der »blutige Metzger«, hat vielleicht keinen sonderlich ansprechenden Namen, doch liefert die Traditionssorte aus den Staaten dunkelrot und schwarz gefärbte Körner mit köstlich kastanienartigem Biss. 'Fiesta' ist eine Popcornsorte, deren frische, wächserne Körner jede Jersey-Royal-Edelkartoffel in den Schatten stellen. Tauschen Sie beim nächsten Grillfest die Kartoffeln durch diesen Blockbuster in Technicolor aus und ich verspreche Ihnen, Sie werden es nicht bereuen.

Zuckermais
Normal süße Traditionssorten mit 5–10 Prozent Zucker
Die ersten Zuckermaissorten entstanden durch zufällige genetische Mutation und wurden von den amerikanischen Ureinwohnern entdeckt. Sie sind nicht besonders gut in der Lage, den Zucker in ihren Körnern in Stärke zu verwandeln. Deshalb enthalten die süßen Kolben noch 5-10 Prozent Zucker.

Ganz entgegen dem allgemeinen Trend wurde in den letzten 60 Jahren ein großer züchterischer Aufwand betrieben, um Sorten mit möglichst gutem Geschmack zu entwickeln. Genetiker entdeckten zwei weitere Zuckermaismutationen, die zu einem nahezu zehnfachen Anstieg des Zuckergehalts führten, sodass es inzwischen Kolben gibt, die fast 50 Prozent Gewichtsanteile Zucker enthalten.

Sehr süße Hybriden mit 14–25 Prozent Zucker
Unter den modernen, süßen Zuchtformen gehören sie zu meinen Favoriten. Sie wurden in den 1970er-Jahren entwickelt und enthalten ein natürliches Gen, das den Zuckergehalt erhöht, ohne den typischen Maisgeschmack zu beeinträchtigen. Dasselbe Gen hat zudem den Vorteil, dass die Körnerschale wesentlich dünner ist, sodass der Mais eine zartere, cremigere Textur hat. Der Geschmack der Traditionssorten, gepaart mit der Süße moderner Hybriden - was will man mehr?

Ich mag besonders die Sorte 'Ruby Queen' mit ihren leuchtend roten, seidig zarten Kolben. 'Sugar Baby' ist eine zweifarbige Form mit goldenen und perlweißen Körnern, die selbst bei kühler Witterung gut gedeihen und eine Malznote im Geschmack haben. 'Swift' ist eine bewährte, in Großbritannien beliebte Form, die, im eigenen Garten angebaut, wesentlich süßer als handelsübliche Zuckermaiskolben ist.

Extrasüße Hybriden mit 28–44 Prozent Zucker
Sie sind die süßesten Sorten und enthalten ein drittes Gen, das die Kolben zehnmal süßer macht als herkömmlichen Zuckermais. Allerdings geht das mit Einbußen in Textur und typischem Maisgeschmack einher. Wer jedoch einfach nur eine ungebremste Zuckerladung braucht, der ist mit 'Illini Xtra Sweet' bestens bedient. Sie ist bis zu zweimal so süß wie andere

'Mirai White'

'Indian Summer'

'Illini Xtra Sweet'

'Ruby Queen'

'Sugar Baby'

'Fiesta'

'Bloody Butcher'

'Blue Jade'

BIS ZU
44%

ZUCKERGEHALT

UNTER
5%

extrasüße Sorten. Ihre standfesten Halme liefern einen ordentlichen Ertrag. 'Indian Summer' ist mit den weißen, gelben, blauen und rosa Körnern in ein und demselben Kolben ein echter Hingucker und ebenso süß wie farbenfroh. 'Earlibird' wurde bereits mit einem Preis der britischen Royal Horticultural Society ausgezeichnet. 'Mirai White' ist eine reinweiße Form von fast pavlovaartiger cremiger Konsistenz und hat

den großen Vorteil, dass sie sich auch in kalten, nassen Böden wacker schlägt.

Traditioneller Zuckermais bekommt seine seidige, cremige Textur von einem glitschigen Polysaccharid namens Phytoglykogen. Im Bemühen um immer mehr Süße wurde in extrasüßem Mais sogar dieses Phytoglykogen in Zucker umgewandelt. Deshalb sind dessen Körner härter und fester.

TIPPS & TRICKS

Im Gegensatz zu vielen anderen Nutzpflanzen wirken sich die verschiedenen Kulturmethoden bei selbst gezogenem Zuckermais nicht groß auf den Geschmack auf. Der Zuckergehalt wird von der Bewässerungsintensität nur unwesentlich verändert und Feldversuche mit Düngermengen lieferten unterschiedliche Ergebnisse. Das heißt, dass man für optimalen Geschmack nur zweierlei tun muss: die richtige Sorte wählen und die Körner nach dem Ernten sofort verarbeiten!

Ernte
Der optimale Zeitpunkt

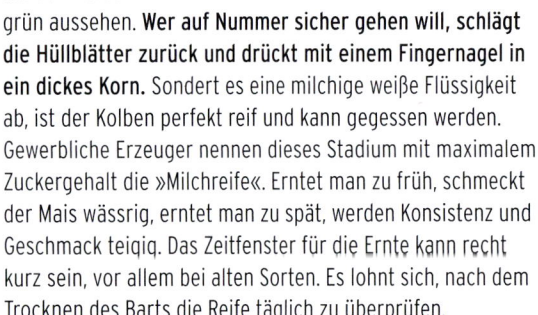

Zuckermais ist erntereif, wenn sein Bart - die langen Haare am Ende der Kolben - getrocknet und braun geworden ist, die Hüllblätter um den Kolben aber noch frisch und grün aussehen. Wer auf Nummer sicher gehen will, schlägt die Hüllblätter zurück und drückt mit einem Fingernagel in ein dickes Korn. Sondert es eine milchige weiße Flüssigkeit ab, ist der Kolben perfekt reif und kann gegessen werden. Gewerbliche Erzeuger nennen dieses Stadium mit maximalem Zuckergehalt die »Milchreife«. Erntet man zu früh, schmeckt der Mais wässrig, erntet man zu spät, werden Konsistenz und Geschmack teigig. Das Zeitfenster für die Ernte kann recht kurz sein, vor allem bei alten Sorten. Es lohnt sich, nach dem Trocknen des Barts die Reife täglich zu überprüfen.

Verzehr
Den Geschmack »einfrieren«

Der wichtigste Faktor für optimalen Geschmack ist neben der Auswahl der Sorte nicht die Anbaumethode, sondern das Kochen. Sobald der Kolben vom Halm gezogen wird, setzt ein chemischer Vorgang in jedem Korn ein, der den restlichen Zucker in Stärke umwandelt. Selbst bei den modernen extrasüßen Sorten kann der Geschmack, auf den man so hart hingearbeitet hat, ordentlich leiden, wenn der Mais nicht schnell genug auf den Teller kommt. Manche Maissorten verlieren nach zwölfstündiger Lagerung mehr als die Hälfte ihres Zuckergehalts. Das entspricht einem vierprozentigen Rückgang des Geschmacks in jeder Stunde, die man mit dem Essen wartet!

Die traditionelle Methode, den Qualitätsverlust zu minimieren, besteht darin, die Kolben direkt aus dem Garten in kochendes Wasser zu legen. Ich fand das schon immer merkwürdig, denn der Zucker und andere Geschmacksstoffe im Mais sind wasserlöslich. Um sie und die Nährstoffe herauszuholen, gibt es keine wirkungsvollere Methode als Kochen. Ähnlich, wenn auch nicht ganz so schlimm, ist das Dämpfen. Ich tauche stattdessen frisch geerntete Kolben mitsamt der Hüllblätter in einen Eimer eiskalten Wassers, bevor ich sie auf den Grill, in den Ofen oder in die Mikrowelle werfe. Das versiegelt sie und verhindert ein Verkohlen. Man kann sie aber auch im Gefrierschrank deponieren und die chemische Reaktion so zum Stillstand bringen.

BESONDERE SÜSSE?

Alle extrasüßen Sorten verdanken ihren Zucker einem mutierten Gen, das zufällig in gelagerten Samen des Maize Genetics Center der Universität von Illinois entdeckt wurde. Der Posten mit Tausenden mutierter Maisstämme verdankt seine Chromosomenabweichungen einer Reihe bizarrer Versuche des US-Militärs.

1997 freigegebene Dokumente belegen, dass Wissenschaftler der US-Seestreitkräfte Ende der 1940er-Jahre gesunde Maissamen der Strahlung während Atombombentests aussetzen, um die Wirkung von Nuklearwaffen auf das Pflanzenwachstum zu testen. Dabei entstand eine Unzahl verschiedenster Mutationen, die in der Natur unbekannt sind. Sie waren eine wahre Schatzkammer für Züchter. Der Rest ist Geschichte.

> *Feldmais lässt sich selbst von einem kühlen Sommer nicht bremsen.*

NACHTEILE DER SUPERSÜSSE

Ein Blick auf extrasüßen Mais genügt, um zu erkennen, warum er am schwierigsten zu kultivieren ist. Das geschrumpfte Aussehen lässt sich darauf zurückführen, dass die Fähigkeit zur Bildung von Stärkedepots, die das Wachstum der Sämlinge nähren, beeinträchtigt ist.

Extrasüßer Mais muss zudem mit mindestens 80 m Abstand zu allen anderen Maissorten gepflanzt werden, da er sonst durch Windbestäubung und Kreuzung seine Süße einbüßt. In Klein- und Schrebergärten gar nicht so einfach!

MAISKÖRNER

Saatmais

Extrasüßer Zuckermais

> *Die extrasüße Sorte hinkt Wochen hinterher.*

MAISANBAU

Aussaat & Kultur

• **Legen Sie die Maissamen im Mai zwölf Stunden lang in einer Lösung aus Kamille und Aspirin ein.** Aspirinlösungen verbessern mehreren wissenschaftlichen Versuchen zufolge die Kältetoleranz von Zuckermaissamen beträchtlich und können in einem kühlen Frühjahr die Wachstumsrate verdoppeln. Kamille wiederum enthält natürliche Fungizide. Das Stärkungsmittel macht die Sämlinge gesünder und widerstandsfähiger gegen Krankheiten. Man bereitet es zu, indem man ein Sechstel einer Aspirintablette mit 300 mg Wirkstoff in 1 l kaltem Kamillentee auflöst und das Ganze gut schüttelt.

• **Säen Sie auf einer warmen, sonnigen Fensterbank aus.** Maissämlinge reagieren äußerst empfindlich auf eine Störung ihrer Wurzeln. Man pflanzt sie in Multitöpfe oder Kokos-Quelltöpfe, um sie möglichst wenig umpflanzen zu müssen.

• Die Standardempfehlung lautet, zwei Samen pro Topf zu säen und den schwächeren Sämling später zu entfernen. **Meine eigenen Versuche haben gezeigt, dass das gleichzeitige Ziehen der beiden Sämlinge Seite an Seite den Ertrag ohne Geschmackseinbußen um bis zu 60 Prozent steigert.**

• Sobald die Sämlinge ihr viertes Blatt bekommen und keine Frostgefahr mehr im Freiland droht, werden sie an den sonnigsten, wärmsten Platz im Garten gesetzt.

• **Mais wird vom Wind bestäubt.** Setzen Sie Ihre Pflänzchen daher nicht in Reihen, sondern mit ca. 50 cm Abstand zueinander im Block. So bekommen Sie wesentlich größere Kolben mit mehr Körnern.

Laufende Pflege

• **Sobald die Pflanzen 8–10 Blätter haben, bekommen Sie einen stickstoffreichen Dünger wie z. B. Hühnermist.** Einigen (nicht allen) Untersuchungen zufolge regt man die Pflanzen damit zur vermehrten Bildung von Aromaverbindungen an, die dem Mais seinen typischen Geschmack geben, und treibt außerdem den Zuckergehalt um über 25 Prozent in die Höhe.

• Der Stickstoffgehalt des Erdreichs lässt sich zusätzlich dadurch steigern, dass man nach jedem Mähen des Rasens den Schnitt als 1 cm hohe Mulchschicht um die Maishalme verteilt. Das bewahrt außerdem die Bodenfeuchtigkeit und unterdrückt Unkräuter. Wer keinen Rasen hat, nimmt Komposterde.

• Mit dem Wässern muss man es nicht übertreiben. **Wichtig ist es jedoch während des Einwachsens der Sämlinge und zur Blütezeit der Maishalme.** Gießt man in diesen Phasen reichlich, steigert man den Ertrag, ohne den Geschmack zu verwässern.

• **Durch Schütteln der Blüten an der Spitze rieseln Pollen auf die weiblichen Blüten. Das gewährleistet schöne, volle Kolben.**

BESSER BIO?

Wie die University of California herausgefunden hat, enthält Biomais über 50 Prozent mehr Vitamin C und wesentlich mehr Polyphenole als konventionell angebauter. Es sind zwar noch weitere Untersuchungen nötig, um das zu bestätigen, aber ich für meinen Teil ziehe die Lehren daraus.

MAIS BEQUEM UND EINFACH SCHÄLEN!

Mit dieser einfachen Methode sparen Sie sich ein mühevolles Entblättern.

GAREN Sie den Kolben samt Hüllblättern wie auf S. 64 beschrieben. Dann schneiden Sie die unteren 2 cm des Kolbens ab. Vorsicht, heiß!

DREHEN Sie den Kolben und ziehen Sie ihn aus den Hüllblättern. Er sollte problemlos herausschlüpfen.

GEBEN Sie Butter über den Kolben und knabbern Sie die leckeren Körner vom Kolben ab.

MAIS-EIS

In Japan lieben Kinder ganze, tiefgefrorene Maiskolben, die wie Eis am Stil als spätsommerliche Nascherei gegessen werden. Sie schmecken so süß und cremig, dass die kleinen Zuckermäuler kaum merken, wie gesund sie eigentlich sind. So verhilft man ihnen heimlich zu ihrer Gemüseration.

SCHLAGEN Sie die Blätter zurück und binden Sie sie mit einer Schnur zu einem Bündel zusammen. Sie sind der Stiel.

GEBEN Sie den Kolben in einen Gefrierbeutel und frieren Sie ihn etwa 6 Stunden ein, bis er hart ist.

TRÄUFELN Sie etwas Sahne darüber und bestreuen Sie den Kolben mit (Bio-)Zuckerkügelchen, sobald Sie ihn aus dem Gefrierfach holen. Die Kügelchen bleiben kleben und überzeugen sogar die größten Gemüsephobiker reinzuhauen.

ERBSEN, NUR BESSER

Wenn es eine Blindverkostung gäbe, mit der man herausfinden müsste, bei welchem Gemüse der Unterschied zwischen gekauften und selbst gezogenen Exemplaren am größten ist, nähmen Erbsen wohl fast immer den Spitzenplatz ein. Aber überlegen Sie sich gut, ob Sie Ihren ganzen Nutzgarten dem Anbau dieser Köstlichkeiten widmen möchten, denn Sie müssen sie nicht nur stundenlang ernten und schälen, sondern bekommen dafür auch noch gerade mal eine Mahlzeit.

Zum Glück bin ich im Verlauf meiner Experimente über eine Reihe von Erbsenverwandten gestolpert, die dieselbe zuckrig-grüne Cremigkeit mit wesentlich weniger Aufwand bieten.

JUNGE DICKE-BOHNEN-HÜLSEN

Es ist traurig: Dem traditionellen Gartenkanon zufolge müssen Dicke Bohnen geerntet werden, wenn sie ihre beste Zeit schon hinter sich haben. In Spanien und Frankreich holt man das zarte Frühjahrsgemüse vom Trieb, sobald es groß wie der Nagel des kleinen Fingers ist. Bei uns lässt man sie zu ledrigen Stärkesäcken anschwellen. Wie schade!

Also holen wir die Hülsen besser jung von den Pflanzen, wenn sie noch zart und grün sind, und genießen sie wie Zuckererbsen. Es gibt sogar zwei Gourmetsorten speziell für diesen Zweck: 'Statissa' mit cremigen Samen und dünnen, saftigen Schalen und 'Stereo', die wohl schmackhafteste Sorte, die für ihren intensiv süßen, nussigen Geschmack berühmt ist.

Die Hülsen werden geerntet, sobald sie fingerlang sind, und roh in Salate mit Ziegenkäse und gerösteten roten Zwiebeln geschnitten oder im Ganzen gebraten und mit *jamón ibérico*, Zitronenschale und Walnusskernen genossen.

ERBSENSPROSSEN UND -BLÜTEN

Essbar sind an Erbsen nicht nur die Hülsen, sondern die ganze Pflanze; die typisch frische, pflanzliche Süße findet man auch in den zarten Trieben und Blüten. Im Fernen Osten gelten Erbsensprossen sogar als wertvoller Energielieferant und kosten viel mehr als die Erbsen selbst. In den USA und Europa werden die Blüten teuer an Nobelrestaurants verkauft.

'Twinkle' liefert Massen saftiger Blätter an winzigen Trieben. Bei 'Bingo' hingegen sind Ranken an die Stelle der Blätter getreten. Ich mag die rosa Blüten von 'Shiraz' oder 'Blauwschokker', die mit allen Schönheiten im Blumenbeet mithalten.

ZUCKER- UND KNACKERBSEN

Sie sind einfacher zu kultivieren und ernten als herkömmliche Erbsen, aber wesentlich teurer im Handel, weshalb ich mich frage, warum überhaupt jemand normale Erbsen anbaut. Weil man sie mitsamt den Hülsen essen kann, müssen sie nicht mühsam geschält werden und liefern den doppelten Ertrag. Hinzu kommt, dass die knackigen süßen Genüsse wesentlich mehr Ballaststoffe und Antioxidantien als die Erbsen selbst enthalten.

Ich mag die dunkelweinroten Formen, beispielsweise 'Shiraz' oder 'Blauwschokker' mit ihrem würzigen, fast edelkastanienartigen Geschmack. Sie munden roh am besten, da sie beim Kochen farblich und geschmacklich nachlassen. 'Golden Sweet' ist, wie der Name sagt, besonders süß und hat frischen, grasgrünen Biss. 'Sugar Ann' ist für ihren unvergleichlichen Geschmack berühmt und obendrein fadenlos.

KICHERERBSEN NACH EDAMAME-ART

Kichererbsen, die wie Edamame (unreif geerntete Sojabohnen) zart und grün geerntet und mitsamt Hülsen gekocht werden, sind das vielleicht am meisten unterschätzte Gemüse der Erbsen- und Bohnenfamilie. Sie beeindrucken mit einem herausragenden Pistaziengeschmack und sind so leicht zu kultivieren wie schmackhaft. Man sät sie im Frühjahr im Freiland aus. 'Principe' schlägt sich in gemäßigten Klimazonen gut, verträgt Trockenheit und ist anspruchslos, liefert aber trotzdem in der zweiten Sommerhälfte Unmengen kleiner Hülsen. Man kocht sie ein, zwei Minuten ganz in Salzwasser oder brät sie in der Pfanne an, bis sie dunkel werden. Serviert werden sie mit Olivenöl, Meersalz und geräucherten Paprikaschoten oder mit Meersalz und Sesamöl.

Kichererbse »à la Edamame«

Erbsensprossen 'Twinkle'

Knackerbse 'Sugar Ann'

Zuckererbse 'Blauwschokker'

Dicke Bohnen 'Statissa'

Zuckererbse 'Golden Sweet'

Zuckererbse 'Shiraz'

MÖHREN

Wer Möhren anbauen will, hat die Auswahl aus einer Vielfalt an Farben und Geschmacksrichtungen, die weit über das hinausgeht, was die Beutel mit warnwestenfarbenen Wurzeln aus dem Supermarkt zu bieten haben. Mit ein paar Tricks bekommt man sie zudem merklich süßer und besser hin.

Wissenschaftler des norwegischen Instituts für Nahrungsmittelforschung haben entdeckt, dass das Rütteln und Schütteln der Möhren durch Wasch- und Transportmaschinen im gewerblichen Anbau die Bildung von Terpenen fördert, die einen bitteren, metallischen Geschmack und alkoholischen Geruch haben. Der Sauerstoffmangel in den verschlossenen Plastikbeuteln wiederum senkt ihren Zuckergehalt und rückt die beißenden Terpennoten so noch mehr in den Vordergrund. Sie wissen, was ich meine? Dann bauen Sie Möhren selbst an und entdecken Sie, wie sie wirklich schmecken.

SORTEN-GUIDE

Beim Geschmack von Möhren alias Karotten alias Gelben Rüben kann man sich nach der Färbung richten. Hier erfahren Sie etwas über den Farbcode dieses Wurzelgemüses.

Violett

Sie halten nichts von neumodischen, andersfarbigen Sorten? Dann müssen sie violette Möhren lieben, denn die sind Jahrhunderte älter als die orangefarbenen Sorten. Außerdem schmecken sie süßer und enthalten weniger Bitterstoffe, bis zu zweimal so viel Karotin und eine stattliche Dosis Anthocyane. Kein schlechter Deal, wie ich finde. Ein Erlebnis sind sie in der Küche, ob gebraten, in Salate gerieben oder in der Pfanne. Man sollte sie aber nicht kochen, denn die violetten Pigmente sind wasserlöslich, weshalb beim Sieden ein Großteil der Farbstoffe und des Nährwerts aus den Wurzeln herausgewaschen wird.

Ich mache einen Bogen um die häufig erhältliche Sorte 'Purple Haze', da sie innen normal orange ist, und bevorzuge die fast schwarze 'Purple Sun', die mit zunehmender Reife immer dunkler wird. Die Samen bekommen Sie ganz leicht im Online-Handel. Danken Sie mir nach der Ernte für meinen Tipp.

Weiß

Weiße Möhren siegten bei Blindverkostungen des *Journal of Agricultural and Food Chemistry*. Sie enthalten von allen Sorten die höchsten Mengen an aromatischen Verbindungen. Ich mag besonders 'Crème de Lite' wegen ihres fast künstlich intensiven Möhrengeschmacks, des leicht würzigen Abgangs und der sehr dünnen Schale. Leider fehlen ihr Karotin und Anthocyane fast vollständig. Aber dieser Geschmack!

Rot

Rote Möhren waren früher vor allem in Ostasien verbreitet. Sie haben eine wassermelonenrote Schale, rosarotes Fleisch und schmecken zwar wie die klassischen orangefarbenen Sorten, haben jedoch einen größeren Kern (der süßeste Teil der meisten Möhren) und deshalb eine ausgeprägtere Süße. Ich rate zur japanischen Sorte 'Red Samurai'. Sie hat ihre Tönung vom Lycopin, dem auch in Tomaten enthaltenen Antioxidans.

Orange

Orange ist paradoxerweise die jüngste Möhrenfarbe. Sie entstand erst im 17. Jahrhundert als Zufallsmutation in den Niederlanden. Bald aber wurden orange Sorten begeistert gezüchtet, weil Orange die Symbolfarbe des niederländischen Königshauses ist. Orange Formen sind angenehm süß, haben aber einen kräftigeren, erdigeren Geschmack als andere.

Ansonsten findet man in dieser gängigen Gruppe eine überraschende Geschmacksvielfalt. Die vielleicht beste Züchtung ist 'Nantes 2', eine frühe Sorte aus Frankreich, die durch ihren kräftigen, fast karamellartigen Geschmack und eine kernlose, zarte Textur besticht. Wie Untersuchungen ergaben, schneiden Sorten, die auf einen hohen Karotingehalt hin gezüchtet wurden, bei Verkostungen recht gut ab und erreichen fast die Qualität weißer Möhren. 'Ingot' empfinde ich zum Beispiel als ausgesprochen süß. 'Juwarot' hat angeblich fast doppelt so viel Karotin wie der Rest der orangefarbenen Truppe.

Gelb

Diese Formen weisen in der Regel die geringste Konzentration an Aromaverbindungen auf, was ihnen gepaart mit dem hohen Zuckergehalt einen milden, süßen Geschmack verleiht. Sie sind ideal für alle, die den intensiven, dieselartigen Ton kräftigerer Sorten nicht mögen. Wenn ich mir eine gelbe Möhre aussuchen müsste, wäre es 'Yellowstone'.

'Purple Sun'

'Purple Haze'

'Red Samurai'

'Nantes 2'

'Yellowstone'

'Crème de Lite'

Die grünen Bereiche, die sich manchmal bilden, wenn das obere Ende der Sonne ausgesetzt ist, enthalten hohe Mengen Terpen – sie zu essen ist eine Strafe. Man verhindert die Ansammlung dieses Geschmackskillers durch Anhäufeln der Erde über dem oberen Ende.

Da die Terpenkonzentration in Kern und Spitze geringer ist, schmecken diese Teile milder und süßer. Damit eignen sie sich vor allem für Salate und Rohkostplatten.

Geschmacksanatomie der Möhre
Der Zucker ist zwar relativ gleichmäßig über die Wurzel verteilt, doch sorgt die unterschiedliche Terpenkonzentration dafür, dass jeder Teil anders schmeckt.

Die Terpene sammeln sich im oberen Ende und in der Schale, weshalb diese Teile wesentlich bitterer schmecken. Wer seinen Salat süß mag, schält die Möhren und schneidet das obere Ende weg.

TIPPS & TRICKS

Der Geschmack der Möhren wird geprägt vom Gleichgewicht aus Zucker und Terpenen, jenen Bitterstoffen mit kräftigem Terpentinaroma. Enthalten die Wurzeln zu viel davon, schmecken sie harsch und erinnern an frisch aufgetragenen Lack. Zu viel Zucker wiederum macht sie süß, aber flach, sodass ihnen die typische Möhrennote fehlt.

Vergessen Sie Babymöhren
Möhren sind jung geerntet entgegen dem gängigen Gärtnerwissen nicht süßer – nur zarter. Sie sammeln im Verlauf ihrer Reifephase immer mehr Zucker, werden aber auch faseriger. Erntet man sie, sobald die aus der Erde spitzenden Enden in etwa so groß wie ein Kronkorken sind, haben sie einen in der goldenen Mitte angesiedelten Geschmack, der zwischen maximaler Süße und minimaler Faserigkeit liegt.

Kühl lagern
Werden Möhren unter kühlen Bedingungen angebaut, schmecken sie wesentlich besser als solche, die in der Sonne braten müssen, und bekommen in Geschmackstests auch durchweg bessere Noten. Das liegt allerdings nicht am höheren Zuckergehalt, sondern an der geringeren Menge an Terpenen, die die begehrte Süße überdecken. **Wenn Sie Möhren so säen, dass sie nicht ausgerechnet während der heißesten Wochen des Jahres geerntet werden müssen, dann bekommen Sie merklich süßere Wurzeln.**

Süßer Frost
Viele Wurzelgemüsesorten schmecken deutlich süßer, nachdem Frost sie erwischt hat. Durch den Kälteschock beginnen die Pflanzen die Stärke in den Wurzeln in Zucker umzuwandeln, den sie als natürliches Frostschutzmittel brauchen. **Je tiefer die Quecksilbersäule fällt, desto schmackhaftere Wurzeln sind zu erwarten.**

Als Ganzes kochen
Die meisten Menschen kochen Möhren, indem sie sie geschält und geschnitten in kochendes Wasser geben. **Das ist eine hervorragende Methode, so viel Geschmack und Nährstoffe aus ihnen herauszuholen wie möglich und in Wasser aufzulösen.** Nur zu schade, dass wir es wegschütten müssen! Nach Angaben der Welternährungsorganisation verlieren Möhren beim Kochen auf diese Weise bis zu 25 Prozent ihres Zuckers, außerdem einen Großteil des Vitamins C und Karotins. Dämpft, brät oder bäckt man sie hingegen ganz und schneidet sie erst bei Tisch, bleiben sie nicht nur süßer, sondern behalten auch mehr wasserlösliche Vitamine und Mineralien.

ANBAU VON MÖHREN

Obwohl Autoren von Gartenbüchern darauf bestehen, dass Möhren pflegeleicht sind, lassen sie sich gar nicht so einfach (gut) kultivieren. Sie sind gefährlich anfällig für einen Befall mit der Möhrenfliege, deren Larven Gänge in die Wurzeln fressen. Ist der Boden zu nährstoffreich, zu steinig, zu nass oder zu schwer (was fast alle Gärten abdeckt, die ich kenne) gabeln sie sich zu bizarren Gebilden. Durch viel Ausprobieren habe ich jedoch endlich eine Erfolgsformel gefunden, mit der ich die meisten Probleme umgehe.

Standort & Boden

Der Anbau in großen Töpfen löst auf einen Schlag die meisten Probleme. Ein maßgeschneiderter Substratmix, leicht und ohne Steine, liefert den Wurzeln genau den Lebensraum, in dem sie ohne Störung wachsen können. Verabreicht man ihnen noch einen schwachen Dünger, verhindert man, dass sie sich gabeln, und verbessert gleichzeitig ihren Geschmack. Versuche ergaben, dass Möhren aus stickstoffarmen Böden mehr Zucker enthalten und als »fruchtiger«, »nicht so bitter«, »intensiver« und »weniger erdig« beschrieben wurden.

1 Teil Sand, 1 Teil Blumenerde (gebrauchtes Substrat kann wiederverwertet werden) und 2 Teile gesiebte Gartenerde

Dieses Gefäß ist 45 cm hoch und damit höher als die übliche Flughöhe weiblicher Möhrenfliegen. Das senkt die Gefahr einer Eiablage auf den Pflanzen. Stellt man die Gefäße noch höher, etwa auf eine Fensterbank, reduziert man das Risiko weiter.

45 cm

Aussaat

Sät man von vornherein dünn aus, muss man die Sämlinge später nicht mehr so stark ausdünnen. Das spart nicht nur Arbeit, sondern senkt auch das Risiko, dass die Möhrenfliege die Pflanzen entdeckt.

15 cm
Abstand

2 cm tief
säen

Pflanzt man die Sämlinge im Frühsommer, umgeht man die Eiablagesaison der Möhrenfliege und verlegt die Ernte gleichzeitig in die kühleren Monate des Jahres, was sich in einem besseren Geschmack niederschlägt.

Ausdünnen

Sobald die Sämlinge aus der Erde spitzen, zupft man die schlechten Exemplare aus und lässt nur die besten stehen. Das geschieht am besten abends, wenn die Möhrenfliege weniger aktiv ist.

Dünnen Sie die Pflänzchen auf 5 cm Abstand aus, indem Sie sie mit dem Daumen und Zeigefinger vorsichtig auszupfen. Wässern Sie aber vorher, damit die Wurzeln nicht brechen und mit ihrem Duft die Möhrenfliege anlocken.

Der stechende Geruch von Knoblauch kaschiert den Duft ausgedünnter Sämlinge etwas, sodass die Möhrenfliege ihre Beute schwerer findet. Damit alles auch so richtig stinkt, drückt man vier Zehen in einen halben Liter Wasser und besprüht die gesamte Pflanzung gleich nach dem Ausdünnen.

Mulchen

Wenn die Pflanzen größer werden, kann es vorkommen, dass die Wurzeln aus der Erde ragen. Eine dünne Mulchschicht aus Komposterde verhindert, dass sie in der Sonne grün und damit bitter werden.

Streut man gleichzeitig etwas Holzasche (sofern verfügbar), erhöht man den Kaliumgehalt im Boden, der die Möhren süßer macht, wie Versuche ergeben haben.

MIT TRICKS ZUM ANZUCHTERFOLG

Mit Saatbändern verkürzen Sie die mühsame Aussaat von mehreren Stunden auf wenige Minuten. Die Bänder gibt es in Gartencentern oder online zu kaufen.

Lagern

Die University of Massachusetts in Amherst fand heraus, dass **Möhren während der Lagerung im Winter immer süßer werden. Den Spitzenwert erreichen sie nach drei Monaten.**

Danach lässt die Süße aber deutlich nach, während sich die Bitternoten erhöhen. Vergessen Sie die Wurzeln also nicht!

Möhren werden wie viele andere Wurzelgemüsesorten am besten gelagert, indem man sie gar nicht erst erntet. Im kalten, aber gut belüfteten Bodenmilieu bleiben sie überraschenderweise frischer als im Kühlschrank. Diese Fähigkeit haben sich die Möhren im Lauf der Evolution angeeignet. Um die unterirdischen Schätze vor strengem Frost zu schützen, kann man eine isolierende Lage Karton oder Stroh über das Beet legen und alles zusätzlich mit einer Plastikfolie abdecken.

Zutaten:

BODEN

250 g Vollkornkekse

125 g Butter, zerlassen

FÜLLUNG

½ Beutel Götterspeise Zitrone

2 Möhren der Sorte 'Purple Sun', etwa 20 cm lang

1 Stück Ingwer, daumengroß

250 g Frischkäse

220 g extrafeiner Zucker

Mark von ½ Vanilleschote

½ TL Gewürzmischung (Koriander, Zimt, Piment, Muskat, Ingwer, Gewürznelke)

400 g Sahne, gekühlt

Zubereitung:

DIE KEKSE in einen Plastikbeutel geben und mit einem Nudelholz zermahlen, dann in einer Schüssel mit der zerlassenen Butter mischen.

DIE KEKS-BUTTER-MISCHUNG auf dem Boden einer 25-cm-Springform verteilen und festdrücken.

10 MINUTEN im vorgeheizten Ofen bei 150 °C backen; abkühlen lassen. Aus dem Boden Kreise ausstechen und in Gläser legen.

½ BEUTEL GÖTTERSPEISE in 200 ml heißem Wasser auflösen.

MÖHREN UND INGWER sehr fein reiben

FRISCHKÄSE, ZUCKER, VANILLEMARK, GEWÜRZMISCHUNG UND MÖHREN in einer Schüssel mischen.

DIE SAHNE in einer großen Schüssel mit dem Schneebesen schlagen.

DIE KÄSE-MÖHREN-MISCHUNG unterheben und zum Schluss mit der Götterspeise verrühren.

DIE MISCHUNG über den gekühlten Boden in die Gläser gießen und mindestens 8 Stunden stehen lassen.

MIT MÖHRENLAUB (das übrigens essbar ist) und Möhrenscheiben garniert servieren.

MÖHREN-KÄSE-KUCHEN PURPURSONNE

6 Portionen

Dieser violette Käsekuchen behält das Gute vom Möhrenkuchen (die cremige Glasur und die Gewürze) und lässt das Schlechte weg (das Backen und den ganzen Aufwand). Seine Farbe bekommt er ausschließlich von den Möhren. Wenn Sie aber Violett nicht mögen, können Sie auch andere Möhrensorten wählen. Sie vermissen die Walnüsse? Geben Sie einfach eine Handvoll in die Mischung für den Boden.

RÜBEN

Früher glaubte man, sie würden sich nur dazu eignen, in zu stark gesüßtem Essig eingelegt zu werden. Inzwischen aber hat sich das Schicksal der bescheidenen Roten Bete dramatisch gewendet. Sorten in allen Farben erscheinen beispielsweise auf den Speisekarten von Szenerestaurants. Das ist nachvollziehbar.

Rüben gehören zu den ergiebigsten Quellen von Phytonährstoffen und liefern selbst auf kleinstem Raum überraschend hohe Erträge. Sie sind echte Multitalente, denn über den vertrauten Knollen bilden sie auch Unmengen mangoldartiger, wohlschmeckender Laubschöpfe. Manche Formen sind so hübsch anzusehen, dass man sie inkognito ins Zierbeet schmuggeln kann, wo sie den Blumen mit ihren Discofarben Konkurrenz machen. Mehr kann man von einer Pflanze wirklich nicht verlangen.

SORTEN-GUIDE

Ob Sie übermächtige Süße, altmodische Erdigkeit oder ein Powerpaket an Nährstoffen suchen, es gibt für jeden die passende Rübe. Hier habe ich meine Favoriten zusammengestellt – geschmackliche Schwergewichte, die sich bei der Verkostung Dutzender Sorten in meinem Garten und dem der RHS in Wisley empfehlen.

'Detroit Dark Red'

Meiner Ansicht nach die wohlschmeckendste aller Roten Beten, eine intensiv rote, intensiv süße Rübe ohne den Hauch einer Erdnote. Zufällig hat sie auch noch eine der höchsten Konzentrationen an Betalainen, einem Phytonährstoff mit nachweislicher antioxidativer Wirkung. Mir gefällt auch die ähnliche **'Red Ace'**, die nicht minder gut schmeckt und noch leichter zu kultivieren ist. Wegen ihrer Wüchsigkeit ist sie weniger anfällig für Krankheiten und treibt mächtige Laubbüschel aus, die so groß wie die von Mangold sind. Wer viel ernten will, gleich ob über oder unter dem Erdboden, fährt mit ihr wohl am besten.

Eine etwas andere Rote Bete ist **'Bull's Blood'**, die im 19. Jahrhundert wegen ihrer tiefkarminroten Blätter ursprünglich als Zierpflanze für dichte Teppichbeete kultiviert wurde. Sie schmeckt gut und hat süße, nahrhafte Blätter sowie köstliche Wurzeln. Man erntet sie am besten jung, denn sie wird mit der Zeit etwas zäh und obendrein immer erdiger.

'Burpee's Golden'

Der US-Saatguthersteller Burpee züchtete sie Anfang des 19. Jahrhunderts. In ihr sind die roten Betalaine durch den gelben Farbstoff Lutein ersetzt, einen ebenfalls wertvollen Phytonährstoff. Ihr Geschmack ähnelt sehr stark den traditionellen roten Formen wie **'Detroit Dark Red'**, hat aber leichte Honignoten. Sie ist ein Vielzweckgemüse mit zarten, nur leicht erdigen Knollen und schmackhaften Blättern. Weil sie unzuverlässiger keimt als andere Rote Beten, sät man sie dichter.

'Chioggia'

Eine alte italienische Züchtung aus Chioggia bei Venedig. Prominente Köche lieben sie. Sie zählt zu den süßesten Sorten überhaupt, doch geht ihre enorme Süße mit einer nicht minder gewaltigen Erdnote einher. **Für Liebhaber des klassisch satten Rote-Bete-Geschmacks ist sie ideal, Leute wie ich, die sich mit dem erdigen Einschlag nicht anfreunden können, verzichten aber besser auf sie.** Leider kann sie ihre hypnotische Färbung beim Kochen verlieren. Um sie möglichst zu erhalten, kocht man sie daher als Ganzes und schält und schneidet sie erst vor dem Servieren.

'Albina Vereduna'

Zuckerjunkies, sie ist etwas für euch. Die alte niederländische Sorte wurde ursprünglich nicht als Tafelsorte, sondern als Zuckerrübe gezüchtet. Sie ist, wie zu erwarten, außergewöhnlich süß und ein bisschen erdig; hinzu kommt eine etwas festere, kartoffelähnliche Textur, die sich beim Kochen kaum verändert. Die zarten, gewelltrandigen Blätter sind ebenfalls ausgesprochen schmackhaft. **Eine großartige Allrounderin.**

Weil ihr die Betalaine fehlen, sehen Ihre Küche und Hände danach auch nicht aus, als hätten Sie ein Blutbad angerichtet. Wer den Geschmack von Roter Bete mag, aber darauf verzichten kann, dass alle anderen Zutaten in den Gerichten rot werden, ist mit ihr gut bedient. Die Farblosigkeit hat aber einen Haken: den wesentlich geringeren Phytonährstoffgehalt.

NAMEN? UNWICHTIG

Rote Bete, Zuckerrüben und Mangold bringt man nur selten miteinander in Verbindung. Dabei sind sie nur verschiedene Formen ein und derselben Art. Die Grenzen zwischen ihnen lassen sich nicht klar ziehen. So schmeckt die supersüße Rote Bete 'Albina Vereduna' eher wie eine Zuckerrübe, während laubreiche Sorten wie 'Red Ace' sehr stark Mangold ähneln. Deshalb habe ich dieses Unterkapitel nicht »Rote Bete«, sondern »Rüben« genannt.

'Detroit Dark Red'

'Chioggia'

'Burpee's Golden'

'Albina Vereduna'

ERDIG, NEIN DANKE?

Sie mögen den erdigen Geschmack von Roten Beten nicht? Lassen Sie es sich von einem Rote-Bete-Phobiker wie mir sagen: Rüben und Erdnoten gehören nicht zwangsläufig zusammen. Die Wurzeln haben den staubigen Einschlag von einer Substanz namens Geosmin. Das ist dieselbe Verbindung, die der Boden nach einem Regen in die Luft abgibt. Mich erinnert er unweigerlich daran, dass ich in der Schule in Singapur Rugby spielen und bei 35 °C im Schatten durch den Schlamm stapfen musste. Es hat Nachteile, der größte Junge in der Schule zu sein. Zum Glück ist der Geosmingehalt in Roten Beten genetisch vorgegeben. Wissenschaftler der Washington State University konnten die Sorten auf einer Art Erdigkeits-Richterskala einordnen. Manche enthalten dreimal mehr Geosmin als andere. Suchen Sie sich eine nach Ihrem Gusto aus.

	Sorte	Geosmingehalt (mg/kg)	
Süß, kräftig, köstlich, fast keine Erdnote **↑ SÜSS**	'Detroit Dark Red'	2,02	Intensiv süß, mit seidiger Textur. Selbst große Knollen sind zart und nicht holzig. Hat einen der höchsten Anteile von Phytonährstoffen aller Sorten.
	'Lutz Green Leaf'	3,88	Eine alte Traditionssorte mit besonders zarten, grünen Blättern. Die Wurzeln können 2 kg schwer werden und lassen sich fast ewig lagern. Hat auch den Spitznamen 'Winterkeeper'.
	'Mr Crosby's Egyptian'	4,5	Eine seltene, um 1870 entstandene Sorte. Sie wurde aus ägyptischem Saatgut gezüchtet. Berühmt für ihren ausgezeichneten Geschmack, die zarte Textur und die geringe Neigung zum Schossen.
ERDIG ↓	'Cylindra'	4,28	Feine, glatte Textur fast ohne Fasern. Lässt sich wie Butter schneiden, daher der Beiname 'Butter Slicer'. Ist auch ordentlich süß. Erd-Karamell-Note.
Ein erdiges Kraftpaket. Ideal für alle, die intensive Bodennoten schätzen (ihr Verrückten!)	'Chioggia'	6,09	Wer rote Finger vermeiden möchte, wird sich über diese zuckerreiche, farbstoffarme Rote-Bete-Sorte mit psychedelischer Färbung freuen. Sie enthält dreimal so viel Geosmin wie andere Formen und ist (für mich) daher ungenießbar erdig.

TIPPS & TRICKS

Wie man seine Rüben anbaut, hängt ganz davon ab, wozu man sie braucht. Nur leichte Variationen der Kulturbedingungen schlagen sich in einem gänzlich anderen Geschmack nieder. Mit diesen Tipps können Sie sich Ihre Sorten exakt auf Ihre kulinarischen Ansprüche zuschneiden - ob Sie Superfood-Saft pressen oder Rote Bete zart anbraten möchten

Für den Ofen

Süß & zart

Nur wenige Gemüsesorten sind schmackhafter als die klebrig süßen, gebratenen Roten Beten. Der Technischen Universität Berlin zufolge wird durch das Braten die Wirkung der Antioxidantien verglichen mit rohen Rüben verdoppelt.

Damit Sie die süßeste, karamellisierteste und zarteste Rote Bete bekommen, müssen Sie den Zuckergehalt in die Höhe treiben und gleichzeitig den Anteil an harten Fasern senken. Das geht ganz einfach.

Früh aussäen

US-Studien zufolge führt die Aussaat von Roten Beten unter kühlen Bedingungen zu mehr Süße und einer intensiveren Farbe. Um diese Vorteile nutzen zu können, sollten Sie gegen Schossen resistente Formen wie **'Detroit Dark Red'**, **'Mr Crosby's Egyptian'** oder **'Bolthardy'** im März/April unter Abdeckung aussäen. Nach vier bis sechs Wochen kann man die Abdeckung abnehmen und die Roten Beten ungeschützt wachsen lassen.

Jung ernten

Im Gegensatz zu Möhren beginnen Rote Beten schon früh Zucker zu bilden. Erntet man sie vorzeitig, sind sie noch wesentlich zarter und trotzdem schon süß.

Da das für den erdigen Geschmack verantwortliche Geosmin mit der Zeit zunimmt, schmecken junge Exemplare nicht so erdig. Wer diese Geschmacksnote noch weiter reduzieren will, träufelt etwas Balsamico-Essig darüber, bevor er sie in den Ofen schiebt, denn Säure baut Geosmin ab.

Für Säfte

Konzentriert & vitaminreich

Rote-Bete-Saft zog wegen des möglichen gesundheitlichen Nutzens vor Kurzem das Interesse von Wissenschaftlern auf sich. Er soll den Blutdruck senken, gut für Herz und Kreislauf sein und sogar die sportliche Leistungsfähigkeit erhöhen. Entsprechende Untersuchungen laufen.

Während wir Gartenfreaks auf die Ergebnisse warten, haben wir schon herausgefunden, wie wir den Gehalt der beiden Hauptverantwortlichen für die gesundheitlichen Vorteile - Nitrat und Betalaine - in die Höhe treiben können.

Spät aussäen

Wenn man bis zum Hochsommer mit der Aussaat wartet und einen stickstoffreichen Dünger zuschießt, steigt der Nitratanteil, der angeblich dem Herz-Kreislauf-System so guttut, um 300 Prozent. Ich rate jedoch zu einem ausgewogenen Dünger wie Blut-, Fisch- oder Knochenmehl, dessen Kaliumgehalt verhindert, dass man viele Blätter und wenig Wurzel bekommt, was passieren kann, wenn man nur mit Unmengen Stickstoff düngt.

Weniger wässern

Wassermangel konzentriert das Nitrat und Betalain und treibt den Anteil der Phytonährstoffe um bis zu 86 Prozent nach oben. Italienische Wissenschaftler haben herausgefunden, dass er auch den Gehalt an Zink und Eisen erhöht. Ziehen Sie Rote Bete in Sandböden und halten Sie sich mit dem Gießen zurück.

Nachteil dieser Behandlung: Das Fleisch wird faseriger, holziger und zuckerärmer. Aber weil man sowieso Saft daraus presst, ist es herzlich egal. Sie bekommen ein konzentrierteres, nahrhafteres Elixier.

Blätter nicht vergessen!

Die Rote Bete ist eng mit Mangold verwandt. **Ihre Blätter sind nicht nur essbar, sondern meiner Meinung auch schmackhafter als die ihrer gängigeren Verwandten.** Sie schmecken kräftiger als Blattmangold und verwandeln sich beim Kochen nicht im Nu in einen grauen Brei, sondern bleiben intensiv gefärbt. Da sie an einer ebenso schmackhaften Wurzel wachsen, bekommt man den doppelten Ertrag bei gleichem Platz und Arbeitsaufwand.

Wenn man die Rüben mit Golf- oder Tennisballgröße erntet, sind auch die Blätter am besten. Ich mag Sorten wie 'Lutz Green Leaf', die speziell als Vielzweckgemüse mit reichlich zarten Blättern über riesigen Knollen entwickelt wurde und oben wie unten wenig Geosmin enthält. Wer es kräftiger mag, kann sich die dunkelroten Blätter der passend benannten Sorte 'Bull's Blood' genehmigen, die bei kalter Witterung noch dunkler werden. Viele empfinden ihren erdigen Geschmack als angenehm.

ANBAU

Rüben brauchen nährstoffreiche, durchlässige Böden. Im Gegensatz zu den meisten anderen Gemüsesorten kommen sie auch mit Halbschatten zurecht, **trotzdem ist meiner Erfahrung nach der Geschmack besser und der Betalaingehalt höher, wenn man ihnen möglichst viel Sonne angedeihen lässt.**

Aussaat & Kultur

Die besten Roten Beten für die Küche bekommt man, wenn man sie im März und April aussät. Empfohlen wird Reihenaussaat in Dreiergruppen mit 10 cm Abstand zwischen den einzelnen Gruppen.

Sobald die Sämlinge 5 cm hoch sind, dünnt man sie aus und lässt nur noch eine Pflanze stehen. Die ausgezupften Pflänzchen ergeben einen wohlschmeckenden Frühlingssalat.

Laufende Pflege

Rote Beten haben den großen Vorteil, dass sie ziemlich unempfindlich gegen Wassermangel sind und sogar noch Nährstoffe zulegen, wenn man sie dursten lässt. Zu sehr mit Wasser geizen sollte man aber nicht, da die Wurzeln sonst faserig und holzig werden und ihre Süße verlieren. Moderater Mangel ist wie immer am besten.

Die oberen Knollenenden mancher Sorten ragen aus dem Boden heraus, wenn sie größer werden. Sie sollten mit einer Mulchschicht aus Komposterde zugedeckt werden. Das versorgt sie außerdem zusätzlich mit Nährstoffen.

Ernte

Geschmack und Textur sind optimal, wenn man Rote Bete golf- bis tennisballgroß erntet.

SALAT AUS GEBACKENEN ROTEN BETEN UND LINSEN

4 Portionen bei Verwendung als Vorspeise oder als leichtes Mittagessen

Ich gestehe: Dieses Rezept habe ich ziemlich unverändert von einem köstlichen Essen in einer beliebten Londoner Anlaufstelle für Pflanzenliebhaber, dem Chelsea Physic Garden, übernommen, wo auch ich immer wieder vorbeischaue. Es schmeckt so süß und gut, dass man sogar vergisst, wie gesund es ist.

Zutaten:

· 1 kg kleine Rote Beten **'Detroit Dark Red'** und **'Burpee's Golden'**, geschält

· 1 rote Zwiebel, geschält

· 1 EL Honig

· 2 EL Ölivenöl, naturtrüb

· 2 EL Balsamico-Essig

· Salz und Pfeffer

· 250 g vorgekochte Beluga-Linsen

· 1 Handvoll Rote-Bete-Laub, fein gehackt

Saft und geriebene Schale von 1 Bio-Orange

einige Zweiglein Minze und Dill

100 ml Crème fraîche

Zubereitung:

ROTE BETE UND ZWIEBELN vierteln. Auf ein Backblech legen, Honig, Olivenöl und Balsamico-Essig dazugeben. Nicht zusammenmischen, da die rote Sorte die gelbe verfärbt. Mit Salz und Pfeffer abschmecken.

ALLES im vorgeheizten Ofen bei 200 °C 45 Minuten lang weich backen.

DIE LINSEN auf einen Teller geben und das Rote-Bete-Laub außen herum arrangieren. Die gebackenen Rote Beten daraufgeben, mit dem Orangensaft beträufeln und Kräuter sowie Orangenschale darüberstreuen.

MIT Crème fraîche und etwas Öl und Essig servieren. Der Salat passt hervorragend zu Ziegenkäse und gegrillter Makrele.

6 ✖

MEHR GEOSMIN IST
IN DER SCHALE ENT-
HALTEN. DURCH
SCHÄLEN DÄMPFT
MAN ALSO DEN ERD-
GESCHMACK.

SOMMERKÜRBISSE

Kennen Sie Schrebergärtner? Dann werden Sie ihnen im Spätsommer wohl nach Möglichkeit aus dem Weg gehen, um nicht mit Unmengen wässriger Zucchini beschenkt zu werden. Dabei können die gurkenähnlichen Früchte, die zu den Gemüse-Kürbissen gehören, gar nichts für ihren faden Geschmack.

Sie haben sogar klare Vorzüge, denn sie wachsen rasch, brauchen wenig Pflege und tragen reichlich. Das Problem ist die Auswahl der Sorten. Lassen Sie die Finger von den ausdruckslosen modernen, auf maximalen Ertrag hin getrimmten Züchtungen, und entdecken Sie, wie Zucchini wirklich schmecken.

SORTEN-GUIDE

'Costata Romanesco'

Die alte italienische Sorte gilt gemeinhin als Zucchini mit dem besten Geschmack. Sie ist nussig und cremig und hat ein ungewöhnlich festes, nicht wässriges Fleisch. Am besten schmeckt sie, wenn die Pflanze noch blüht und die Früchte gerade einmal 15 cm lang sind. Sie werden als Ganzes in knoblauchgewürztem Olivenöl angebraten. **Übrigens können die vielen Dutzend großen männlichen Blüten ohne Ertragseinbußen geerntet werden.** 'Costata Romanesco' liefert zwar nur die Hälfte des Ertrags »verbesserter« moderner Züchtungen, dafür schmeckt sie unendlich besser. Halten Sie daher immer Ausschau nach dem Original.

'Tromboncino'

Die kuriose italienische Sorte aus Ligurien wird auch 'Zucchetta' genannt und manchmal zu den Butternut-Kürbissen gezählt oder als Zucchini-Variante gehandelt. Man erntet sie, solange sie jung und grün ist. Sie hat nicht nur einen hohen Zierwert, sondern ist auch in der Küche gefragt, da sie süßer als die meisten herkömmlichen Zucchini schmeckt und eine milde Artischockennote offenbart. Der lange Hals ist völlig samenlos.

'Early Golden Crookneck'

Die frühe, reich tragende gelbe Sorte verwöhnt mit deutlichem Zitronengeschmack und schmelzend zartem Fleisch. Sie ist in den USA sehr beliebt, in Mitteleuropa aber im Moment noch schwer aufzutreiben. **Man erntet sie mit etwa 15 cm Länge.** Am besten gedeihen die wüchsigen, gegen Krankheiten wenig anfälligen Pflanzen an einem warmen, geschützten Standort.

'Parador'

Ein zarter, cremiger, delikater Sommerkürbis, der schmeckt wie eine Kreuzung aus braunen Champignons und Englischer Creme. **Zwei Pflanzen versorgen eine Durchschnittsfamilie.** Exzellenter Geschmack, ausgezeichnete Widerstandsfähigkeit.

'Sunburst' und 'Peter Pan'

Wegen ihrer ungewöhnlichen Form nennt man diese Patisson-Sorten auch »Ufo-Kürbisse«. **Sie sind meine Favoriten und werden mit höchstens 5 cm Durchmesser geerntet, als Ganzes gedünstet, mit Olivenöl beträufelt und mit Knoblauch gewürzt.** Ihr Fleisch mit nussigem Geschmack ist relativ fest, was auf den höheren Anteil an Schalen im Vergleich zum Fruchtfleisch zurückzuführen ist, und kein bisschen wässrig; trotzdem sind sie butterig weich und schmelzend zart.

GENUSS OHNE BITTERKEIT

Die südamerikanischen Vorfahren der meisten Kürbisse waren vollgepackt mit Bitterstoffen, den Cucurbitacinen. Ihr Geschmack und die Giftwirkung schützten sie in freier Natur davor, gefressen zu werden.

Nach jahrtausendelanger Auslese haben wir Menschen ihnen diese Stoffe weggezüchtet. Bei Stress, etwa großer sommerlicher Hitze, Trockenheit oder starken Temperaturschwankungen, können sie allerdings wieder zu neuem Leben erwachen. Sie machen die Früchte nicht nur abstoßend bitter, sondern verursachen auch schwere Magenkrämpfe und Übelkeit.

Zum Glück kann man diese Probleme einfach vermeiden, indem man die Kürbispflanzen nicht in Gewächshäusern, sondern im Freiland zieht und auch bei Hitze gleich- und regelmäßig wässert.

Außerdem besteht das Risiko, dass sich die essbaren Sorten mit ungenießbaren Formen wie Zierkürbissen kreuzen, die hohe Mengen an Cucurbitacinen enthalten. Ziehen Sie Ihre Kürbisse daher immer aus neu gekauftem Saatgut und nicht aus selbst gesammelten Samen.

'Costata Romanesco'

'Sunburst'

'Early Golden Crookneck'

'Tromboncino'

'Parador'

'Peter Pan'

GEBACKENE ZUCCHINI-CHIPS

2 Portionen als Snack

Mit diesem Überschussverwerter verwandeln Sie selbst den kolossalsten Zucchini-Berg in supergesunde, schmackhafte Chips. Durch das Backen werden die natürlichen umami-Inhaltsstoffe in der Frucht konzentriert. Dabei entsteht ein fett- und kohlenhydratarmer Snack mit einem Geschmackserlebnis, das selbst radikalste Junkfoodgegner überzeugt.

DEN OFEN auf 110 °C vorwärmen

2 ZUCCHINI in etwa 1 mm dicke Scheiben schneiden. Mit einem Gemüsehobel (Mandoline) ist das im Nu gemacht. Mit einem Papiertuch trocken tupfen.

DIE SCHEIBEN mit 1 EL Olivenöl und einer Prise Salz in eine Schüssel geben und wälzen. Die Scheiben auf zwei große Backbleche verteilen. Je 2 EL Panko-Paniermehl und Parmesankäse darüberstreuen.

IM OFEN 1½–2 Std. backen, bis die Scheiben knusprig, aber noch nicht braun sind.

DEN OFEN ausschalten und Scheiben darin auf Zimmertemperatur abkühlen lassen. Mit Salsa und Guacamole servieren.

KÜRBISSE ANBAUEN

Kürbisse gedeihen am besten an vollsonnigen, geschützten Plätzen. Sie sind sehr nährstoffhungrig. Das Einarbeiten von einigen Schaufeln gut verrottetem Stallmist in den Boden danken sie mit wesentlich mehr Früchten. Bei Kürbissen brauchen Sie ausnahmsweise nicht mit Dünger zu sparen, denn wie Versuche gezeigt haben, schlägt sich das zusätzliche »Futter« nicht in verwässerten oder nährstoffarmen Früchten nieder.

Aussaat & Anzucht

Weichen Sie die Samen in der zweiten Frühjahrshälfte in eine Kamille-Aspirin-Lösung (siehe S. 66) ein. Das macht die späteren Pflänzchen kälteunempfindlicher und sorgt dafür, dass sie kräftig und gesund bleiben.

Ausgesät wird in 9-cm-Töpfen auf einer sonnigen Fensterbank. In jeden Topf kommen zwei Samen. Nach der Keimung wird der schwächere Sämling ausgezupft. Den verbleibenden zieht man bei 18–21 °C weiter, bis er fünf Blätter trägt.

Im Frühsommer setzt man die Pflänzchen ins Freiland und wässert sie dort gut. Passen Sie aber auf, dass die Wurzeln nicht verletzt werden. Kleine, buschige Sorten werden mit 80 cm, kriechende mit 1,2 m Abstand zueinander gepflanzt.

Kultur

Verteilen Sie eine Mulchschicht aus Pflanzenkohle um die Jungkürbisse. Sie unterdrückt Unkraut, verringert die Verdunstung von Bodenfeuchtigkeit und wehrt meiner Erfahrung nach auch Schneckenattacken ab.

Halten Sie Ihre Pflänzchen gleichmäßig feucht. Das optimiert den Ertrag und senkt das Risiko eines Mehltaubefalls, ohne den Geschmack der Früchte zu beeinträchtigen. Verabreichen Sie ihnen den ganzen Sommer lang meinen Kürbiskräftiger (siehe unten), damit sie topfit bleiben.

Falls man Sommerkürbisse regelmäßig aberntet, sobald die Früchte klein und zart sind, schmecken sie nicht nur besser, sondern tragen auch üppiger. **Je mehr man sie aberntet, desto eifriger wachsen sie!**

Unterlegen Sie die Früchte von Winterkürbissen mit einer Fliese oder einem Dachziegel, damit sie nicht faulen.

KÜRBISKRÄFTIGER

Wie Versuche des US-Landwirtschaftsministeriums gezeigt haben, verbessert kaliumreicher Blattdünger die Fruchtqualität auch bei Melonen, den nahen Verwandten der Kürbisse. Er macht die Früchte fester und erhöht den Gehalt an Zucker sowie erstaunlicherweise auch den von Vitamin C und Betacarotin. Anhand dieser Forschungsergebnisse **habe ich mein ganz eigenes Kürbistonikum entwickelt, das die Pflanzen gesünder und kälteresistenter macht.** Es kann sogar den Geschmack verbessern. Wer selbst damit experimentieren will: Hier ist mein Rezept.

Geben Sie einen Spritzer kaliumreiches Seetangextrakt und eine viertel Tablette Aspirin 300 auf einen Liter Wasser. **Aspirinähnliche Verbindungen haben stärkende Wirkung und mobilisieren, wie aus Versuchen hervorgeht, das Abwehrsystem der Kürbispflanzen gegen ihre schlimmsten Feinde: Trockenheit und Kälte.** Ebenfalls herausgefunden haben Wissenschaftler, dass Aspirin die Widerstandsfähigkeit gegen Krankheiten wie Mehltau und den Mosaikvirus erhöht.

Zum Schluss sollten Sie noch einen Schuss Vollmilch (keine Magermilch, keine Sojamilch!) als zusätzlichen Nährstoff dazugeben. Die Fettsäuren in Milch hemmen nachweislich das Wachstum von Mehltau. Den Sommer über sprühe ich diese Lösung einmal im Monat auf meine Pflanzen, um die Blätter ordentlich nass zu bekommen. Probieren Sie es selbst aus und ich verspreche Ihnen, Sie werden nicht enttäuscht werden.

Weder Aspirin noch Milch sind in der EU offiziell als Pestizide oder als Mittel zur Vermeidung von Pflanzenkrankheiten zugelassen. Auch alle Hinweise auf ihre mögliche Anwendung zur Abwehr von Schädlingen dienen rein wissenschaftlichen Zwecken und sind keine Anwendungsempfehlung. Völlig in Ordnung allerdings ist es, mit ihnen das Wachstum der Pflanzen zu fördern und ihren Ertrag zu erhöhen. (Mehr über das exakte Mischungsverhältnis und die Wirkung von Aspirin erfahren Sie auf S. 28–29.)

WINTERKÜRBISSE

Winterkürbisse gehören zu den unkompliziertesten Gartenbewohnern. Sie liefern kiloweise zuckerige Früchte mit Karamellnote. Wenn man ein paar simple Ernte- und Lagertricks beherrscht, trimmt man sie auf einen sensationellen Geschmack, mit dem selbst Anbieter auf Bauernmärkten nicht mithalten können. Das Wissen darum, welche Sorten sich für welchen Zweck eignen, macht den Unterschied zwischen kulinarischem Triumph und Hals über Kopf flüchtenden Gästen aus. Nach diesem Kapitel wird Halloween nie mehr wie früher sein – ganz gleich, ob Sie den besten Kürbiskuchen der Welt, eine herzhafte Suppe oder einen geschnitzten Gruselkürbis anvisieren.

SORTEN-GUIDE

Familientreffen: *Cucurbita*

Der Begriff »Winterkürbis« ist, ich gebe es zu, ein bisschen ein Rundumschlag. In einigen Garten- und Kochbüchern werden sie alle in einen Topf geworfen. In Wirklichkeit aber mischen drei Arten der Gattung *Cucurbita* mit, die sich zwar im Garten ähnlich verhalten, in der Küche aber gänzlich verschieden sind.

C. MAXIMA

Der Schmackhafte

Zur Art der Riesen-Kürbisse (*C. maxima*) zählen fast alle geschätzten Speisekürbisse mit ihrem reichen, dichten Fleisch. **Wer den typischen karamelligen Kürbisgeschmack sucht, wird hier fündig.**

Paradoxerweise gehört der klassische Halloween-Kürbis nicht zu dieser Art, sondern zu *C. pepo,* und hat ein wesentlich wässrigeres, faserigeres Fleisch. Er eignet sich zum Schnitzen, aber auch nicht für recht viel mehr.

Die Bandbreite innerhalb dieser Art ist groß und reicht vom seidigen, süßen 'Crown Prince' bis zum mehligen 'Kabocha' mit Kastaniennote.

Die C.-maxima-Formen vertragen vielleicht etwas weniger Kälte als *C. pepo*, haben meiner Meinung aber den mit Abstand besten Geschmack.

C. PEPO

Der Hübsche

Gemüse-Kürbisse (*C. pepo*) werden in der Regel unreif und zart geerntet und genossen. Zu ihnen zählen Zucchini und Patissons.

Ihr Fleisch ist jung saftig und gurkenartig. Es verändert sich zwar später nur wenig, wird dann aber von einer steinharten Schale eingeschlossen. **Zudem können reife Exemplare zusätzlich zum regulären Kürbisgeschmack grasige, bittere oder teeartige Noten entwickeln.**

Eine Variante der Gemüse-Kürbisse sind die Eichelkürbisse. Auch wenn einige von ihnen recht intensiv süß schmecken, so reichen sie doch nicht an *C. maxima* heran. Auch durch Zuckern werden sie nicht unbedingt besser.

In der Gruppe sind einige der hübschesten Formen zu finden.

C. MOSCHATA

Der Fertighappen

Moschus-Kürbisse (*C. moschata*) **unterscheiden sich beträchtlich von den anderen beiden Arten. Sie stammen aus dem tropischen Mittelamerika** und brauchen daher ein sehr heißes Klima mit hoher Luftfeuchtigkeit. Man kann sich gut vorstellen, dass es ihnen hier im verregneten, kühlen Mitteleuropa gar nicht gut gefällt.

Moschus-Kürbisse sind schwieriger zu kultivieren und schmecken schlecht. Warum also sollte man sie sich antun?

'Marina di Chioggia'

'Galeux d'Eysines'

'Sweet Dumplin'

'Sunspot'

'Crown Prince'

'Tonda Padana'

'Zucca da Marmellata'

'Honey Bear'

'Bon Bon'

'Queensland Blue'

'Munchkin'

'Celebration'

CUCURBITA-MAXIMA-FORMEN

Die wohlschmeckendsten Formen unter den essbaren Kürbissen hat die Art *Cucurbita maxima* hervorgebracht. Ich habe Dutzende Sorten durchprobiert. Hier meine Bestenliste.

☆ 'Crown Prince' *Ideal zum Braten*

Eine süße, klebrige, goldene Herrlichkeit unter stahlblauer Schale. Fragen Sie einen x-beliebigen Gemüsegärtner mit Hang zum Kürbis, und Sie können sicher sein, dass 'Crown Prince' auf seiner Liste ganz oben steht. **Mit ihrer nussigen, honigartigen Tiefe und dem glatten, puddingartigen Fleisch ist die Sorte die meiner Meinung nach beste zum Braten.** Selbst die Schale nimmt unter Hitzeeinwirkung knusprige Toffee- und Apfelsüße an. Einer der lagerfähigsten und am besten an unser gemäßigtes Klima angepassten Kürbisse.

☆ 'Galeux d'Eysines' *Ideal für Suppen*

Die hellrosa Schale der alten französischen Sorte ist so vollgepackt mit Zucker, dass er während des Reifevorgangs sogar durch die Oberfläche bricht und erdnussförmige Warzen bildet. 'Galeux d'Eysines' hat mit seiner glatten Textur in der Küche französischer Spitzenköche einen festen Platz. In Saucen und Suppen entfaltet er einen cremigen Karamell-Butter-Geschmack.

☆ 'Tonda Padana' *Ideal für Brote und zum Backen*

Eine Augenweide aus der Poebene, die so gut schmeckt, wie sie aussieht. **Das Fleisch hat eine esskastanienartige Textur und einen intensiven, würzigen, fast rauchigen Geschmack.** Mit ihrem festen, trockenen Fleisch ist die Sorte wie geschaffen für Brote, Gnocchi und Kuchen. Man brät sie in Öl golden an, zerstampft sie und knetet sie in den Teig. Gut auch für Suppen.

☆ 'Bon Bon' *Ideal für Kuchen*

'Bon Bon' wurde speziell auf besseren Geschmack hin gezüchtet. Die moderne Hybridform eignet sich mit ihrem glatten, faserfreien Fleisch und der reichen Süße hervorragend für Kürbiskuchen: Man brät das Fleisch mit reichlich Butter und braunem Zucker, bevor man es püriert und in den Teig unterhebt. Die Pflanzen selbst wachsen kompakt und aufrecht und sind daher ideal für beengte Verhältnisse.

'Sunspot'

Diese Form des Hokkaidokürbisses beeindruckt durch einen außerordentlich süßen Kartoffelgeschmack und eine reiche, mehlige Stärke mit einem Hauch von Gewürzen. 'Sunspot' ist wie die Süßkartoffel bestens für Suppen und Saucen geeignet, hat aber einen leichten Popcorn- und Esskastanieneinschlag. In Japan wird 'Sunspot' gern in Eiercreme gerührt. Die Früchte reifen früh an Pflanzen, die sich nicht zu stark ausbreiten, und sind daher etwas für Gärtner mit wenig Geduld und Platz.

☆ 'Zucca da Marmellata' *Ideal für Konfitüre*

Die Sorte wurde speziell für eine in Italien beliebte würzig-pikante Konfitüre gezüchtet. Sie enthält nicht viel Zucker und schmeckt meines Erachtens deshalb wässrig und fade. Ein Messbecher Zucker, etwas Zitronenschale und eine Prise Zimt aber verwandeln sie in eine himmlische Frühstückskonfitüre.

'Marina di Chioggia'

Noch eine alte italienische Sorte aus der Gegend um Venedig. Mit ihrem kräftig orangefarbenen Fleisch kommt sie vor allem in Ravioli-Füllungen, Kuchen und Cremetorten zum Einsatz. **Ein großer Bonus ist ihre Lagerfähigkeit, denn die wüchsigen Pflanzen tragen reichlich. Zudem verbessert sich ihr Geschmack während der Lagerung beträchtlich.**

☆ 'Munchkin' *Ideal für Füllungen*

Die bezaubernden Minikürbisse werden von Floristen gern für herbstliche Sträuße verwertet – wer aber hätte gedacht, dass sie auch noch gut schmecken? Sie werden halbiert, mit etwas fantasievoll Komponiertem wie einer pikanten Quinoa-Mischung oder einer gewürzten Kürbiskuchencreme gefüllt und im Herd 30 Minuten gebacken, bis sie weich und karamellisiert sind.

'Queensland Blue'

Das dunkelorange Innere dieser faserfreien alten, australischen Sorte schmeckt fast künstlich süß. **Ihre Samenhöhlung ist klein, sodass das feine, cremige Fleisch sich von Wand zu Wand erstrecken kann.** Sie enthält ordentlich Zucker und Antioxidantien und ist so schmackhaft wie haltbar: An einem kühlen, dunklen Platz lässt sie sich bis zum Frühjahr lagern.

KÜRBISKERNE NICHT VERGESSEN!

Kürbissamen sind viel zu schade für den Abfall: Gesäubert, gewaschen und auf einem Backblech verteilt verwandeln sie sich im Ofen in unwiderstehliches Knabberzeug.

<u>DIE SAMEN</u> mit Salz und Pfeffer bestreuen und mit Olivenöl beträufeln.

BEI 180 °C im Ofen 4–15 Minuten lang backen, bis die Samen knusprig und goldbraun sind.

<u>DIE SAMEN</u> abkühlen lassen und in ein Einmachglas geben, wo sie sich eine Woche lang halten.

CUCURBITA-PEPO-FORMEN

Die nachfolgenden Sorten habe ich ausgewählt, weil sie voller und süßer schmecken als andere *C.-pepo*-Vertreter und damit fast an die *C.-maxima*-Konkurrenz heranreichen, wenn man sie mit genug braunem Zucker und Butter bäckt.

'Honey Bear'

Einer der süßesten Hokkaidokürbisse überhaupt. 'Honey Bear' hat einen fruchtigen, an Bratäpfel oder gekochte Birnen erinnernden Geschmack. **Er hat von Haus aus Portionsgröße, lässt** sich füllen und backen und macht auf Tellern serviert eine gute Figur. Die Pflanzen bilden bis zu 1 m lange Ausläufer und nehmen nicht mehr Platz in Anspruch als Zucchini.

'Celebration'

Angeblich der süßeste Hokkaidokürbis. Er enthält 50 Prozent mehr Zucker als ein normaler Vertreter seiner Gruppe, hat eine bunt gesprenkelte Schale, ist leicht zu ziehen und trägt reichlich.

'Sweet Dumpling'

Die Sorte ist nicht so süß wie die beiden anderen, ihr Geschmack ist aber außerordentlich reich und komplex. Das helle Fleisch ergänzt den klassischen Zucchini-Geschmack um Ei- und Nussnoten. Vielseitig in Suppen, Pürees und Dips einsetzbar.

TIPPS & TRICKS

Neben der Auswahl der Sorte gibt es drei weitere Faktoren, die für die Speisequalität von Winterkürbissen ausschlaggebend sind: das Ausdünnen der Früchte an der Pflanze, der Zeitpunkt der Ernte und die Haltbarmachung der Kürbisse. Zum Glück lässt sich alles ganz leicht umsetzen und verbessert den Geschmack nachweislich.

Weniger ist mehr

Manche Kürbissorten sind unglaublich wüchsig und tragen bis zu zehn Früchte pro Pflanze. Wie bei den meisten Nutzgewächsen aber **werden die letztlich geernteten Exemplare größer und schmecken zudem wesentlich besser, wenn man sie bis auf drei Früchte ausdünnt, sobald jeder Kürbis golfballgroß ist.** Statt nur aus Schalen und Samen zu bestehen, haben sie dann süßeres, festeres Fleisch.

Reif ernten

Damit Kürbisse den bestmöglichen Geschmack entwickeln, sollten sie zum Zeitpunkt der optimalen Reife geerntet werden. Der ist gekommen, wenn der Stärkegehalt in den Früchten am größten ist. Wie Untersuchungen der Cornell University ergeben haben, erreichen viele Sorten ihre endgültige Größe und Farbe schon einige Wochen vorher, sodass man ein bisschen Glück braucht, um den richtigen Erntezeitpunkt abzupassen. Schneidet man die Kürbisse ab, bevor sie vollreif sind, bauen sie den Zucker in ihrem Fleisch ab, um die Samen im Inneren zur Reife zu bringen – unzureichender Geschmack, wässrige Textur und kürzere Haltbarkeit sind die Folge.

Dabei gibt es eine ganz einfache Methode, um festzustellen, wann Winterkürbisse reif sind. Heben Sie die Frucht auf und sehen Sie sich den Teil der Schale an, der auf dem Boden aufliegt. Ist er schon so gefärbt wie die übrige Schale, kann der **Kürbis abgeschnitten werden.** Ist er hingegen noch blassgrün, hellgelb oder einfach nur anders gefärbt als der Rest, wartet man mit der Ernte noch ein, zwei Wochen.

Damit die Früchte zur Gänze ausreifen, müssen die Pflanzen möglichst lang möglichst gesund bleiben und dürfen nicht zum Sommerende von Mehltau befallen werden. Mein Kürbiskräftiger (siehe S. 85) kann das Risiko senken. Legen Sie außerdem jede Frucht auf eine Schieferplatte, einen Dachziegel oder eine Fliese, damit sie durch den Bodenkontakt nicht fault.

Auf die Lagerung kommt es an

Viele meinen, Obst- und Gemüsepflanzen schmecken grundsätzlich frisch geerntet am besten. Dem ist jedoch nicht so. Ein gutes Beispiel für Früchte, die erst beim Nachreifen so richtig gut werden, sind die Winterkürbisse. Die wässrigen *Cucurbita-pepo*-Sorten präsentieren sich normalerweise frisch vom Trieb in Bestform, doch Riesen-Kürbisse (*C. maxima*) und vor allem Moschus-Kürbisse (*C. moschata*) sind zu diesem Zeitpunkt ein einziger großer mehliger Stärkeklotz mit hellem, fadem Fleisch ohne viel Süße.

Erst durch mehrwöchige Lagerung wird diese Stärke in Zucker umgewandelt, der dem Gemüse seinen charakteristisch süßen, butterigen Geschmack gibt. Ungeduldigen Feinschmeckern mag das wie eine unnötige Verzögerung erscheinen, doch das Warten lohnt sich. Nach drei Monaten, so hat man herausgefunden, vervierfacht sich der Zucker in Butternut-Kürbissen! Auch die Karotine werden auf Lager immer mehr und steuern Aroma, Farbe und Gesundheit bei - und das alles für null Aufwand. Zu lange sollte man sie aber nicht liegen lassen, sonst folgt eine geschmackliche Talfahrt.

Zum Glück haben die hellen Köpfe der Cornell University errechnet, wie lang man jede Art lagern muss, bis sie dem perfekten Zuckeranteil hat. Er liegt bei zehn Prozent, wie Geschmackstests ergeben haben.

DER OPTIMALE ZEITPUNKT

Art	\multicolumn{6}{c}{Monate nach der Ernte (Lagerung bei 10–15 °C)}
	1	2	3	4	5	6
Curcubita pepo	☆	☆				
Curcubita maxima		☆	☆	☆		
Curcubita moschata			☆	☆	☆	☆

☆ = genussreif

WÜRZIGE KÜRBISSUPPE MIT ESTRAGON UND MARSHMALLOWS

4 Portionen

Sie haben schon richtig gelesen: Diese pikante Kürbissuppe wird tatsächlich mit karamellisierten Marshmallows garniert. Das Gericht habe ich mir von befreundeten amerikanischen Studenten abgeguckt, die zu Thanksgiving Süßkartoffeln mit Marshmallows servierten. Die Kombination Kürbis-Marshmallows hört sich schrecklich an, schmeckt aber herrlich.

Zutaten:

1 Kürbis 'Crown Prince' (etwa 1,5 kg), entkernt und in Scheiben geschnitten

1 große Zwiebel, geschält und gewürfelt

2 EL Honig

2 EL ungefiltertes Olivenöl und noch einen Spritzer zum Beträufeln

750 ml Hühnerbrühe

250 ml Vollmilch

50 g Butter

2 Zweiglein Estragon, gehackt

1 kleine frische Muskatnuss, gemahlen

4 Marshmallows

geräuchertes Paprikapulver, zum Bestreuen

Zubereitung:

KÜRBIS UND ZWIEBEL auf einem Backblech verteilen, mit Honig und 2 EL Olivenöl beträufeln und würzen.

IM VORGEHEIZTEN OFEN bei 240 °C etwa 25–30 Minuten backen, bis sie weich und goldbraun sind.

KÜRBIS UND ZWIEBEL mit Brühe, Milch und Butter im Mixer glatt pürieren.

DIE FLÜSSIGKEIT in einen Topf geben, mit Estragon und Muskatnuss würzen und 15 Minuten lang köcheln lassen.

DIE SUPPE in vier Teller oder Schalen schöpfen. Die Marshmallows unter dem heißen Backofengrill 5 Minuten erhitzen, bis sie leicht braun werden. Ein Marshmallow in jede Suppe legen.

DIE SUPPE mit Paprika bestreuen, mit einem Spritzer Olivenöl würzen und einer Scheibe Weißbrot servieren.

ERDBEEREN

Jeder Artikel, der je über den Anbau von Erdbeeren geschrieben wurde, beginnt mit dem Credo, dass Selbstgezogenes doch so viel besser schmeckt. Aber wo bitte ist der Beweis? Hier.

Erdbeeren, die üblicherweise rosa und in halbreifem Zustand geerntet werden, um in den Supermarktregalen so lange wie möglich frisch zu bleiben, enthalten mitunter gerade einmal ein Prozent der Aromastoffe reifer, roter Beeren, wie das *Journal of the American Society for Horticultural Science* berichtet. Man verzichtet also auf 99 Prozent des Geschmacks. Zucker wiederum ist in reifen Früchten in eineinhalbfacher Dosierung vorhanden. Eines ist angesichts dieser Zahlen jedenfalls klar: Die 30 Minuten, die das Pflanzen eigener Erdbeersetzlinge dauert, sind bestens investiert.

SORTEN-GUIDE

Wie bei den meisten Nutzpflanzen wird der Geschmack von Erdbeeren in erster Linie von der Sorte geprägt. Einige enthalten bis zu 35-mal mehr Aromaverbindungen als andere – es lohnt sich also, die richtigen auszuwählen. Zum Glück habe ich Ihnen die Arbeit abgenommen und mehr als 30 Sorten getestet, um die Geschmacksbesten zu präsentieren. Es gibt folgende Hauptgruppen von Erdbeeren, die alle ihre Vor- und Nachteile haben: Einmaltragende, immertragende, Monatserdbeeren und Walderdbeeren. Jede Gruppe setzt sich aus Dutzenden von Sorten zusammen.

EINMALTRAGENDE

Die bei Weitem beliebteste Gruppe sind die einmaltragenden Erdbeeren, auch Juniträger genannt. Sie liefern stattliche Erträge innerhalb eines schmalen Zeitfensters und sind bestens geeignet für Konfitüre und Gelee.

Ihr Manko ist die kurze Tragezeit von lediglich zwei bis drei Wochen. Durch eine Mischung aus frühen, mittelspäten und späten Sorten kann man die Saison aber strecken und sich mehrere Monate lang mit Köstlichkeiten versorgen lassen.

'Honeoye' *Früh*

Sie liefert im Frühsommer kurzzeitig reichlich Früchte mit frischer Säure und eignet sich daher bestens für Konfitüren. Als einzige Sorte enthält 'Honeoye' den Ester Hexylacetat, der auch in Passionsfrüchten und Fuji-Äpfeln enthalten ist und dem sie eine tropische Note verdankt.

'Korona' *Früh*

Die fast kiwigroße Frucht dieser niederländischen Sorte beeindruckt nicht nur durch ihre Größe, sondern auch durch ihren herausragenden Geschmack und die superschnelle Reife. Sie ist eine der frühesten Sorten der Saison und fällt sehr saftig aus, lässt aber schon Minuten nach dem Abzupfen nach. Die Pflanzen sind widerstandsfähig gegen allerlei Schädlinge und Krankheiten. Es gibt sie also doch, die eierlegende Wollmilchsau!

'Gariguette' *Früh*

Die französische, um 1930 entwickelte Form trägt spitz zulaufende, orangerote, intensiv duftende Beeren. Sie steht bei Spitzenköchen hoch im Kurs und wird speziell für Nobelrestaurants angebaut, ist außerhalb sündteurer Obstmärkte aber kaum anzutreffen. Die Pflanzen sind nicht sonderlich wüchsig und haben einen geringen Ertrag, aber der Geschmack ist einzigartig.

'Manille' *Mittelspät*

Hat eine Sorte 'Gariguette' und die gefeierte 'Mara des Bois' in der Ahnenlinie, ist der Erfolg in der kulinarischen Szene fast vorprogrammiert. Die Beeren haben viel Zucker, wenig Säure und einen charakteristischen Geschmack. Zudem zeigt 'Manille' gute Widerstandsfähigkeit gegen Schädlinge.

'Marshmello' *Mittelspät*

Mit ihrem perfekten Gleichgewicht aus Zucker und Säure sowie dem unglaublich weichen Fleisch schmilzt 'Marshmello' im Mund (und im Obstkorb) förmlich, weshalb man sie auch auf keinem Markt finden wird. **Der französische Spitzenkoch Raymond Blanc nennt sie die süßeste aller Erdbeeren.**

'Frau Mieze Schindler' *Mittelspät*

Mickrige Erträge kleiner Beeren und die Notwendigkeit, eine andere Sorte in der Nähe zu kultivieren, waren die Gründe, warum es die deutsche Sorte aus dem Jahr 1925 nie in die

'Snow White'

'Gariguette'

'Mara des Bois'

'Honeoye'

'White Surprise'

'Frau Mieze Schindler'

'Candy Floss'

'Manille'

Märkte schaffte. Dank ihres phänomenalen Geschmacks aber ist sie in ihrem Heimatland die meistangebaute Sorte. Wie 'Mara des Bois' enthält sie Anthranilsäuremethylester, dieselbe Verbindung, die auch den Walderdbeeren ihr unvergleichlich blumiges und zuckerwatteartiges Aroma beschert. Da die Blüten männlich steril sind, brauchen sie einen Ersatzbestäuber wie **'Cambridge Favourite'**, der zur gleichen Zeit in der Nähe blüht.

'Senga Gigana' *Spät*

Trotz ihrer Größe haben sich die Erdbeeren im Hühnereiformat erstaunlicherweise ihren Geschmack bewahrt. Die süßen, aromatischen Früchte enthalten 2-Heptanon, einen Geschmacksstoff mit bananenartigem Aroma, und Linalool, das Basilikum und Lorbeer ihren typischen Geschmack verleiht. Ein merkwürdiger Cocktail - aber irgendwie funktioniert er!

'Malwina' *Spät*

Diese großen, ungewöhnlich geschmacksintensiven Beeren beschließen die reguläre Erdbeersaison mit einem Paukenschlag. Sie gelten als »zu dunkel« für die Obsttheke von Supermärkten. Ihr dunkles Rot wird verursacht von Anthocyanen, die angeblich antioxidative Wirkung haben.

IMMERTRAGENDE

Sie haben mit den besten Geschmack, tragen allerdings so spärlich, dass man eine ganze Menge Pflanzen braucht, um ein Obstkörbchen zu füllen, egal wann man in den Garten geht. Immertragende Erdbeeren sind kleiner und säuerlicher als einmaltragende, machen dieses Manko aber oft mit einem reichen Aroma wett. **Wie der Name schon sagt, liefern sie über Monate hinweg tröpfchenweise Beeren ohne Unterbrechung - manchmal vom späten Frühjahr bis zu den ersten Frösten.** Wie ihre einmaltragenden Verwandten schicken sie außerdem nicht ständig Ausläufer in die Welt, sodass das arbeitsintensive Schneiden weitgehend wegfällt. Hilft man ihnen geschmacklich mit etwas Zucker auf die Beine, schlagen sie die einmaltragende Konkurrenz meiner Meinung nach um Längen.

'Mara des Bois' *Juni bis Oktober*

Unter den Gourmetsorten steht sie in höchstem Ansehen. Sie ist aromatisch wie die besten Walderdbeeren, aber groß und saftig wie moderne Sorten. 'Mara des Bois' enthält viel Anthranilsäuremethylester, weshalb sie nach Zuckerwatte und fast schon nach Kaugummi schmeckt. Oft wird sie als alte Sorte etikettiert, dabei stammt sie aus den 1990er-Jahren, ist also auch nicht »historischer« als ein Nirvana-Album.

'Aromel' *Juli bis November*

Wie der Name schon andeutet, hebt sich diese Geschmacksbombe durch ihren intensiven Duft hervor. Weil die Früchte außerdem sehr zart und für ihre Weichheit berüchtigt sind, geraten sie sehr saftig; zudem haben sie einen langen Abgang. Leider findet man sie nicht in Märkten, da sie viel zu kurzlebig sind. Sie sollten noch auf dem Weg zur Küche verputzt werden.

'Albion' *Juli bis November*

Sie hat verglichen mit anderen Erdbeeren die doppelte Dosis an Geschmacksverbindungen, wie die Universität von Nottingham in England herausfand. Mit ihrem Zuckergehalt geht die kalifornische Sorte bis an die Zehn-Prozent-Grenze und ist somit eines der süßesten Erdbeerfrüchtchen überhaupt.

'Buddy' *Juli bis November*

Sie wurde speziell auf guten Geschmack hin gezüchtet **und platziert sich bei Vergleichen immer wieder unter den Besten.** Geschmacklich reicht sie sogar an die einmaltragende Verwandtschaft heran.

'Snow White' *Juli bis November*

Alle modernen Sorten stammen von einer Zufallskreuzung zwischen einer chilenischen Art und einer Art aus Virginia ab, die vor Jahrhunderten entdeckt wurde. Bei der Suche nach einer Form mit besonders gutem Geschmack versuchten Züchter die ursprüngliche Kreuzung zu rekonstruieren. Dabei kam 'Snow White' heraus, die trotz ihrer trügerischen Elfenbeinblässe mit umwerfendem Aroma und beispielloser Süße beeindruckt.

WALD- UND MONATSERDBEEREN

Walderdbeeren werden schon seit der Steinzeit genascht. Leider ist ihr unvergleichliches Aroma in letzter Zeit fast verloren gegangen. Vor einigen Jahrhunderten eroberten die großen Hybriden die Gärten und drängten ihre wilden Verwandten aus den Beeten. Walderdbeeren (*Fragaria vesca*) sind eine völlig andere Art als die herkömmlichen Gartenerdbeeren (*F. × ananassa*) und **bleiben verglichen mit ihnen winzig, punkten dafür aber mit wahrhaft explosivem Geschmack.** Wie immertragende Formen liefern sie den ganzen Sommer über Früchte. So sehr sie geschmacklich vorn liegen, so weit hinken sie beim Ertrag zurück. Man sollte daher so viele wie möglich pflanzen. Zum Glück erfahren sie derzeit eine kleine Renaissance, weil sie wenig Platz brauchen und sehr anspruchslos sind.

Ich mag die lippenstiftrote **'Candy Floss'** mit Zuckerwattegeschmack und **'White Surprise'** mit cremig weißem Fleisch und Ananas-Bananen-Aroma. Mein Liebling aber ist **'White Soul'**, weil sie so sehr nach Tropenfrüchten duftet. Aus dem goldenen Zeitalter der Walderdbeerzucht im frühen 20. Jahrhundert stammen **'Baron Solemacher'** und **'Mignonette'**.

TIPPS & TRICKS

Schmackhafte Erdbeeren anzubauen ist im Grunde ganz einfach. Die Pflanzen brauchen viel Licht und sollten nicht zu stark gewässert und gedüngt werden. Ein regelmäßiger Schnitt tut ihnen gut. Für die wahren Geschmacksfreaks habe ich natürlich ein, zwei weitere Asse im Ärmel, damit sie sich Beeren heranziehen können, an die sie noch im hohen Alter gern zurückdenken. Das ist ein Versprechen, also packen Sie's an.

Mehr Licht!

Wie viele Aromastoffe Erdbeeren enthalten, hängt direkt von der Lichtmenge ab, die sie abbekommen. **Freilandversuche haben gezeigt, dass die Geschmacksintensität um die Hälfte nachlässt, wenn man die Lichtmenge um 50 Prozent reduziert.** Der Süßegrad ist hier noch gar nicht eingerechnet – er kann bei Pflanzen im Schatten gerade einmal ein Siebtel des Werts sonnenverwöhnter Beeren betragen. **Es lohnt sich also, Erdbeeren einen Platz an der Sonne zuzuweisen.**

Ganz in Rot

Zieht man Erdbeeren über roter Mulchfolie, werden sie nicht nur wesentlich süßer und aromatischer, sondern auch um 20 Prozent größer, wie die Clemson University in South Carolina herausgefunden hat. Zusammen mit dem Zuckergehalt stieg überdies der Anteil von Vitamin C und Anthocyanen.

Daraus schlossen die Wissenschaftler, dass das von der Folie reflektierte Licht, das im Spektrum an der Grenze zur UV-Strahlung liegt, von den Pflanzen als von Nachbargewächsen zurückgeworfenes Licht und damit als Konkurrenz empfunden wird. Sie reagieren mit einer Mobilisierung ihrer Abwehrstoffe und lassen größere, schmackhaftere Früchte heranreifen.

Gib ihr Saures

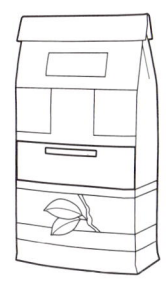

Experten in Irland bewiesen, dass **Erdbeerpflanzen in sauren, kaliumreichen Böden Früchte mit merklich besserem Geschmack tragen.** Wer nicht in einer Gegend mit sauren Böden wohnt, sollte seine Erdbeeren daher in Hochbeete pflanzen und in das Substrat viel organische Substanz wie torffreie Moorbeeterde einarbeiten.

Verwöhnen Sie die Pflanzen zudem alle zwei Wochen mit einem kaliumreichen Dünger wie einer Beinwelllösung oder einem Melassepräparat (siehe S. 27). Erdbeeren im Handel enthalten oft hohe Mengen Stickstoff. Ein Zuviel dieses Nährstoffs schlägt sich nachweislich in einer festen (nicht saftigen) Textur, schlechtem Geschmack und magerem Ertrag nieder.

Gut gepflanzt ist halb gewonnen

Schon allein durch das richtige Einpflanzen kann man den durchschnittlichen Zuckergehalt der Erdbeeren um 14 Prozent heben – das legen zumindest Versuche des US-Landwirtschaftsministeriums nahe. Zieht man Erdbeeren in Hochbeeten durch eine Plastikfolie hindurch und entfernt die Ausläufer eifrig, statt sie ungehindert über die nackte Erde kriechen zu lassen, werden die Früchte nicht nur süßer, sondern enthalten auch 10 Prozent mehr Vitamin C.

Beinwell und Aspirin

Ob Sie's glauben oder nicht: Der typische Erdbeergeschmack stammt zum Teil von einem symbiotisch auf den Blättern der Pflanze lebenden Bakterium namens *Methylobacterium extorquens.* Bei einer Studie der TU Graz bildeten mit dem ungefährlichen Bakterium besprühte Erdbeerpflanzen dreimal so viel Furanone (Substanzen, die für den typischen Erdbeerduft verantwortlich sind), wodurch sich auch der Geschmack verbesserte. Vielleicht lassen sich Erdbeeren im Handel ja bald auf natürliche, preiswerte Art und Weise mit diesem Bakterium aufpeppen.

Sie können zu Hause ein eigenes Experiment dazu starten: Besprühen Sie Ihre Erdbeeren einfach mit Beinwelljauche. Sie dient möglicherweise als Nährstoff für das geschmacksverstärkende Bakterium und kann dessen Population vervielfachen.

Die Jauche wird angesetzt, indem man einen Eimer halb mit Beinwelllaub füllt. Beschweren Sie die Blätter mit einem Stein und füllen Sie den Eimer mit Wasser. Ein Deckel ist ratsam, denn die Jauche ist zwar ein hervorragender Pflanzendünger, riecht aber scheußlich. Nun lässt man das Ganze vier Wochen lang stehen. Das Bakterium ernährt sich vom Methan, das den Gestank verursacht – deshalb heißt es Methylobacterium. Je übel riechender, desto besser! Verdünnen Sie einen Teil Beinwelljauche mit 15 Teilen Wasser und sprühen Sie die Lösung alle zwei Wochen auf die Pflanzen, außer während der Fruchtreife.

Reif ernten

Die Geschmacksintensität von Erdbeeren steht und fällt mit ihrer Reife. Rosa geerntete Früchte dunkeln zwar oft noch nach, werden aber nie so süß oder aromatisch wie vollreif geerntete Erdbeeren. Unreife Exemplare enthalten Studien zufolge bisweilen gerade einmal ein Prozent der Aromastoffe tiefroter Beeren.

Am besten schmecken Erdbeeren, die an einem sonnigen, trockenen Nachmittag abgezupft werden. Unter diesen Bedingungen ist der Zuckergehalt am höchsten und der Wassergehalt am niedrigsten, sodass die Frucht konzentrierter und voller schmeckt. Haben Sie also Geduld!

Vier Tage warten

Die Geschmackskomponenten reifer Erdbeeren entwickeln sich auch nach der Ernte noch. Wie aus einer kanadischen Studie hervorgeht, kann sich ihr Anteil bei viertägiger Lagerung in einem kühlen Raum bei 15 °C um das Siebenfache erhöhen. Leider bringt die Aufbewahrung im Kühlschrank gar nichts, denn die dafür nötigen chemischen Reaktionen kommen bei zu niedrigen Temperaturen gar nicht erst in Gang.

Die mehrtägige Karenzzeit lässt auch den Anthocyangehalt ansteigen. Die Beeren schmecken danach also nicht nur besser, sondern sind auch gesünder. Nach vier Tagen sanken die Werte aber wieder drastisch. Warten Sie also nicht zu lange!

Geschmacksverstärker

Wenn gegen Saisonende der Himmel öfter grau und fahl wird und die Niederschläge steigen, können Erdbeeren fader schmecken als im Sommer. Nicht verzagen: **Mit den folgenden vier simplen Tricks helfen Sie dem Geschmack noch einmal auf die Sprünge.**

1) Beeren in dünne Scheiben schneiden. Dadurch erhöht sich die Oberfläche und Sie empfinden den Geschmack als kräftiger (das ist auch der Grund, warum geriebener Käse oft einen intensiveren Geschmack hat als geschnittener).

2) Mit Zucker bestreuen oder, noch besser, mit Fruchtzucker (Fructose). Er gehört zu den wichtigsten Zuckerverbindungen in Erdbeeren und verstärkt den fruchtigen Geschmack.

3) Mit einem Spritzer Zitronensaft beträufeln. Zitronensäure ist auch in Erdbeeren enthalten. Sie sorgt für einen vollen, frischen Geschmack.

4) Durchziehen lassen. Lassen Sie die Mischung eine Stunde bei Zimmertemperatur stehen. Das zieht den Saft aus den Beeren und wandelt den Inhalt der Zellen in eine Lösung um, die von den Geschmacksknospen leichter wahrgenommen werden kann. Und zu guter Letzt: Servieren Sie den Mix immer nur bei Zimmertemperatur.

TIPP

Eine halbe Aspirintablette (à 300 mg) in der Beinwelllösung steigert nicht nur den Ertrag, wie Versuche gezeigt haben, sondern lässt Erdbeeren auch früher reifen und erhöht den Anteil an Zucker, Vitamin C und Anthocyanen.

WOW!

ERDBEEREN ANBAUEN

Aussaat und Anzucht

Rote Plastikfolie über ein Beet mit feuchter, frisch umgegrabener Erde legen.

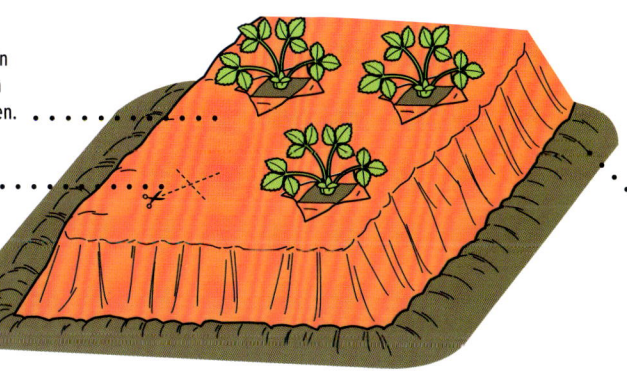

Jeweils ein kleines Loch mit einer Erhöhung in der Mitte der Sohle graben. Wurzelspitzen abschneiden und Wurzeln ausbreiten; die Wurzelkrone muss eben mit dem Boden abschließen. Erde einfüllen und gut wässern.

Ränder der Folie mit Erde fixieren. 10 cm breite Löcher in etwa 35 cm Abstand in die Folie schneiden.

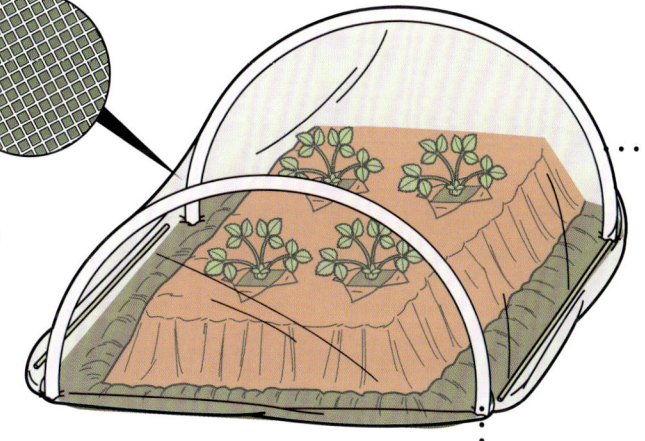

Schwarze Netze sind am unauffälligsten und beeinträchtigen das Aussehen des Gemüsegartens am wenigsten.

Alte Gartenschläuche geben einen hervorragenden biegsamen Rahmen ab.

Netz

Wer seine Erdbeeren gern mit der Tierwelt teil, denkt ökologisch. Leider sind die Mitesser nicht ebenso selbstlos. Vögel und Eichhörnchen lieben Erdbeeren. Wenn Sie Ihre Pflanzen nicht mit Netzen schützen, bekommen Sie kaum noch etwas ab.

Die Schläuche steckt man auf Bambusstäbe, die in die Erde gedrückt werden.

Laufende Pflege

Optimal versorgt werden Ihre Pflanzen, wenn Sie sie den Sommer über alle zwei Wochen mit einem stickstoffarmen und kaliumreichen Dünger wie Zuckermelasse verwöhnen.

Den Geschmacksturbo zünden Sie, wenn Sie den Pflänzchen das Frühjahr hindurch alle zwei Wochen eine ordentliche Dusche mit einer Beinwell- und Aspirinlösung verpassen. Erst wenn Sie fast reif sind, hört man damit auf.

Der Geschmack mehrerer Erdbeersorten wird dadurch verbessert, dass man das Wässern auf ein Minimum reduziert, bis die Blätter leicht welk werden. Vergessen Sie außerdem nicht, alle Ausläufer zu kappen, sobald sie erscheinen.

Pflege nach dem Abernten

Sind einmaltragende Erdbeeren abgeerntet, schneidet man ihre Blätter ab und wässert sie ordentlich mit einem kaliumreichen Dünger. Das senkt das Risiko einer Erkrankung und fördert den Ansatz von Blütenknospen für das nächste Jahr.

Erdbeerpflanzen werden alle drei Jahre komplett ersetzt, da Zahl und Qualität der Früchte mit der Zeit nachlassen.

FEIGEN

Feigen gehören zu den Obstsorten, die im Handel geschmacklich nur ein müder Abklatsch der frischen Genüsse sind. Einen eigenen Baum zu pflanzen dauert kaum mehr als 30 Minuten, beschert Ihnen aber Jahrzehnte sirupsüßer Früchte. Inzwischen gibt es etliche Sorten, die mit etwas Schutz den Winter selbst in kühlen Gegenden überstehen. Worauf warten Sie noch?

SORTEN-GUIDE

Leider ist die Feigensorte, die mit Abstand am häufigsten in Büchern empfohlen und in Gartencentern angeboten wird, zugleich die ausdruckloseste und wässrigste. 'Brown Turkey' steht allein wegen ihrer Winterhärte und Eignung für unser gemäßigtes Klima so hoch im Kurs. Wenn Sie ihren Namen auf einem Etikett sehen, stellen Sie den Topf mit der Pflanze still und leise beiseite und machen Sie sich eilends davon, bevor Sie sich auf Lebenszeit zum Genuss geschmackloser Feigen verpflichten. Ich habe mich schon immer gefragt, warum die Sorte so stark beworben und verkauft wird, wo es doch mehrere ebenso winterharte Alternativen mit weit besserem Geschmack gibt. Hier meine Favoriten, die Urlaubsflair in Ihren Garten bringen.

'Rouge de Bordeaux'

(syn. 'Petite Negri' und 'Violette de Bordeaux')
Von allen Freilandfeigen, die ich verkostet habe, schmeckt sie vielleicht am besten – und glauben Sie mir, ich habe einige probiert. **Unter ihrer bereiften, violetten Schale verbirgt sich hellrotes Fleisch, das an selbst gemachte Erdbeerkonfitüre erinnert,** aber einen tiefgründigeren, exotischeren, eben feigentypischen Duft entsendet.

Obwohl 'Rouge de Bordeaux' oft als Gewächshaussorte etikettiert wird, hat sie mit mir mehrere strenge Winter überstanden. Sie verträgt Temperaturen bis -15 °C und gedeiht in den meisten mitteleuropäischen Gegenden an einer warmen, sonnigen Wand prächtig. Wem das Risiko zu groß ist, der kann sie auch im Kübel ziehen, denn mit ihrem kompakten Wuchs eignet sie sich bestens für die Gefäßkultur. Eingetopft und in ein Gewächshaus oder unter einen Glasvorbau gestellt, hält sie selbst einem apokalyptischen Winter stand.

'Brunswick'

(syn. 'Braunschweig')
Sie gehört mit ihren riesigen braun-grünen, innen rosa gefärbten, nach Rosen duftenden Früchten zu den Sorten mit dem besten Geschmack. Ihr Zuckergehalt ist so hoch, dass er buchstäblich aus dem Auge (dem Loch am Ansatz) tropft, wenn die Feige voll ausgereift ist. **Wer nur Platz für eine einzige Feige hat, sollte diese wohlschmeckende Sorte mit außergewöhnlich großen Früchten pflanzen, die vorzüglich mit feuchter, kühler Witterung zurechtkommt.**

'Osborn Prolific'

Gute Nachrichten für Feigenfans in gemäßigten Klimaregionen: 'Osborn's Prolific' ist ideal für Gegenden mit kühlen Sommern. Das Fruchtfleisch braucht zum Ausreifen wesentlich weniger Wärme als andere Sorten. Mit ihrem vollen, süßen Geschmack und der konfitüreartigen Textur überzeugt diese Züchtung außerdem auch geschmacklich.

'Excel'

Eine interessante Neuzüchtung aus den Staaten. Ihre grünlich gelbe Schale täuscht darüber hinweg, welch intensiv süßes, nach hellem Blütenhonig duftendes, bräunliches Fleisch sich darunter verbirgt. Der Baum verträgt große Kälte und fruchtet mindestens so gut wie 'Brown Turkey', wie ich festgestellt habe. **Weil er sehr wüchsig ist, sollte man seinen Expansionsdrang auf jeden Fall bremsen, indem man den Wurzelraum einschränkt und ihn in einen Topf oder eine »Feigengrube« setzt** (siehe S. 100). Am wohlsten fühlt sich 'Excel' wie alle Feigen an einer sonnenbeschienenen Mauer.

'White Marseilles'

Lassen Sie sich vom Namen nicht in die Irre führen: Diese Feige ist in Wirklichkeit hellgrün bis blassgelb und überhaupt nicht weiß. Aber ein Biss in die supersüßen Früchte mit ihrer seidig weichen Textur und dem herausragenden Aroma genügt, und Sie verzeihen ihr sogleich ihren verwirrenden Namen. Sie wird im unwirtlichen Klima Großbritanniens schon seit dem 16. Jahrhundert angebaut – eine bessere Empfehlung kann es eigentlich nicht geben.

`Excel`

`Brunswick`

`Rouge de Bordeaux`

`Osborn Prolific`

`White Marseilles`

Feigen tragen dazu bei, die Feuchtigkeit in Backwaren zu erhalten. So kann der Fett- und Ölanteil um bis zu 50 % reduziert werden. Ersetzen Sie die Hälfte der empfohlenen Butter- oder Ölmenge durch wiederum die halbe Menge Feigenpüree.

FEIGEN KULTIVIEREN

Obwohl sie aus dem Mittelmeerraum stammen, können Feigen auch in unseren gemäßigten Breiten gezogen werden, sofern man mit der Schaufel etwas Vorarbeit leistet. An einem vollsonnigen, geschützten Standort und bei beengtem Wurzelraum liefern sie jahrzehntelang große Erträge.

Pflanzung

Eine Feigengrube anlegen

Pflanzt man Feigen in feuchte, nährstoffreiche, Erde wachsen sie zu stattlichen, ausladenden Bäumen heran, die mit ihrer laubreichen Krone ganze Gärten in Beschlag nehmen und dabei sehr wenig Früchte liefern. Hält man den Wurzelraum hingegen mit einer Feigengrube – eine Art Topf im Boden – künstlich knapp, zwingt man sie, ihre Energie statt in die Blatt- in die Fruchtbildung zu stecken.

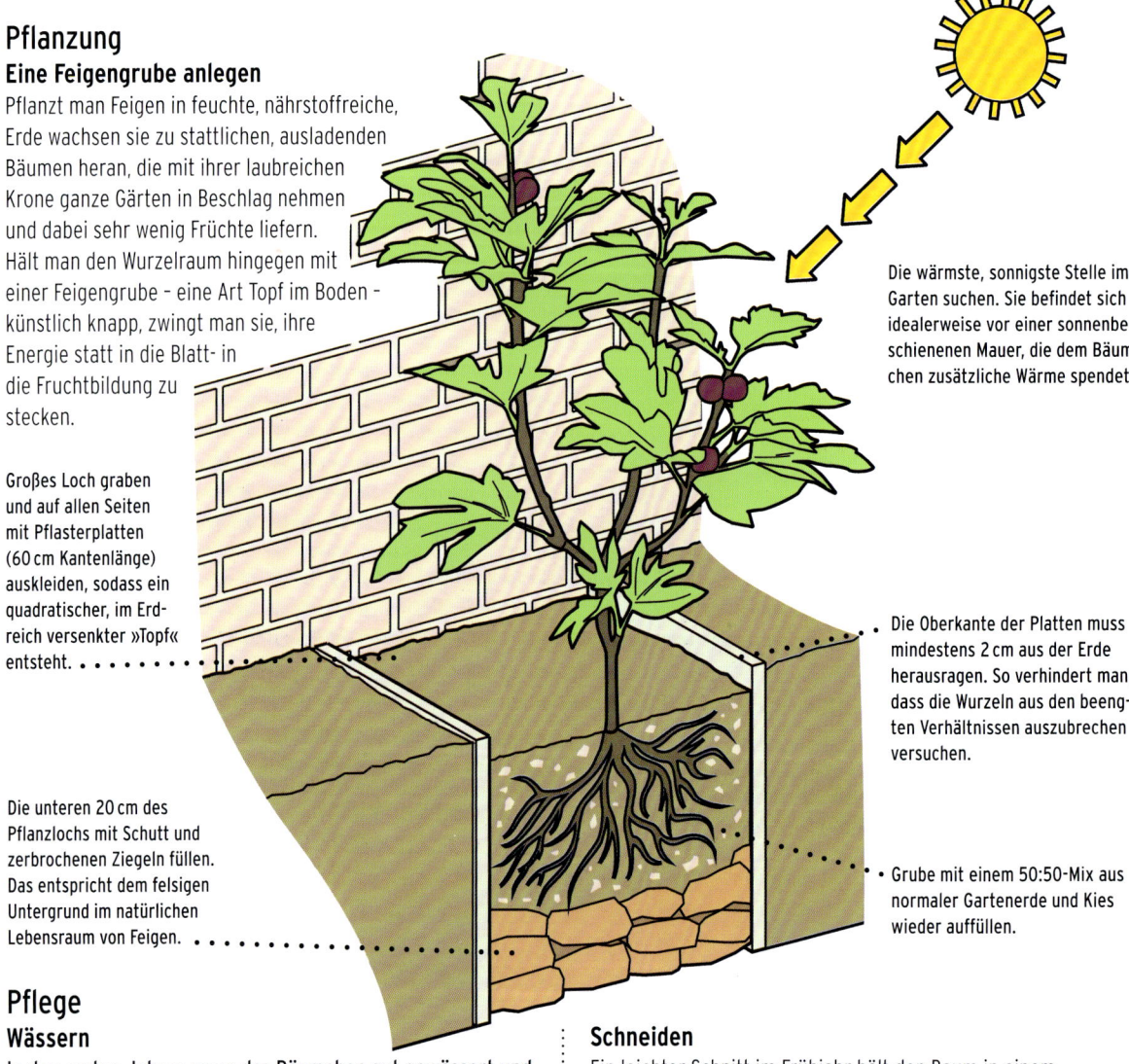

Großes Loch graben und auf allen Seiten mit Pflasterplatten (60 cm Kantenlänge) auskleiden, sodass ein quadratischer, im Erdreich versenkter »Topf« entsteht. . . . .

Die unteren 20 cm des Pflanzlochs mit Schutt und zerbrochenen Ziegeln füllen. Das entspricht dem felsigen Untergrund im natürlichen Lebensraum von Feigen. . . . .

Die wärmste, sonnigste Stelle im Garten suchen. Sie befindet sich idealerweise vor einer sonnenbeschienenen Mauer, die dem Bäumchen zusätzliche Wärme spendet.

Die Oberkante der Platten muss mindestens 2 cm aus der Erde herausragen. So verhindert man, dass die Wurzeln aus den beengten Verhältnissen auszubrechen versuchen.

Grube mit einem 50:50-Mix aus normaler Gartenerde und Kies wieder auffüllen.

Pflege

Wässern

In den ersten Jahren muss das Bäumchen gut gewässert und genährt werden, um rasch einzuwachsen. In diesem Stadium ist es unerheblich, ob es viel grünen Wuchs bildet, denn ein, zwei Jahre lang sind noch keine Früchte zu erwarten. Sobald sich ein gutes Wurzelsystem gebildet hat, was normalerweise nach zwei Jahren der Fall ist, müssen Feigenbäume in einer speziell für sie hergerichteten Grube in der Regel kaum mehr gedüngt und gewässert werden.

Schneiden

Ein leichter Schnitt im Frühjahr hält den Baum in einem optimalen Zustand. Nehmen Sie Wildtriebe, die aus der Basis entspringen, sowie von Frösten geschädigte und überkreuzte Zweige heraus. **Das Zurückschneiden frischer Zweige auf fünf bis sechs Blätter im Hochsommer fördert die Bildung neuer Früchte für das darauffolgende Jahr.** Hüten Sie sich aber vor dem milchigen Saft, den die Schnittflächen absondern – er reizt in Verbindung mit direkter Sonne die Haut. Das sagt Ihnen ein buchstäblich gebranntes Kind, das seine Feige unbedingt an einem heißen Hochsommertag im Unterhemd stutzen musste!

DIE UNBEKANNTE DELIKATESSE

Die meisten Quellen empfehlen, nach dem Ernten der reifen Feigen im Herbst die verbliebenen unreifen, grünen Früchte abzuzupfen und auf den Komposthaufen zu werfen. Den ersten Teil dieses Ratschlags kann ich unterschreiben, denn die Feigen können bis zum Winter nicht mehr ausreifen und zehren nur unnötig an den Kräften des Baums. Aber kiloweise Früchte wegzuwerfen ist ein Sakrileg. In Lateinamerika, dem Nahen Osten und dem Mittelmeerraum - Regionen, in denen man schon ein bisschen etwas von Feigen versteht - sind grüne, unreife Feigen eine gesuchte Zutat in der Küche. Wenn man weiß, wie man sie verwerten kann, hat man den doppelten Genuss bei gleichem Aufwand.

KOCHEN

Um die harten, grünen Früchte in süße Köstlichkeiten zu verwandeln, muss man sie erst einmal kochen. Dadurch verlieren sie ihre Bitterkeit und werden genießbar.

Als Erstes entfernt man die zähen Stiele und wirft die Feigen in kochendes Wasser, wo man sie 10 Minuten lässt. Dann gießt man das Wasser ab und kocht sie in frischem Wasser weitere 10 Minuten. Damit entzieht man ihnen die letzten Reste des latexartigen, »grünen« Geschmacks. Jetzt können sie gesüßt und serviert werden. Hier ein paar Vorschläge:

• Im östlichen Mittelmeerraum werden vorgekochte grüne Feigen geschnitten und in Gelierzucker sowie Zitronensaft eingekocht. Sie schmecken vorzüglich auf heißem Toast.

• In Lateinamerika kocht man grüne Feigen in Rohrzuckersirup und serviert sie mit Sahne.

• Im Nahen Osten werden sie kandiert, indem man sie als Ganzes in Sirup kocht und anschließend für allerlei Kuchen und andere Süßspeisen verwendet.

GRÜNE FEIGEN IN GEWÜRZTEM SIRUP

Hier mein Rezept für Faule: Die Feigen kurz mit einer roten Chilischote und einer Zimtstange im Sirup aus einem Glas Stem-Ingwer kochen und kalt mit gegrilltem Halloumi servieren.

BIRNEN

Der Apfel ist der unbestrittene König der Baumfrüchte. Aber jeder Feinschmeckersnob, der etwas auf sich hält (so wie ich), weiß, dass den höchsten kulinarischen Wert eigentlich seine enge Verwandte, die Birne, hat. Mit ihrem komplexerem Geschmack, dem feinen Aroma und einer saftig-butterigen Textur sind Birnen aus dem eigenen Garten die edelsten Obstgenüsse vom Baum.

SORTEN-GUIDE

Wer echte Gourmetqualität aus dem eigenen Garten beziehen möchte, macht einen Bogen um die üblichen Supermarktsorten und spürt die folgenden geschmacklichen Schwergewichte auf. Ich habe mich stundenlang durch den riesigen Birnbaumbestand der RHS in Wisley verkostet und verspreche Ihnen: Wenn Sie diese seltenen Preziosen im Garten haben, warten Sie schon im Hochsommer sehnsüchtig auf den Herbst.

Tafelbirnen

Wer einen veritablen Birnendropsgeschmack sucht, ist mit der klassischen 'Glou Morceau' bestens bedient. Sie entstand um 1750 – mehr »Old School« geht also nicht. Die äußerst süße, fast würzige Frucht reift im Spätherbst und hält sich bis in den Winter hinein. **Den besten Geschmack entwickelt sie, wenn man sie an einen warmen, geschützten Platz pflanzt und so lange wie möglich am Baum hängen lässt.**

Wenn es um das reine Aroma geht, dann reicht vermutlich keine Sorte auch nur annähernd an die edle 'Doyenné du Comice' heran. Sie gilt unter französischen Chefköchen seit ihrer Einführung 1849 als die Birne mit dem besten Geschmack und verbindet intensive Süße mit beispiellosem Duft sowie einem unwiderstehlichen »Schmelz«.

Zuckermäuler sind mit der außergewöhnlich sirupartigen, ultraleckeren 'Seckel Early' bestens bedient. Sie ist zwar manchmal nicht recht viel größer als eine Kirsche, doch beweist sie mit ihrem würzigen, fast cognacartigen Aroma, dass klein in der Tat oho ist – ob als Ganzes eingemacht, halbiert auf einer Käseplatte oder als konservierungsstofffreie Nascherei in der Pausenbrotdose von Schulkindern. 'Seckel Worden' ist eine XL-Version mit genau dem gleichen Geschmack.

Ein bisschen wie ein an einen Ast gehängtes Fabergé-Ei sieht die alte ukrainische Sorte 'Humbug' aus, weshalb man sie leicht für eine Neuzüchtung ohne Charakter hält, doch ein einziger Biss zerstreut alle Bedenken. Die grüngelb gestreifte Frucht behält selbst ohne Kühlung ihre zuckerige Süße bis weit in das Frühjahr des folgenden Jahres hinein und wird in ihrem Herkunftsland auch »Osterbirne« genannt. Sie entwickelt ihren vollen Geschmack frühestens nach zweimonatiger Lagerung und bewahrt ihre Form auch in gekochtem Zustand.

Sie mögen den Duft von Birnen, kommen aber mit der weichen, fast glitschigen Konsistenz nicht zurecht? Dann habe ich das Richtige für Sie. Asiatische Birnen wie 'Hosui' stammen von *Pyrus pyrifolia* ab, einer gänzlich anderen Art als unsere europäischen Birnen. Typisch für sie ist die knackig-feste, apfelähnliche Textur und der erfrischend süß-saure, von einer Kandiszuckernote abgerundete Geschmack.

Kochbirnen

Die schon seit dem 13. Jahrhundert bezeugte, klassische englische 'Black Worcester' gehört zu den ältesten und besten Sorten. Kochbirnen gab es schon, bevor die zuckerigen, weichfleischigen Formen vom europäischen Festland im 19. Jahrhundert die britischen Inseln eroberten. **Sie sind frisch fast steinhart und haben ein körniges Fruchtfleisch. Nach ein, zwei Stunden im Kochtopf aber verwandeln sie sich in duftende Schätze von cremig weicher Konsistenz.**

Mit ihrem intensiveren Geschmack und festeren Fleisch als normale Tafelbirnen sind sie die mit Abstand beste Wahl für Kuchen, Konfitüren und Gelees. Ich mag auch 'Catillac', eine alte französische Sorte vom Hofe Ludwigs XIV. Leider sind beide genannten Sorten triploid und brauchen zwei Bestäuber in ihrer Nähe, sonst fruchten sie nicht. Wer sie aber je gekocht und mit Schokoladensauce übergossen probiert hat, nimmt dies gern in Kauf.

PARTNER-VERMITTLUNG
Die meisten Birnen brauchen einen Baum einer anderen Sorte, um zu fruchten – passende zu finden ist nicht einfach. Ich nehmen Ihnen die Suche ab: Alle Sorten auf dieser Seite sind miteinander kompatibel. Sie können also frei wählen.

'Glou Morceau'

'Seckel Worden'

'Seckel Early'

'Humbug'

Nashi 'Hosui'

'Doyenne du Comice'

'Black Worcester'

'Catillac'

Quitte 'Portugal'

SCHWERER BODEN, GUTER GESCHMACK

Alte Gartenhasen behaupten, dass Birnen auf schwerem Lehm wesentlich besser schmecken als auf stark durchlässigen Sandböden. Bislang ist mir zwar noch kein wissenschaftlicher Beweis dafür untergekommen, doch vertragen die Gehölze schweren Ton tatsächlich besser als die meisten anderen Obstbäume.

Sie wissen nicht, welche Sorte Sie pflanzen sollen?

Gute Nachrichten: Das brauchen Sie auch nicht. Für alle, die wie ich eine Entscheidungsneurose haben, wenn es ums Essen geht, habe ich die ultimative Lösung: Familienbäume.

Familienbäume tragen, man glaubt es kaum, mehrere Sorten. Das ist keine Zauberei, sondern hängt mit einer genialen Methode zusammen: dem Veredeln. Dabei werden die Triebe einer oder mehrerer Sorten auf den Baum einer anderen Sorte verpflanzt. Das erweist sich besonders dann von großem Nutzen, wenn man nur wenig Platz hat oder sich nicht mit Bestäubungsgruppen und der Kompatibilität von Bäumen untereinander befassen möchte. Bei Familienbäumen aus dem Handel haben das andere bereits für Sie erledigt.

GESCHMACKS-VEREDELUNG

Wählen Sie nur Sorten mit schwachwüchsiger Unterlage. Sie tragen nachweislich größere und oft auch geschmacksintensivere Früchte. Hinzu kommt, dass man sich nicht mit einem 6-Meter-Riesen herumschlagen muss, sondern ein Bäumchen von 2–3 Meter Höhe bekommt. Eine der besten Unterlagen ist meiner Meinung nach die Quitte C. Auf dem Etikett bzw. im Katalog sollte die Bezeichnung der Unterlage stehen.

Noch mehr Duft?

Quitten sind Verwandte der Birnen und genauso Old School wie sie. Sie haben die Süße gegen einen umwerfenden Duft eingetauscht. Früher wuchsen sie in fast jedem Obstgarten, doch inzwischen sind sie seltsamerweise in Ungnade gefallen. Das ist eine Katastrophe, denn ein Schälchen mit Quitten kann ganze Räume mit einem satten, honigwürzigen Duft füllen, den keine andere Frucht zu bieten hat.

Nun gut, wenn es um Zucker geht, sind sie ausgesprochen schwach auf der Brust. Aber dagegen lässt sich etwas tun. **Sie werden genauso kultiviert wie Birnen und verwendet wie Kochäpfel.** Als Likör oder Konfitüre (siehe S. 213) und in Kuchen oder Berlinern bzw. Krapfen sind sie unschlagbar. Sie verwandeln selbst den ordinärsten Käsetoast in einen exotischen Genuss.

Der perfekte Dreisortenbaum

Williams

'Conference'

Comice (Vereinsdechantbirne)

TIPPS & TRICKS

Das Gute an Birnen ist, dass man einen herausragenden Geschmack bekommt, ohne sich groß verbiegen zu müssen. Es reicht, die passende Sorte zu wählen und den Baum an einem warmen, geschützten Standort zu platzieren – schon liefert er Gourmetbirnen vom Feinsten. Einen Trick allerdings gibt es, um Geschmack und Textur enorm zu verbessern: Man darf die Birnen nie vollreif ernten. Warten Sie, ich erkläre es Ihnen.

Unreif ernten

Lässt man Birnen am Baum voll ausreifen, können sie teigiges, trockenes Fleisch und ein weiches, bitteres Kerngehäuse entwickeln. Kennen Sie auch die harten Körner, auf die man manchmal beißt, wenn man Birnen isst? Das sind sogenannte Steinzellen. Sie entstehen aus denselben Stoffen wie Kirschkerne und bilden sich, während die Frucht noch am Baum reift.

Wer beide Probleme vermeiden will, holt die Birnen vom Baum, sobald sie ihre endgültige Größe, aber noch nicht ihre endgültige Farbe erreicht haben. **Auch wenn es Ihnen widerstrebt, sie in diesem Zustand zu ernten: Der Geschmack und die Textur von Birnen ist tatsächlich besser, wenn man sie etwas zu früh abzupft und drinnen zu Ende reifen lässt.**

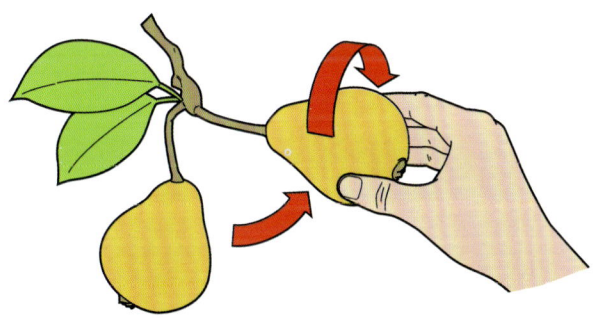

Ob eine Birne erntereif ist, prüft man, indem man sie in eine horizontale Position hebt und geringfügig dreht. Sie muss sich leicht vom Ast lösen. Da nicht alle Früchte gleichzeitig reifen, sollte man sie während der Erntezeit in mehreren Durchgängen vom Baum holen.

Legen Sie die Birnen nach dem Ernten in Obststeigen oder Kartons. Anschließend lagert man sie an einem kühlen, trockenen Aufbewahrungsort, etwa in einer Garage oder einem Schuppen. **Am besten schmecken sie, wenn das Fleisch in Stielnähe auf leichten Druck etwas nachgibt.** Je nach Sorte reifen Birnen binnen weniger Tage ('Williams Christ', 'Rote Williams') oder erst im Verlauf von Monaten ('Glou Morceau' und 'Humbug') nach.

Nicht wässern

Nach dem Einwachsen müssen Birnbäume kaum mehr gegossen und gedüngt werden.

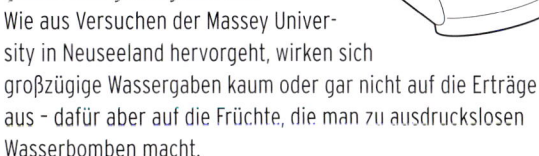

Wie aus Versuchen der Massey University in Neuseeland hervorgeht, wirken sich großzügige Wassergaben kaum oder gar nicht auf die Erträge aus – dafür aber auf die Früchte, die man zu ausdruckslosen Wasserbomben macht.

Ähnliches gilt für das Düngen. Vor allem stickstoffreicher Dünger liefert geschmacksarme Früchte, die auf Lager nicht reifen, sondern faulen. **Ein paar Gaben Kalidünger wie Seetangextrakt oder Melasse (siehe S. 27) sind mehr als genug, um die Bäume in Topzustand zu halten.**

Lichte Krone

Mehr Licht im Kronenbereich zieht eine merklich intensivere Farbe, möglicherweise einen besseren Geschmack und zudem ein um bis zu 20 Prozent höheres Volumen der Früchte nach sich. Es reicht schon, das Astgerüst im Winter gelegentlich auszulichten und überkreuzte, abgestorbene oder zu dichte Zweige herauszunehmen.

Ein zu starker Schnitt im Sommer hingegen verschlechtert nachweislich den Geschmack, denn er lässt den Säuregehalt ansteigen und senkt den Zuckeranteil, indem er die Laubmenge reduziert, die der Baum braucht, um den Zucker zu erzeugen. Übertreiben Sie es daher nicht mit einem Schnitt, vor allem nicht während des aktiven Wachstums.

Birnen werfen wie die meisten Obstbäume im Frühsommer einen Teil der heranreifenden Früchte ab – man nennt das »Junifruchtfall«. Wenn man ein bisschen nachhilft und zusätzlich noch eine unreife Birne pro Büschel entfernt, bekommt man größere und vor allem wohlschmeckendere Früchte mit einer höheren Konzentration an Zuckern und Aromastoffen. Ideal ist es, alle 15-20 cm gerade einmal eine einzige Birne am Ast hängenzulassen.

WIE KOMMT DIE BIRNE IN DIE FLASCHE?

Es gibt wohl kaum ein originelleres Geschenk als eine Flasche Birnenlikör mit einer ausgewachsenen Birne darin – ganz nach Art eines geheimnisvollen Flaschenschiffs. Der gärtnerische Zaubertrick lässt sich allerdings wesentlich leichter umsetzen, als botanische Leichtmatrosen meinen.

1

DÜNNEN Sie im späten Frühjahr aus, wenn die Früchte gerade so groß wie Murmeln sind. An der Spitze eines horizontalen Asts darf nur eine Birne hängen bleiben. Auch die Blätter um diese eine Frucht werden abgezwickt, sodass man am Schluss eine Minibirne an einem lange Stock hat.

2

STÜLPEN Sie eine Flasche über die Minifrucht, bis sie fast den Flaschenboden berührt. Mit einem Stück Draht hängt man die Flasche nun so an einen benachbarten Ast, dass sie leicht nach unten geneigt ist. Der Hals bleibt offen, damit Kondenswasser heraustropfen kann. Die Frucht sollte die Flaschenseiten nicht berühren.

3

LASSEN Sie die Flasche in den nächsten Monaten hängen. Die Frucht reift ihn ihr heran, wird größer und kann irgendwann abgeschnitten werden.

4

SÜSSEN Sie Grappa nach Belieben mit Zucker. Rühren Sie ihn um, bis der Zucker völlig aufgelöst ist, und gießen Sie ihn mit einem Trichter in die Flasche. Verschließen Sie die Flasche und stellen Sie sie mindestens einen Monat lang an einen kühlen, trockenen Platz, bis der Grappa die Aromen aufgenommen hat. Dann wird es Zeit, die Birnenbuddel hervorzuholen und den Gästen als Überraschung zu präsentieren!

SAUERKIRSCHEN

Kirschen verlieren ihren Geschmack und hohen Gehalt an Phytonährstoffen, sobald sie vom Ast gezupft werden. Die Genüsse aus dem eigenen Garten schmecken also, weil frisch genossen, nicht nur merklich besser, sondern sind auch gesünder. Während aber die säurearmen Süßkirschen wesentlich beliebter sind, wissen wahre Feinschmecker, dass nichts an die volle, bittersüße Intensität einer reifen, roten 'Schattenmorelle' heranreicht. Der Unterschied zwischen beiden ist mit der zwischen einer Belegkirsche und einer in alten Cognac eingelegten Frucht zu vergleichen.

Wenn man noch bedenkt, dass Sauerkirschen wesentlich einfacher anzubauen sind und viele gesundheitliche Vorteile haben, wie die Wissenschaft erst allmählich herausfindet, werden Sie sich fragen, warum Sie sich je mit dem Gedanken getragen haben, überhaupt Süßkirschen zu pflanzen.

Sauerkirschen

... haben mehr Phytonährstoffe

Sauerkirschen enthalten wesentlich mehr Antioxidantien als ihre süßen Pendants. **Ihr Saft hat eine ganze Reihe gesundheitlicher Vorzüge, wie erste Forschungsarbeiten vermuten lassen.** Er hilft angeblich gegen chronische Schlaflosigkeit, verringert die Muskelschäden bei intensiver Belastung und wirkt sogar schmerzlindernd und entzündungshemmend. Die Fallzahl der bisherigen Studien ist zwar noch zu gering für ein abschließendes Fazit, sodass weitergehende Untersuchungen nötig sind, aber ich bin gespannt, was dabei herauskommt.

... haben in der Küche wesentlich mehr Vorteile

Wenn sich die volle, erfrischende Säure von Sauerkirschen und die Süße von Zucker begegnen, passiert Magisches. Daher sind Sauerkirschen im Gegensatz zu den ausdruckslosen Süßkirschen weit besser für Kuchen, Konfitüren und Liköre geeignet.

... sind pflegeleichter

Sauerkirschenbäume sind wesentlich robuster als die süße Verwandtschaft. Sie gehören zu den wenigen Obstpflanzen, die auch im Schatten noch gut fruchten, und sind daher die Idealbesetzung für kühle, nicht allzu sonnige Standorte. Sie sind selbst befruchtend, bleiben kleiner und fallen nicht der Naschlust von Vögeln zum Opfer.

WARUM SIEHT MAN SIE IM HANDEL NICHT?

Vor dem Zweiten Weltkrieg war die Vielfalt an Sauerkirschensorten in Mitteleuropa noch viel größer: Allein in Deutschland kannte man im 19. Jahrhundert 115 Sorten. Heute muss man schon suchen, um mehr als eine aufzutreiben – ein Trend, der leider weltweit zu beobachten ist.

Schuld an der Verarmung ist zum Teil auch die außerordentlich kurze Saison der kleinen Geschmacksbomben. Obendrein sind sie so empfindlich, dass sie kaum einen Tag im Regal aushalten.

Nach Angaben des *Journal of Food Science* verlieren Sauerkirschen selbst bei –20 °C im Gefrierfach nach nur sechs Monaten bis zu 75 Prozent ihrer Phytonährstoffe.

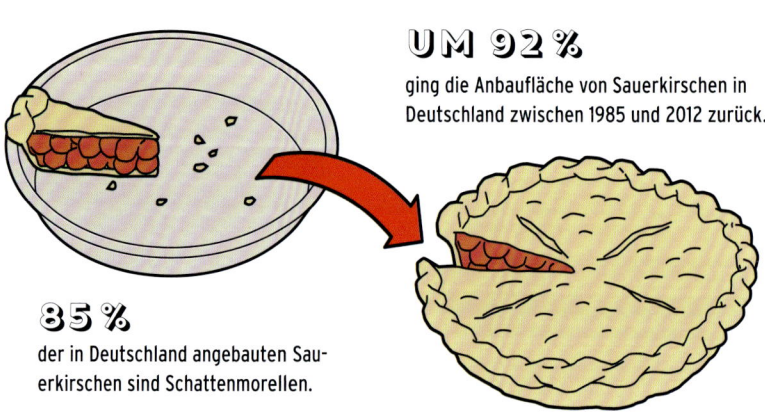

UM 92 %

ging die Anbaufläche von Sauerkirschen in Deutschland zwischen 1985 und 2012 zurück.

85 %

der in Deutschland angebauten Sauerkirschen sind Schattenmorellen.

SORTEN-GUIDE

Sauerkirschensorten wie die 'Schattenmorelle' haben einen ähnlichen, wenn nicht gar höheren Zuckergehalt als viele der sogenannten süßen Sorten, die in den Supermärkten dominieren, etwa **'Stella'**. Nur wird diese Süße mit frischer Säure austariert, sodass sie intensiver und nicht so wässrig schmeckt. Bei einem Ausflug zur britischen National Fruit Collection in Brogdale in der Grafschaft Kent, wo allein 300 Kirschzüchtungen wachsen, habe ich etliche Sauerkirschsorten durchprobiert. Hier ist meine Bestenliste.

☆ 'Rote Maikirsche' ('May Duke')
Ideal zum frisch Genießen

Meine persönliche Favoritin, **'Rote Maikirsche'**, ist das Ergebnis eines Techtelmechtels zwischen einer Süß- und Sauerkirschensorte und vereint in ihrem herrlich herben Geschmack das Beste beider Welten. Knackig-frisch vom Baum in einem Glas mit sehr kaltem, sehr süßem Wermut ist sie ein Erlebnis. Ihr zuckeriges Potenzial entfaltet sie zur Gänze, wenn man sie an einem sonnigen Platz zieht und vollreif erntet.

☆ 'Schattenmorelle'
Ideal für Kuchen und Konfitüre

Sie ist die mit Abstand meistangebaute und -verkaufte Sauerkirschensorte und überzeugt mit vollem Wildfruchtgeschmack und einem ordentlich bitteren Einschlag. Auf der Zuckerskala ist die Schattenmorelle zwischen **'May Duke'** und **'Montmorency'** angesiedelt. Ihr tiefroter Saft verrät, wie sehr sie mit Anthocyanen vollgepackt ist. Für Kuchen und Konfitüren gibt es meines Erachtens keine bessere Sauerkirsche.

☆ 'Montmorency' ('Großer Gobet')
Ideal für Sirup und Likör

Der Aufwand, **'Montmorency'** aufzuspüren, lohnt sich. Die französische Traditionssorte hat mit ihrer glänzend scharlachroten Farbe und der beißenden Säure auf dem nordamerikanischen Markt inzwischen einen Anteil von mehr als 95 Prozent. Sie ist wesentlich saurer als die Schattenmorelle und steht von allen Sorten am stärksten im Visier der medizinischen Forschung.

SÜSSE

> **Die Rechnung ist ganz einfach:**
> mehr Zucker +
> mehr Säure
>
> = MEHR GESAMT-
> GESCHMACK

Reife Leistung

Je nach dem Reifegrad können Sauerkirschen ein und derselben Sorte ganz unterschiedlich schmecken – und werden in der Küche auch entsprechend unterschiedlich eingesetzt.

DUNKELROTE SCHATTENMORELLEN

Sauerkirschen sind reif für den Einsatz in der Küche, wenn sie eine dunkelrote Farbe angenommen haben. Sie eignen sich dann für Kuchen, Konfitüren, Sirupe, Liköre, als Glasur für Schweinebraten oder als Basis von Kirscheis für Erwachsene, was im Klartext heißt: mit einem Schuss Kirschwasser.

SCHWARZE SCHATTENMORELLEN

Lässt man Schattenmorellen reifen, bis sie fast schwarz sind, kann man sie auch frisch essen. Sie machen sich prima in Salaten, Sandwiches und Sommerdrinks. Ihre frische Säure ist ein idealer Partner für Zutaten wie Käse oder Wildbraten, aber auch für bittere Mitspieler wie Rucola und Eistee. Hach!

Unerwartete Fangemeinde

Schon Wissenschaftler wie Darwin stellten fest, dass **Kinder im Alter von fünf bis neun Jahren** Speisen mit einem Säuregehalt bevorzugen, der weit über dem liegt, was die meisten Erwachsenen und Babys noch als angenehm empfinden. Dieser Vorliebe sind die Unmengen supersaurer Näschereien geschuldet, die Süßigkeitenhersteller auf den Markt werfen. Auch wenn man es nicht glauben mag: Bei Kindern im Grundschulalter sind Sauerkirschen vielleicht der Hit.

Kerniger Geschmack

Unter der harten Schale von Kirschkernen befinden sich winzige Mengen Blausäure. Durch sie schmeckt der Kern sehr bitter. Kirschbäume haben das Gift entwickelt, um ihre Samen davor zu bewahren, gefressen zu werden. Es ist dieselbe Verbindung, die auch den mit Kirschen eng verwandten Mandeln ihren typischen nussig-bitteren Geschmack geben.

Es ist eine ganz alte Tradition, die Früchte mitsamt den Kernen zu Sirup, Likör, Konfitüre und Gelee zu verarbeiten, weil sie dadurch weicher und voller schmecken. Das macht außerdem das stundenlange Entkernen überflüssig. Beim Abseihen werden die Kerne herausgefiltert und mit ihnen die Gifte.

KIRSCHSIRUP SELBST GEMACHT

Ergibt 500 ml

Ich verwende für dieses Rezept, das ohne das lästige Entkernen auskommt, gern 'Montmorency' und **Schattenmorellen**. Um die beste Kirschlimonade der Menschheit zu bekommen, verdünnt man den Sirup mit 3 Teilen Sprudel auf 1 Teil Sirup.

500 G SAUERKIRSCHEN in einer großen Schüssel mit den Fingern zu einem Brei zerdrücken. Die Kerne können getrost drinbleiben. Die Pampe sieht fürchterlich aus, aber ich verspreche Ihnen: Es lohnt sich.

250 G ZUCKER dazugeben und kurz einrühren. Die Schüssel mit einem Teller abdecken und auf einer sonnigen Fensterbank 24 Stunden ziehen lassen.

SAFT VON 1 ZITRONE hinzufügen und bei niedriger Hitze 15 Minuten köcheln lassen, bis die zerdrückte Frucht weich und transparent wird.

DIE HEISSE FRUCHTMASSE mit einem Löffel durch ein Sieb passieren, um die Steine zu entfernen.

DEN SIRUP in ausgekochte Gläser füllen. Im Kühlschrank sollte er sich mindestens einen Monat lang halten. Alternativ in eine Eiswürfelform füllen, einfrieren und bei Bedarf auftauen.

P.S.: Mit dem Sirup lässt sich auch griechischer Joghurt, Müsli oder – weniger virtuos – ein Glas Prosecco verfeinern.

KIRSCHLIMO

Eisbecher zu einem Drittel mit Kirsch-
sirup füllen und mit eisgekühltem
Sprudelwasser auffüllen. Schlagsahne
obenauf geben und mit frischen
Kirschen garnieren.

Ein Spritzer Amaretto oder Weinbrand
verwandelt diesen Renner auf Kinder-
festen in einen wesentlich »erwach-
seneren« Trunk. Mit ihm sehen selbst
Erwachsene die Welt plötzlich durch
die kirschrote Brille.

SAUERKIRSCHEN ANBAUEN

Sauerkirschen sind dafür berühmt, nicht ganz optimale Kulturbedingungen wesentlich besser wegzustecken als ihre süßen Cousins. Und sie sind von jeher erste Wahl, wenn man einen Obstbaum braucht, der selbst vor einer kühlen Mauer noch artig Früchte liefert. Wird das Bäumchen aber mit tiefgründigen, nährstoffreichen Böden und viel Sonne verwöhnt, bedankt es sich mit größeren, süßeren, schmackhafteren Kirschen.

Einpflanzen
Eine gute Basis für den Geschmack

In Osteuropa stehen Sauerkirschen noch in hohem Ansehen. Wie Freilandversuche in der Region gezeigt haben, **tragen die Bäume merklich besser schmeckende Früchte mit höherem Zuckergehalt und weniger wässrigem Fruchtfleisch, wenn man sie auf schwachwüchsige Unterlagen wie 'Gisela 5' veredelt.**

Für Hobbygärtner sind das gute Nachrichten, denn so werden die Bäume nicht höher als 2,5-3 Meter, was die Ernte und das Spannen von Schutznetzen wesentlich erleichtert. Außerdem passen Kleingehölze besser in den Garten.

Schneiden und Auslichten
Besser mit Fächer

Wer seinen Garten im Handumdrehen um eine lebendige Struktur bereichern und seine Früchte obendrein zu neuen Geschmacksrekorden treiben möchte, sollte sich einen Spalierbaum zulegen. Ein fächerförmig gezogener Baum vor einer langweiligen Mauer sieht das ganze Jahr gut aus und nimmt fast keinen Platz weg. Durch die zweidimensionale Fächerform bekommen Blätter und Früchte die optimale Lichtdosis, was sich in höherem Zuckergehalt, besserer Farbe und mehr Aromastoffen niederschlägt.

Die Fächerform lässt sich unschwer erhalten. Dünnen Sie einfach frische Triebe, die sich an den Ästen zeigen, auf einen Trieb alle 10 cm aus und kürzen Sie Zweige, die von der Wand weg wachsen, auf wenige Blätter zurück. Neue Äste werden an den Rahmen gebunden. Mehr ist nicht zu tun!

Geschnitten werden darf aber nur im Sommer. Durch einen Winterschnitt können sich die Bäume den gefürchteten Bleiglanz, eine für den Baum tödliche Pilzerkrankung, zuziehen.

Ein-Kirsch-Politik

Das Ausdünnen unreifer Fruchtbüschel bis auf eine einzige Kirsche mag sich brutal anhören, doch zeigen verschiedene Tests, dass die verbliebene Kirsche wesentlich größer und bis zu einem Drittel süßer wird. Je früher in der Saison man damit anfängt, desto besser ist der Geschmack, wie australische Wissenschaftler herausgefunden haben.

Mulchen
Lassen Sie die (Zucker-)Bombe nicht platzen

Wenn Sie verhindern wollen, dass Ihre Kirschen vor der Reife Risse bekommen, verteilen Sie eine Lage Mulch um den Stammansatz, sobald die Früchte größer zu werden beginnen. Die schützende Decke regelt den Feuchtigkeitsgehalt des Wurzelraums, denn sie saugt überschüssiges Wasser nach Regengüssen auf und verhindert, dass die Kirschen zu rasch anschwellen und aufplatzen.

Mit Netzen schützen
Verteidigen Sie Ihr Obst

Wem es gelingt, marodierende Vögel fernzuhalten, braucht bei Sauerkirschen ansonsten wenig zu befürchten. **Preiswert und gut sind kleine Bäume mit einem schwarzen Vogelnetz geschützt.** Keine Lust darauf? Macht nichts. Sauerkirschen sind in der Vogelwelt weit weniger begehrt als ihre süßen Verwandten, sodass man auf Netze auch verzichten kann.

DREIGESPANN

Sie können sich nicht entscheiden, welche Sorte Sie pflanzen möchten? Müssen Sie auch gar nicht! Veredelt man Bäume ein- und derselben Art, aber von verschiedenen Sorten auf schwachwüchsige Unterlagen, passen sie zu dritt oder sogar zu viert in ein großes Pflanzloch. Der Platzbedarf entspricht dem eines normal großen Baums, doch haben Sie die Auswahl aus mehreren Sorten. Ohne Witz!

Nehmen Sie mehrere gleich alte Jungbäume mit derselben schwachwüchsigen Unterlage und setzen Sie sie im Abstand von einem Meter in ein großes Pflanzloch. Die zur Mitte der Gruppe hin wachsenden Äste werden entfernt, sodass ein offenes, luftiges Zentrum entsteht und nur an den Rändern des Miniwäldchens neue Triebe wachsen.

Im modernen gewerblichen Obstbau nennt man diese Methode Dichtpflanzung. Sie funktioniert bei Zwergpflaumen, -kirschen, -birnen und -äpfeln in aller Welt. Einzige Voraussetzung: Es muss immer gut geschnitten werden.

Kein Entkerner zur Hand? Macht nichts!

Zum Entkernen von Kirschen brauchen Sie nichts weiter als ein Essstäbchen und eine leere Flasche. Legen Sie die Kirsche auf den Flaschenhals und drücken Sie das Essstäbchen in die Frucht. Der Kern fällt in die Flasche und schon ist die Kirsche kernlos.

KIRSCHBLÜTEN-
UND LITSCHI-GELEE

Ergibt 500 g

Dieses simple Dessertrezept habe ich bei Filmaufnahmen in Japan aufgeschnappt. Damit holen Sie sich dicke Feinschmecker-Pluspunkte, wenn Sie das nächste Mal Gäste zum Essen einladen. Zusammengebraut ist das Gelee aus den Resten eines Glases Sauerkirschkonfitüre und dem Sirup aus einer Dose mit Konserven-Litschis. Aber verraten Sie das nicht Ihren Gästen.

5 BLATT GELATINE rund 5 Minuten in etwas Wasser einweichen.

DIE FLÜSSIGKEIT aus einer Dose Litschis zusammen mit 3 EL Sauerkirschkonfitüre 1–2 Minuten köcheln lassen, bis beide gut vermischt sind.

DIE FLÜSSIGKEIT durch ein Tuch in einen Messbecher seihen.

DIE EINGEWEICHTE GELATINE in die noch warme Flüssigkeit geben, mit heißem Wasser auf 500 ml auffüllen und nach Belieben süßen (ich gebe meist 3 EL Zucker dazu).

DIE KIRSCHBLÜTEN in Gläser legen und die Gelatinemischung heiß darübergießen. Abkühlen lassen. 6 Stunden in den Kühlschrank stellen.

PFLAUMEN & CO.

Pflaumen schmecken langweilig? Wussten Sie, dass ein Großteil der ganzjährig im Handel erhältlichen Pflaumen gar keine Europäerinnen sind, sondern eine ganz andere Art aus Asien, die Japanische oder Chinesische Pflaume, *Prunus salicina*? Sie werden größtenteils aus wärmeren Ländern importiert. Die Discounter-Ketten bevorzugen sie, weil sie größer und haltbarer sind. Das ist schade, denn sie haben eine mehlige Konsistenz und saure Schale. Wer Pflaumen bisher nur im Supermarkt gekauft hat, weiß wahrscheinlich gar nicht, wie die echten, einzig wahren schmecken!

Unsere Kultur-Pflaume, *Prunus domestica*, umfasst allerlei Unterarten wie Zwetschgen, Renekloden und Mirabellen. Sie sind saftiger, aromatischer und haben ein gelartiges Fleisch. Rechnet man noch Kreuzungen zwischen Pflaume und Aprikose dazu, erschließen sich völlig neue Geschmackswelten.

Und wo ist nun die gute Nachricht? Einheimische Pflaumen sind die vielleicht unkompliziertesten Obstbäume für unser gemäßigtes Klima und wie geschaffen für Garteneinsteiger.

SORTEN-GUIDE

Zwetschgen und Kriechenpflaumen

Mit ihrem dichten, würzigen Fleisch sind Zwetschgen und Kriechenpflaumen erste Wahl für Kuchen und Aufläufe. Sie schmecken sehr intensiv und haben nicht die wässrige Konsistenz von Tafelpflaumen wie 'Victoria'. Weil sie in unseren Breiten völlig winterhart und obendrein selbstbestäubend sind, gehören sie zu den unkompliziertesten Obstbäumen überhaupt.

Auf meiner Geschmackshitliste ganz oben steht die verbreitete, dunkle, bereifte 'Hauszwetschge', die gekocht köstlich ist und trotzdem genug Zucker mitbringt, um direkt vom Baum genascht zu werden. Eine alte englische Sorte ist die intensiv blauschwarze 'Farleigh Prolific'. Sie gehört zu den ertragreichsten Kriechenpflaumen und mischt in vielen Konfitüren und Gelees mit. Ihre kompakten Bäume eignen sich bestens für Kleingärten und sind obendrein so robust, dass sie selbst in den kältesten, nassesten Gegenden gedeihen. 'Blue Violet' gehört zu den süßesten und am frühesten reifenden Kriechenpflaumen. Großzügigerweise ernten sich die Früchte selbst: Sie fallen einfach vom Baum, sobald sie reif sind. Legt man eine alte Decke aus und schüttelt das Gehölz ordentlich, regnen sie herab wie im Schlaraffenland.

Pflaumen

Liebhabern klassischer Tafelpflaumen empfehle ich, der allgegenwärtigen 'Victoria' die kalte Schulter zu zeigen und stattdessen mit 'Avalon' zu liebäugeln. Die 1970 entwickelte moderne Sorte trägt überreichlich, ohne dass der Geschmack der Früchte darunter leidet. Gern mag ich auch die früh reifende 'Excalibur', die mit ihrem süßen, saftigen Fleisch schon

allerlei unabhängige Geschmackstests für sich entschieden hat. Ihre etwas zähe Schale macht sie locker wett durch den vollen, beerenartigen Geschmack mit geringem Tanninton.

Wer Konfitüre, Kuchen und Kompott anvisiert, sollte die Tafelpflaumen aber links liegen lassen und eher auf die säuerlichen Kochsorten wie die erfrischend herbe, mild tanningetönte 'Burton' oder die dunkelblaue 'Stanley' setzen. Letztere zeichnet sich nicht nur durch eine Weinnote aus, sondern auch durch locker sitzende Kerne, was das Entsteinen sehr erleichtert.

Mirabellen

Sie wurde schon von den Kreuzrittern aus Asien nach Europa mitgebracht: die murmelgroße, goldgelbe 'Mirabelle de Nancy'. In Frankreich ist sie eine beliebte regionale Spezialität, die man wegen ihrer honigartigen Süße und glatten, gelatineartigen Konsistenz schätzt. Sie schmeckt frisch vom Baum ebenso köstlich wie verarbeitet zu Konfitüren, Gelees und natürlich als Ingredienz der berühmten Tarte aux Mirabelles. Ihre Kerne lösen sich leicht vom Fleisch. Die Früchte sollten aber ausgedünnt werden, denn die Bäume tragen so reichlich, dass sie sich buchstäblich überanstrengen und erst im übernächsten Jahr wieder ordentlich fruchten.

Renekloden

Lassen Sie sich von ihrem säuregrünen Äußeren nicht täuschen: Der saftige Duft und die fast sirupartige Konsistenz lassen keinerlei Raum für auch nur die leichteste säuerliche Note. Herausragenden Geschmack bieten insbesondere

Pflaume 'Stanley'

Pflaume 'Burton'

Plumcot 'Flavor Supreme'

'Hauszwetschge'

Aprium 'Cot 'n' Candy'

Pluot 'Purple Candy'

Mirabelle 'Mirabelle de Nancy'

Reneklode 'Reine-Claude de Vars'

Hafer-Pflaume 'Blue Violet'

'Reine-Claude de Vars' mit goldgelbem Fruchtfleisch und die alte französische 'Red Reine-Claude d'Oullins' mit rosa angehauchtem Teint.

Pluots, Plumcots und Apriums

Diese komplexe Hybridenfamilie vereint in sich den Duft von Aprikosen mit der klebrigen, seidigen Fülle von Pflaumen. Wie viele Arthybriden sind die Bäume wüchsiger als beide Elternteile und liefern Früchte, die an selbst befruchtenden Exemplaren bis zu pfirsichgroß werden. Ich kann mich gar nicht satt essen an der amerikanischen Sorte 'Purple Candy', deren dunkles, pflaumenartiges Fleisch mit seiner intensiven Süße, der frischen Säure und einem Aroma nach kandierten Äpfeln das Belohnungszentrum im Gehirn schwer auf Hochtouren bringt.

Mit ihrem fleckigen Äußeren gewinnt 'Flavor Supreme' sicher keinen Schönheitswettbewerb, aber, hey, was für ein Geschmack! Die 50:50-Kreuzung aus Japanischer Pflaume und Aprikose ist mit dem nährstoffreichen Fleisch der Ersteren und dem exotischen Aroma der Letzteren gesegnet. Durch eine glückliche Fügung des Schicksals blieb ihr außerdem die saure Schale und das harte Fleisch der Japanischen Pflaume erspart, während sie deren Fruchtgröße und Wüchsigkeit geerbt hat. Ihr einziges Problem: Bienen fliegen nicht sonderlich auf ihre Blüten, weshalb die Ernte spärlich ausfallen kann, wenn man nicht durch Handbestäubung mit einem Pinsel nachhilft (mehr dazu auf S. 204).

In der Aprium-Abteilung sticht 'Cot 'n' Candy', zu drei Vierteln Aprikose und zu einem Viertel Pflaume, hervor. Sie ähnelt der Aprikose, hat aber einen ganz eigenen, fast tropenfruchtähnlichen Fruchtgeschmack und überrascht zudem mit einem pflaumigen Abgang. Die Bäume sind teilweise selbst bestäubend, fruchten also besser, wenn eine Aprikose in der Nähe wächst. Gute, für gemäßigte Klimazonen geeignete Bestäuber sind 'Moorpark' und 'Flavourcot'.

BESTÄUBUNG
Viele Pflaumen, Renekloden und Mirabellen sind nicht selbst bestäubend. Sollen sie fruchten, brauchen sie eine andere Sorte in Flirtdistanz. Suchen Sie sich irgendeine Sorte auf S. 115–117 aus – sie sind alle kompatibel.

FRUCHTCOCKTAIL

Kalifornische Züchter sind ausgesprochen rührig. Aus dem US-Bundesstaat kommt eine ganze Generation komplexer, manchmal köstlicher Hybriden auf den Markt, die die Grenzen zwischen Pflaumen und Aprikosen verschwimmen lassen. Hier eine Übersicht:

100% APRIKOSE

APRIUMS Aprikosen, die das gelartige Fleisch und die Süße der Pflaumen geerbt haben.

PLUMCOTS Pflaumen und Aprikosen treffen sich hier genau in der Mitte.

PLUOTS Intensiv duftende Pflaumen, deren Bäume dank ihrer Aprikosengene sehr wüchsig sind

100% PFLAUME

Aprikose 'Late Cot'

Aprium 'Cot 'n' Candy'

Plumcot 'Flavor Supreme'

Pluot 'Purple Candy'

Pflaume 'Blue Diamond'

PFLAUMEN KULTIVIEREN

Obwohl Pflaumen & Co. nur entfernt mit Kirschen (siehe S. 108) verwandt sind, kann man sie fast genauso kultivieren und pflegen. Mit drei kleinen Ausnahmen.

Einpflanzen
Kleiner Baum, großer Geschmack
Pflaumen und ihre engere Verwandtschaft brauchen andere Unterlagen als Kirschen. **Schwachwüchsige, moderne Unterlagen wie 'Pixy' sind ideal,** wie Versuche ergeben haben. Sie liefern 2,5–3 m hohe Minibäume, die das verfügbare Licht optimal nutzen. So entstehen keine riesigen, dicht belaubten Äste, die den Früchten das Licht wegnehmen und sie braun und bitter werden lassen.

Erziehen und Schneiden
Vasenform
Im Gegensatz zu Kirschen bekommt man Pflaumenbäume selten als Spalierobst vorgeformt, weshalb man die Angelegenheit meist selbst in die Hand nehmen muss. Der einfachste Gehölzschnitt, den sogar Leute bewerkstelligen, die ansonsten auch vor jeder Montageanleitung für Möbel kapitulieren, ist die Vasenform.

Dabei soll ein Baum mit einem etwa 1 m hohen Stamm und kelchförmiger Krone entstehen. **So gelangt Licht und Luft an alle Äste, ohne dass sie sich gegenseitig Sonne wegnehmen.** Denken Sie dran: Blätter sind im Grunde genommen Solarzellen; je mehr Licht sie abbekommen, desto mehr Energie haben sie zum Ausreifen von Früchten.

Blüten schützen
Die einzige Schwierigkeit bei der Kultur von Pflaumenbäumen ist ihre zeitige Blüte. Als Frühstarter sind sie ziemlich spätfrostgefährdet und deshalb können Hoffnungen auf eine herbstliche Fruchtschwemme ziemlich schnell zunichtegemacht werden. **Wenn Sie dem Baum aber einen warmen, sonnigen Platz zuweisen und eine Abdeckung bereithalten, mit der Sie die Krone gegebenenfalls kurzfristig schützen können,** sollten Sie keine Probleme haben.

So geht's

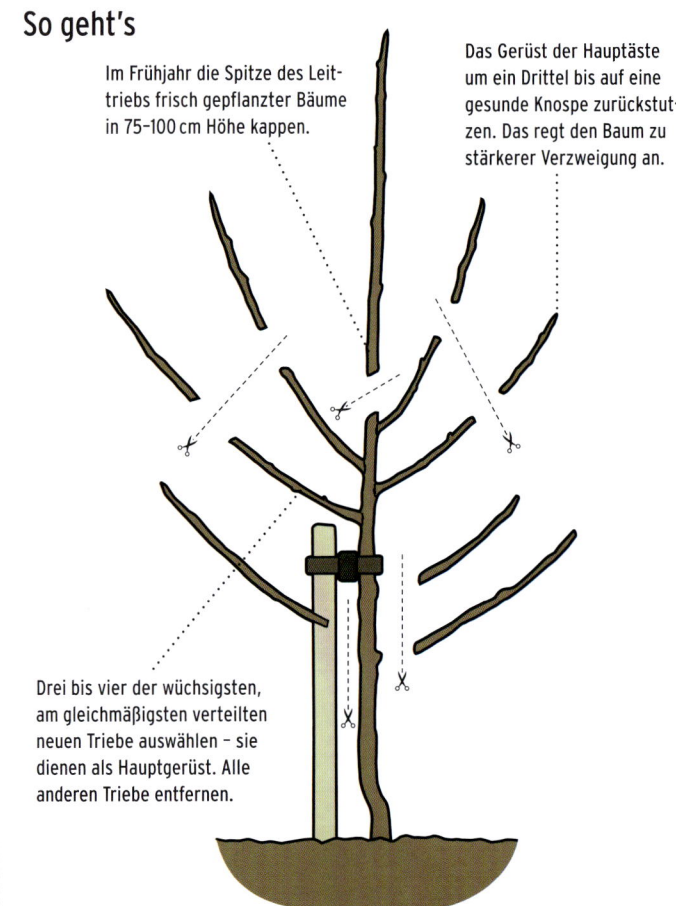

Im Frühjahr die Spitze des Leittriebs frisch gepflanzter Bäume in 75–100 cm Höhe kappen.

Das Gerüst der Hauptäste um ein Drittel bis auf eine gesunde Knospe zurückstutzen. Das regt den Baum zu stärkerer Verzweigung an.

Drei bis vier der wüchsigsten, am gleichmäßigsten verteilten neuen Triebe auswählen – sie dienen als Hauptgerüst. Alle anderen Triebe entfernen.

Laufende Pflege
Nun müssen Sie nur noch neue Triebe aus dem Stamm und solche, die die lichte Mitte in der Krone zu füllen drohen, abzwicken. Neue Seitentriebe am Hauptgerüst aus Ästen schneidet man jedes Frühjahr bis auf vier bis fünf Knospen zurück.

WENIG SCHNITT, WENIG ERTRAG

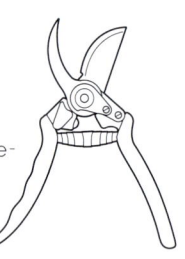

Wie Kirschen tragen Aprikosen und Pflaumen wesentlich größere Früchte mit einer höheren Konzentration an Zucker und weicherem, saftigerem Fleisch, wenn man sie vorher ausdünnt. Die zehn Minuten, die man dafür braucht, sind gut investierte Zeit.

WEINTRAUBEN

Wollen Sie die Süße von Trauben nach oben treiben? Beeren mit dem bis zu dreifachen Zuckergehalt handelsüblicher Früchte sowie einem leckeren Tanninabgang ernten, den Supermarktware nicht zu bieten hat? Sie mit satt Phytonährstoffen wie zum Beispiel Polyphenolen bepacken? Um all das zu erreichen, gibt es einen ganz einfachen Trick: Weintrauben anbauen.

Weintrauben sind nicht nur wesentlich süßer und geschmacksintensiver als die üblichen Tafeltrauben von der Obsttheke, sondern lassen sich in unserem gemäßigten Klima auch leichter kultivieren. Ihre Robustheit und Wuchskraft bringt sie durch den kühlsten Sommer. Kein Wunder, dass etliche britische, kanadische und sogar russische Rebflächen fantastische Weine aus Gegenden liefern, in denen an den Anbau von Tafeltrauben nicht zu denken ist.

Angesichts solcher Feinschmeckervorteile frage ich mich: Warum ziehen nicht mehr Gärtner Weintrauben als Tafeltrauben? Was sorgt wohl für mehr Furore, wenn Sie das nächste Mal Gäste zum Essen einladen – ein ausdrucksloses Bündel 'Flame' oder selbst gezogene Trauben der Sorte 'Chardonnay' und 'Pinot Noir' mit einer Extraladung Zucker?

SORTENWAHL

Hier ist meine Shortlist für den Geschmackspreis: selbst bestäubende Weintrauben, die nachweislich in kühleren Klimazonen gut gedeihen. Ich habe sie nach einer Verkostung von etlichen in der britischen Sortensammlung enthaltenen Züchtungen ausgewählt. Wenn Sie sich an diese Geschmacksbomben halten, liegen Sie immer richtig.

DIE KLASSIKER

Diese uralten Sorten aus traditionellen Weinbauländern bieten guten alten Geschmack bis zur letzten Traube.

'Müller-Thurgau'

Die deutsche Traube bescherte der Welt die Liebfrauenmilch, **doch muss man kein Fan der Siebzigerjahre sein, um ihrem Charme zu erliegen:** Sie ist extrem saftig und süß und weltweit in kühleren Klimazonen verbreitet. Wo wir uns schon im Retro-Bereich aufhalten: Ich serviere sie mit Vorliebe in Olivenöl gebacken mit Schalottenscheiben und einem Löffel Honig zu Entenbraten.

'Pinot noir'

Sie gehört zu den wichtigsten Champagnersorten, und das mit gutem Grund: **Die wüchsige Sorte liefert selbst auf den flachgründigsten Kalkböden hohe Erträge üppiger dunkler Beeren mit außergewöhnlich süß-saurem, himbeerartigem Geschmack.** Halbiert man sie und mischt sie mit scharfen

roten Zwiebeln sowie einem Spritzer weißem Balsamico-Essig, geben sie Brathähnchen einen ganz besonderen Schwung.

'Gewürztraminer'

Ein Biss in diese Weintraube und man sieht über ihren ungewöhnlichen Namen hinweg. Die Beeren der superaromatischen Sorte sind am Stock zunächst goldgelb, bevor sie eine leicht rosa Färbung annehmen. Ihre tiefe, reiche Süße wird von Einsprengseln aus Gewürzen und Zitrusnoten akzentuiert.

Okay, okay, ich rücke ja schon mit der Wahrheit heraus: **Der Gewürztraminer ist außerordentlich kapriziös und auch noch extrem anfällig für Schädlinge.** Zudem reagiert er allergisch auf Kalkböden. Ebenso berühmt ist er allerdings für seine Robustheit: In kühleren Regionen kommt er am besten zurecht. Wer seinen Garten also in einem nicht gerade milden Teil Mitteleuropas bewirtschaften muss, sollte ihn in Betracht ziehen. Auf einem Baguette mit einigen Scheiben Brie helfen die Beeren mit ihrem Tanninbiss und der strahlenden Zuckersüße, die cremige, alkalische Schwere des Käses abzufedern.

'Cabernet Cortis'

Ein Abkömmling der berühmten 'Cabernet Sauvignon'. Dank einiger Einkreuzungen hat er eine sehr frühe Reife und heroische Widerstandsfähigkeit gegen Krankheiten mitbekommen. Die moderne Sorte ist das Ergebnis eines Zuchtprogramms, in dessen Rahmen man wüchsigen Reben cabernetähnliche Trauben mit der klassischen Johannisbeernote anzüchtete.

Wie ihre Eltern enthalten dieses Trauben Pyrazine, die ihnen eine krautig-pflanzliche, oft mit Minze oder gar grüner Paprika

'Pinot noir'

'Concord Seedless'

'Gewürztraminer'

'Fragola'

'Cabernet Cortis'

'Kyoho'

'Müller-Thurgau'

verglichene Note verleihen. Wer sich damit nicht anfreunden kann, lässt die Trauben so lange wie möglich am Stock reifen und schneidet das Laub um die Bündel herum ab, da Sonne die Pyrazine allmählich abbaut.

DIE 'CONCORD'-GRUPPE

Die 'Concord' ist das Ergebnis eines botanischen Techtelmechtels zwischen der europäischen Weinrebe (*Vitis vinifera*) einer Wildrebe aus den nordamerikanischen Weiten, der Fuchs-Rebe (*Vitis labrusca*). Aus ihr wird ein in den Staaten beliebtes Traubengelee und Traubensaft der Marke Welch gekeltert – beide sind für ihren umwerfend intensiven Fruchtduft berühmt.

'Concord Seedless'

Der beliebtesten Tafeltraube der USA wurden die Kerne weggezüchtet, damit sie sich besser für den Verzehr eignet. Sie ist fast schwarz und außergewöhnlich süß. Ihre Stöcke sind sehr kälteunempfindlich, wüchsig und widerstandsfähig gegen Krankheiten. Das ist aber noch nicht alles. Einer 2007 im *Journal of Agriculture and Food Chemistry* veröffentlichten Studie zufolge enthält ihr Saft von allen Obstsäften den höchsten Gehalt an Anthocyanen und anderen Polyphenolen.

'Kyoho'

Die japanische Monstersorte wurde 1937 durch Kreuzung europäischer und amerikanischer Trauben entwickelt und ist eine Art XXXL-**'Concord'.** Wie ihre US-amerikanische Verwandte löst sich das Fruchtfleisch leicht von der Schale und flutscht beim Hineinbeißen förmlich heraus. Der ungewöhnliche Geschmack aus zweierlei Nuancen entsteht durch den Kontrast der angenehm säuerlichen Schale und dem nektarartigen Fleisch.

Normalerweise wird sie erst gegessen, wenn sie schon sehr dunkel geworden ist und vor Zucker strotzt. Ich mag sie aber am liebsten, wenn sie gerade rosa zu werden beginnt und ihre frische Säure noch die an den Zähnen schmerzende Süße ausbalancieren kann.

Wer gern seinen eigenen Wein keltern würde, aber wie ich das ganze Prozedere scheut, kann es mit einer Alternative probieren: Schicken Sie die Trauben durch die Saftpresse und mixen Sie den Extrakt mit gleichen Teilen Shochu (ein japanischer Reisschnaps) zum beliebten japanischen Cocktail Chuhai. Mit reichlich Eis und einem Spritzer Soda bringt man seine Süße auf ein angenehmes Maß.

'Fragola' (syn. 'Isabella')

Früher wurden aus der nach frischen, reifen Erdbeeren duftenden **'Fragola'** (ital. Erdbeere) in ganz Südeuropa Unmengen von Premiumweinen gekeltert, darunter auch der berühmte Fragolino aus Venetien. Im letzten Jahrhundert allerdings

verboten die meisten europäischen Staaten – als Erstes Frankreich im Jahr 1935 – seine Erzeugung. Man befürchtete, dass 'Fragola' mit ihrem fuchsigen Geschmack den Charakter französischer Weine beeinträchtigte. Heute allerdings sind viele Weinfachleute der Ansicht, dass wohl eher Nationalstolz der Beweggrund für den Bann war.

Die gute Nachricht: Die Sorte darf nach wie vor angebaut und gegessen werden – in Italien gibt es riesige Rebflächen, mit deren Trauben man den Frischobstmarkt beliefert. Man kann sogar Wein aus der 'Fragola' keltern – nur verkaufen darf man ihn nicht. Ein bisschen Bürokratie ist doch etwas Feines!

WAS SIND WEINTRAUBEN?

Weintrauben sind reicher und aromatischer im Geschmack als Tafeltrauben.

Die dickere Schale und die größeren Kerne enthalten viele Phythonährstoffe und liefern vor allem die für die Weinbereitung so wichtigen Tannine.

Das Fleisch ist wesentlich zuckerhaltiger und hat eine weichere, saftigere Textur.

WAS SIND TAFELTRAUBEN?

Die Pflanzen wurden speziell auf große Früchte hin gezüchtet. Sie haben aber auch eine härtere, festere Konsistenz, um den Transport besser zu überstehen. Der Zuckergehalt liegt viel niedriger.

Durch ihre dünne Schale und das Fehlen von Kernen sind sie konsistenzbedingt angenehmer zu essen, schmecken (meiner Meinung nach) aber ausdrucksloser und »flacher«.

TIPPS & TRICKS

Trauben gehören zu den Überlebenskünstlern der Natur. Sie stecken Trockenheit, Schädlingsbefall, karge Böden und oft sogar völlige Vernachlässigung weg. Ob man unter solchen Bedingungen gute Früchte bekommt, ist eine andere Frage. Aber mit ein paar Einsätzen der Gartenschere und einer Nährstoffgabe zwischendurch kann man ihre kulinarischen Qualitäten wesentlich verbessern.

Mit der Schere zu mehr Geschmack

Am einfachsten lässt sich der Geschmack von Trauben Marke Eigenanbau durch einen guten Schnitt verbessern. Reben sind wüchsige Geschöpfe, deren Ausbreitungsdrang man zügeln muss, damit sie ihre Energie nicht mehr in die Bildung unzähliger Blätter stecken, sondern sich stattdessen auf das Heranreifen guter Früchte konzentrieren. **Ein harter Rückschnitt zur Begrenzung des laubreichen Wuchses verbessert nicht nur den Ertrag, sondern erhöht auch den Gehalt an Zucker und Polyphenolen in den Beeren, wie Studien gezeigt haben** (mehr dazu auf S. 123).

Sprühschicht

Indem man eine verdünnte Nährlösung auf das Laub sprüht, erhöht man Untersuchungen zufolge **nicht nur den Ertrag, sondern auch den Gehalt an Zucker, Säure und Tanninen in den Trauben** – also an all dem, was gut ist. Das überrascht, denn mit überreichlichen Nährstoffgaben im Wurzelbereich ereicht man das genaue Gegenteil: eine Verwässerung des Geschmacks, übermäßiges Laubwachstum und eine erhöhte Anfälligkeit für Krankheiten. Bei der Verabreichung über das Laub hingegen fallen alle negativen Auswirkungen weg, während die positiven bleiben. Kein schlechter Deal, würde ich sagen. **Ich empfehle einen Dünger auf Seetangbasis,** da er ein umfangreicheres Spektrum an Nährstoffen einschließlich Bor, Eisen und Magnesium hat, die allem Anschein nach einen positiven Einfluss auf den Geschmack von Trauben haben.

Lass die Sonne ins Herz

Indem man Blätter um die reifenden Trauben herum abschneidet, kann man den Gehalt an Zucker und Aromastoffen in der Frucht wesentlich verbessern, wie aus wissenschaftlichen Feldversuchen hervorgeht. **Je mehr Licht auf die Beeren fällt, desto schneller reifen sie außerdem.**

Sogar der Anteil an Antioxidantien erhöht sich bei manchen Sorten – zum Teil um das Vierfache, wie eine australische Untersuchung ergab. Bekommen die Trauben viel Sonne ab, verlieren sie Feuchtigkeit, was den Geschmack konzentriert.

Obwohl die Verbesserungen nicht bei jeder Sorte und allen Versuchen zu beobachten waren, ist der potenzielle Nutzen angesichts des geringen Aufwands von wenigen Minuten doch beträchtlich. **Stutzen Sie daher die Belaubung um jedes Beerenbündel zurück, sobald sich im Frühsommer die ersten winzigen Früchte zeigen.** Der erhöhte Lichteinfall und die verbesserte Luftzirkulation können sogar das Schädlings- und Krankheitsrisiko senken.

Das optimale Timing

Weintrauben entfalten ihr volles Geschmackspotenzial erst bei hundertprozentiger Reife. Leider nehmen manche Sorten ihre endgültige Farbe schon 40 Tage vorher an. In dieser Zeit haben sie erst die Hälfte des Zuckers und

nur einen Bruchteil der Aromaverbindungen gebildet. **Auch das Probieren sagt nicht unbedingt etwas über ihre Reife aus, denn manche unreifen Trauben schmecken angenehm süß, lange bevor sie ihr volles Zucker- und Aromapotenzial ausgeschöpft haben.** Hinzu kommt, dass Weintrauben nach der Lese nicht mehr weiterreifen. Es ist nicht einfach zu erkennen, wann die Zeit für sie reif ist. Zum Glück gibt es für Hobbygärtner mit Traubenambitionen ein paar Anhaltspunkte, anhand derer sie den optimalen Zeitpunkt abpassen können.

Wenn die Beeren reifen, beginnen die Pflanzen allmählich, ihre Versorgung mit Nährstoffen einzustellen. Die Traubenstiele vertrocknen langsam und verändern ihre Farbe von einem frischen Grün zu einer immer strohgelberen Farbe. Vollreife Beeren fühlen sich zudem etwas weicher an, lassen sich leicht aus den Trauben lösen und enthalten nicht grüne, sondern hellbraune Kerne. Nicht vergessen sollte man ferner, dass die Beeren in den Trauben von oben nach unten reifen, an der »Schulter« also früher lesebereit sind als an der Spitze. Knöpfen Sie sich beim Testen also immer nur die untersten Beeren in den Trauben vor.

Für den unverkennbaren Erdbeergeschmack von Trauben der 'Concord'-Sortengruppe ist Anthranilsäuremethylester verantwortlich. Die Verbindung kommt in Gardenien, Jasmin, Wisterien und – natürlich – einigen der besten Erdbeersorten vor, denen sie das typisch blumig-fruchtige Aroma beschert.

WEINTRAUBEN ANBAUEN

Weinreben sind in der Regel winterhart; lediglich an sehr kalten Standorten können manche Triebe zurück-
frieren. Die Trauben schmecken jedoch am besten, wenn der Stock an einem sonnigen Standort wächst.
Alle auf S. 119–121 beschriebenen Sorten sind freilandtauglich, im Süden können ihre Früchte wegen der
höheren Sonnenscheindauer allerdings geschmacksintensiver ausfallen. Holen Sie sich nur Stecklinge von
renommierten Händlern, damit sie auch garantiert schädlingsfrei sind.

Wässern und Düngen

Weinstöcke im Freiland müssen normalerweise nur im ersten
Jahr nach dem Einpflanzen gewässert werden und selbst
dann auch nur, wenn der Regen für längere Zeit ausbleibt.
Ansonsten ruiniert ein Gießen sogar die Traubenqualität,
wenngleich der Ertrag steigt. In vielen Weinbaugegenden ist
Bewässerung deshalb verboten.

Wenn die Wurzeln nicht ständig mit Flüssigkeit versorgt werden, müssen sie auf der Suche nach Wasser tiefer ins Erdreich
stoßen, wo sie auch mehr wichtige Nährstoffe bekommen, was
wiederum den Geschmack verbessert.

Schneiden
Frühjahrsschnitt

Selbst erfahrene Gärtner lässt die Vorstellung, Weinreben
schneiden zu müssen, manchmal erschauern. Angesichts der
vielen Hundert Schneidemethoden mit oftmals exotischen
Namen in französischen und italienischen Dialekten verwundert das nicht. Ich bringe Ordnung in das Durcheinander.

Als Erstes sollte man wissen, dass **Reben unverwüstlich sind
und selbst zielloses Herumschnipseln und -sägen wegstecken**
(ja, auch von mir). Auf den Punkt gebracht, braucht man einen
einzelnen, senkrechten Hauptstamm als Rückgrat.

Nach dem Laubfall schneidet man zwischen Ende Februar und
Anfang April alle Seitentriebe aus diesem Hauptstamm bis auf
zwei Knospen bzw. 3 cm Länge zurück. Selbst wenn man sich
mit diesem Minimalschnitt begnügt, bekommt man schon
wesentlich bessere Trauben und gepflegtere Pflanzen.

Ausdünnen

Den Fruchtansatz zu verhindern, fällt gierigen Gärtnern
wie mir schwer, aber die jungen Reben wachsen wesentlich
besser ein und liefern später bessere Beeren, wenn sie
nicht schon von Anfang an ihre Energie an eine Vielzahl von
Beeren verschleudern müssen. Entfernen Sie daher mindestens in den ersten beiden Jahren nach dem Einpflanzen
alle Blüten. Anschließend lässt man zwei Jahre lang nur drei
Traubenbündel stehen. Ab dem fünften Jahr dürfen die Stöcke
ungehindert fruchten.

Sommerschnitt

Schneiden Sie am besten
so viele Trauben von
den Trieben, dass nur
etwa ein Büschel alle
50 cm übrig bleibt. So
bekommen Sie größere,
schmackhaftere Beeren
statt Unmengen winziger,
deformierter Früchte,
die nur aus Schalen und
Kernen bestehen. Zum
Schluss zwickt man jeden
Sommer gleich nach dem
Fruchtansatz die Spitze
aller fruchtender Triebe
zwei Blätter hinter den
Trauben ab.

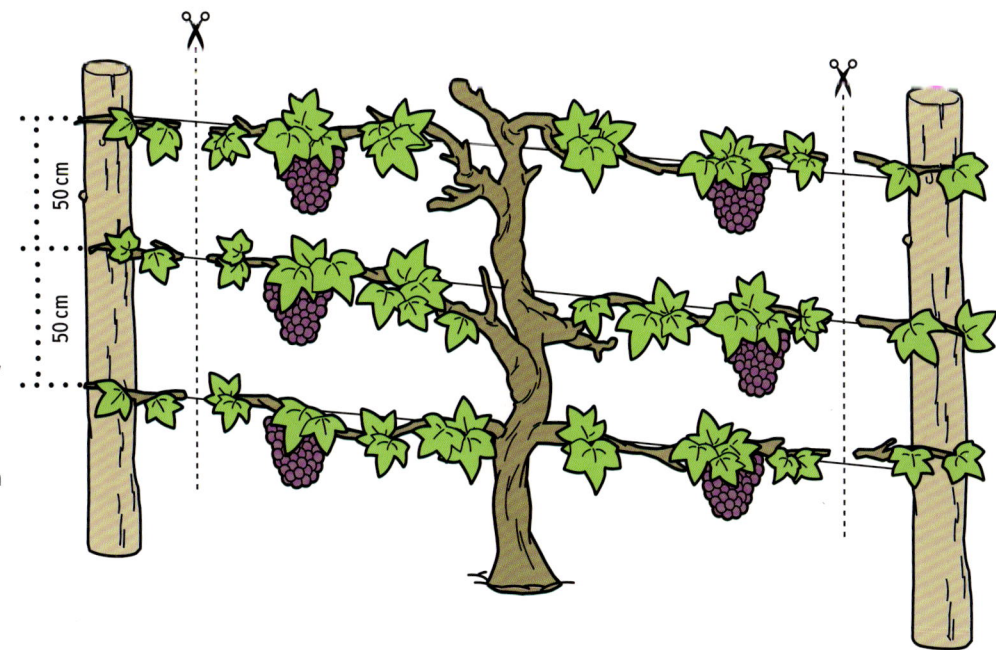

50 cm

50 cm

KAKI

Angesichts der satten, an Sonnenuntergänge erinnernden Farbe und des tropischen Geschmacks würde man nie auf die Idee kommen, die Kaki außerhalb milder mediterraner Klimazonen anzubauen. Trotzdem stieß sie schon früh in relativ nördliche Gegenden vor: In Großbritannien etwa begann man sie bereits 1796 zu kultivieren, denn sie verträgt bis -20 °C. Es wird höchste Zeit, dass Hobbygärtner in unseren Breiten dem Charme dieser fernöstlichen Obstdelikatesse erliegen, die bei uns wahlweise als Kaki, Persimone oder Sharonfrucht im Handel zu finden ist.

Ihr Anbau lohnt sich aber nicht deshalb, weil man seinen Freunden vorführen kann, dass man es schafft, etwas so Exotisches zu kultivieren, sondern weil Kakis voll ausgereift fast nichts mehr mit den handelsüblichen Exemplaren zu tun haben. Ein weiterer Bonus sind die Rot- und Goldtöne, mit denen sich die Bäume jeden Herbst schmücken. Sie behalten ihren orangefarbenen Fruchtschmuck bis weit in den Herbst. Es ist kaum nachzuvollziehen, warum sie unserem Lieblingsobst, dem Apfel, nicht schon längst den Rang abgelaufen haben. Ich verrate ihnen den Grund.

In den ersten Jahren wachsen die Bäume quälend langsam. Je nachdem, wie groß man sie kauft, muss man fünf bis zehn Jahre warten, bis sie gut tragen. Stellen Sie sich vor, Sie hätten vor zehn Jahren ein Exemplar gepflanzt - in welchem Genuss könnten Sie inzwischen schwelgen!

SORTEN-GUIDE

Es gibt im Wesentlichen zwei Kategorien von Kakifrüchten.

ADSTRINGIEREND

Die traditionellen Formen werden für gewöhnlich erst gegessen, wenn sich das Fleisch in ein glitschiges, süßes Gel verwandelt hat. Die reife, aber noch feste Frucht enthält adstringierenden Gerbstoff, der im Mund ein pelziges, herbes Gefühl verursacht.

'Rojo Brillante'

Meine Lieblingssorte. Sie ist wegen ihres vollen Geschmacks die meistangebaute Kaki in Spanien und wird meist als Persimone verkauft. Die meisten im Handel erhältlichen Früchte ohne Sortenangabe sind 'Rojo Brillante' zuzurechnen.

BOMBENSICHER ROBUST

Kakis sind bekannt für ihre robuste Natur. Sie vertragen Kälte, Trockenheit, Schädlingsbefall und müssen weder geschnitten noch erzogen werden. Ein Exemplar überstand sogar die Explosion der Atombombe 1945 in Nagasaki. Wer Nuklearwaffen aushält, kommt auch mit den Bedingungen in einem durchschnittlichen Hausgarten zurecht.

NICHT ADSTRINGIEREND

Modernen Formen wurden die Gerbstoffe weggezüchtet. Sie schmecken deshalb mild und süß, auch wenn sie noch so knackig wie ein Apfel sind. Allerdings vertragen sie vermutlich weniger Kälte als die adstringierenden Sorten und schmecken meines Erachtens auch relativ ausdruckslos.

'Fuyu'

Die mit Abstand meistverkaufte Sorte im Kataloghandel. Sie möbelt den ramponierten Ruf der nicht adstringierenden Formen auf, denn sie verträgt bis zu -20 °C Kälte und steckt sogar Spätfröste locker weg.

Leider verschwimmt in unseren gemäßigten Breiten die Unterscheidung zwischen beiden Kategorien etwas, denn selbst die sogenannten nicht adstringierenden Sorten halten an ihren Gerbstoffen fest, bis sie vollreif sind. Nicht verzagen - es gibt einen alten Trick, der selbst die adstringierendsten Kakis süß macht, solange sie noch fest sind (siehe gegenüber).

'Rojo Brillante' und 'Fuyu' sind beide selbst bestäubend und kernlos, was nicht auf alle Kakis zutrifft.

TIPPS & TRICKS: ERNTE UND REIFUNG

Mitteleuropäische Gartenbuchautoren lassen Kakis oft mit der Begründung außen vor, dass die warme Saison bei uns zu kurz ist, um die Früchte zur Reife zu bringen. Aber gerade deshalb ist es gut, dass sie tadellos nachreifen. Außerdem ernten fast alle gewerblichen Kakiproduzenten zu früh, sogar im brütend heißen Spanien, denn nachgereifte Exemplare schmecken wie bei Birnen besser als am Baum gereifte.

Mögen Sie's knackig?

Es gibt einen wissenschaftlich belegten Trick, wie man selbst den herbsten Kakis ihre Adstringenz austreibt und sie binnen Tagen in süße, duftende, knackige Früchte verwandelt.

BESPRÜHEN Sie die Früchte mit Hochprozentigem wie Wodka oder Weinbrand.

LEGEN Sie die Früchte mitsamt einem Apfel oder einer Banane in einen großen Plastikbeutel.

LAGERN Sie den gesamten Posten bei Raumtemperatur. Innerhalb von fünf bis sechs Tagen verlieren sie ihren pelzigen Geschmack und werden reifer und süßer.

Kakiproduzenten arbeiten mit ganz ähnlichen Methoden, um die leichter zu kultivierenden adstringierenden Sorten ebenso gut an den Mann zu bringen wie die nicht adstringierenden Formen.

Wie funktioniert das? Der Alkohol eliminiert im Zusammenwirken mit dem natürlichen Gas Ethylen die Gerbstoffe, die den Früchten ihre Adstringenz verleihen. Sie glauben mir nicht? Versuchen Sie es – Sie werden sehen, dass ich recht habe.

Oder lieber glitschig und geleeartig?

Das Fleisch aller Kakis verwandelt sich mit zunehmender Reife in ein durchscheinendes, nach Ahorn duftendes Gelee. Irgendwann platzt die Schale auf wie ein wassergefüllter Ballon.

HALBIEREN Sie die Frucht und schaben Sie das Fruchtfleisch mit einem Löffel aus der Schale, um den mango- und melonenartigen Geschmack zu genießen.

KAKI CON JAMÓN

Ich genieße Kakifrüchte am liebsten wie die Spanier in einem Stadium zwischen knackiger Frische und geleeartiger Weichheit.

Servieren Sie dünne Kakischnitten mit feinen Scheiben *jamón ibérico*, gehackten Pistazien und einem Spritzer Olivenöl als einfache herbstliche Speise nach spanischer Art – und Sie vergessen, dass der harte Winter droht.

Indem man fetthaltige Zutaten mit Kakis kombiniert, tariert man die letzten Reste von Adstringenz in den Früchten aus und erreicht eine weiche Textur ganz ohne gerbstofftypische Pelzigkeit.

KAKIS ANBAUEN

Kakis zählen zu den anspruchslosesten Obstbäumen. Wenn man ihnen einen warmen, geschützten Standort und tiefgründige, durchlässige Böden gönnt, bedanken sie sich mit besserem Wachstum und süßeren Früchten.

Wachstumsturbo

Junge Kakibäume brauchen Zeit zum Einwachsen. Zum Glück haben wir Gartencracks uns ein paar Tricks einfallen lassen, wie wir sie ein bisschen zur Eile antreiben können.

Eine Mulchschicht aus isolierender Pflanzenkohle trägt dazu bei, dass sich der Wurzelraum schneller erwärmt und das Wachstum des Gehölzes dadurch angeregt wird.

Pflanzt man Kakibäume in große, bevorzugt dunkle Tontöpfe und stellt sie an einen sonnigen Platz, wird der Wurzelraum im Frühjahr im Nu erwärmt. Dadurch verlängert sich ihre Wachstumsperiode.

Besorgen Sie sich Exemplare mit einer *Diospyros-virginiana*-Unterlage. Das beschleunigt ihr Wachstum, verlegt den Zeitpunkt des ersten Fruchtansatzes um Jahre vor und macht die Pflanzen widerstandsfähiger gegen Kälte und Krankheiten. Fragen Sie den Anbieter, auf welche Unterlage der Baum veredelt wurde.

Eine ordentliche Dosis stickstoffreicher Dünger im Frühjahr fördert die Entwicklung von Jungbäumen. Ab dem Hochsommer darf aber nicht mehr gedüngt werden, da die Bäume sonst im Winter ausgesprochen empfindlich gegen Fröste werden.

Sobald ein Baum so groß ist, dass er zu tragen beginnt, kann man ihn direkt in das Freiland umsiedeln und dort mehr oder weniger sich selbst überlassen.

Schnitt und Erziehung

Verpassen Sie Kakibäumen am besten denselben Vasenschnitt wie Pflaumen (siehe S. 118).

Wer neue, im Sommer entstandene Triebe regelmäßig auf vier bis fünf Blätter zurückstutzt, hält den Baum überschaubar groß. Kakis blühen und fruchten an diesjährigem Wuchs.

Wenn vorwitzige neue Triebe, Wildlinge genannt, an oder unterhalb der Veredelungsstelle auftauchen (wie dies etwa bei *Diospyros-virginiana*-Unterlagen möglich ist), zwickt man sie direkt am Stamm ab.

Fruchtausdünnung

Sobald die Bäume zu tragen beginnen, sollte man die Früchte auf maximal zwei Kakis pro Trieb ausdünnen. Die verbliebenen Exemplare werden dadurch nicht nur größer und süßer, es sinkt auch die Gefahr, dass die brüchigen Äste dieses immens

produktiven Baums unter dem Gewicht ihrer eigenen Früchte abbrechen.

Ernte

Sammeln Sie die goldene Pracht ein, sobald die ersten Fröste angekündigt werden, selbst wenn sie noch nicht hundertprozentig reif ist. **Frost verbessert den Geschmack der Früchte nämlich nicht, wie es in vielen Empfehlungen für Hobbygärtner heißt, sondern lässt sie nur faulen.**

Zwicken Sie die Kakifrüchte mit einer Gartenschere ab, statt sie wie einen Apfel abzuzupfen. Die sehr brüchigen Äste können brechen, wenn man zu stark daran zieht.

Kakis reifen in einem warmen Zimmer im Obstkorb ein, zwei Wochen lang nach. Sie werden zunächst gelb und nehmen schließlich einen hellen, durchscheinenden Orangeton an.

BROMBEEREN, HIMBEEREN & CO.

Dank ihrer unbezähmbaren Wuchsfreude lassen sich diese Beeren von allen Obstsorten am leichtesten anbauen. Für alle, die sich die Köstlichkeiten wegen ihrer gesundheitlichen Vorzüge in den Garten zu holen gedenken, gibt es weitere gute Nachrichten: Die Freilandkultur lässt den Gehalt an Phytonährstoffen und Aromaverbindungen ansteigen, wie Versuche gezeigt haben. 2012 verzeichneten Wissenschaftler bei Himbeeren einen bis zu 50-prozentigen Rückgang einiger Geschmacksstoffe und vor allem der für die süßen, rosenartigen Töne und den butterigen Abgang verantwortlichen Verbindungen, wenn sie in Folientunnels angebaut wurden. Selbstanbau verspricht eine jahrelange Versorgung mit Beeren, die zweimal so viel Geschmack haben wie Handelsware. Kein schlechter Deal, oder?

SORTEN-GUIDE

Das Schöne an der Einrichtung eines eigenen Beerenreservats ist die enorme Geschmacksvielfalt der Früchte, in deren Genuss man nie kommen würde, wenn man sie nicht im Garten hätte.

Schwarze Himbeere 'Black Jewel'

Würden sich die Fruchtgummis mit Beerengeschmack aus der eigenen Kindheit auf magische Weise in echte Beeren verwandeln, sie würden wie Schwarze Himbeeren schmecken. Die Art (*Rubus occidentalis*) ist bei uns nur selten anzutreffen und weder Himbeere noch Brombeere, sondern – Überraschung! – eine ganz eigene Art aus den Wäldern Nordamerikas.

Schwarze Himbeeren enthalten im Vergleich zu Brombeersorten wie **'Navaho'** die fast fünffache Menge an antioxidativen Anthocyanen. Eine Reihe von Studien förderte Interessantes über sie zutage, weshalb auch die Pharmaforschung auf sie aufmerksam geworden ist. So stellte sich bei einer klinischen Studie der Phase 1 an der University of Ohio heraus, dass der Verzehr der Früchte die Marker der DNA-Schäden bei Mundhöhlenkarzinompatienten senkte. In-vitro-Tests und Tierversuche deuten außerdem darauf hin, dass sie möglicherweise das Wachstum von Speiseröhrenkrebs und anderen Krebsarten hemmen. Die Wissenschaftler sind bisher zurückhaltend mit Aussagen, da weitere Studien nötig sind, um herauszufinden, ob sich die Ergebnisse ohne Weiteres auf Menschen übertragen lassen. Weil die Beeren aber so herrlich schmecken, außerordentlich ertragreich sind und sich so problemlos kultivieren lassen, sind eventuelle positive Auswirkungen auf die Gesundheit nur noch eine, wenn auch überaus segensreiche, Dreingabe.

Himbeere 'Glen Coe'

'Glen Prosen' ist eine Kreuzung aus einer Schwarzen Himbeere und einer alten britischen Sorte. Die transatlantische Allianz vereint in sich das Beste beider Welten. Sie trägt Unmengen leuchtend violetter, außergewöhnlich aromatischer Beeren an silbrig bereiften Ruten. **Zudem benimmt sich die stachellose Form im Garten sehr manierlich und wuchert nicht hemmungslos, sobald man ihr den Rücken zudreht.**

Himbeere 'Joan J'

Dank ihres Geschmacks wird sie immer wieder auf Bestenlisten gewählt und liefert vom Hochsommer bis zur Herbstmitte beeindruckende Erträge. Die Beeren zeichnen sich durch hohen Zuckergehalt und eine zarte, saftige Textur aus.

Himbeere 'All Gold'

Diese gelbe Form wurde inmitten Hunderter junger **'Autumn-Bliss'**-Pflanzen als Mutation entdeckt. Sie hat jedoch mehr zu bieten als nur eine ungewöhnliche Farbe: Geschmacklich schlägt sie das Hauptfeld der herkömmlichen roten Himbeersorten um Längen. Die kompakten Pflanzen müssen nicht gestützt werden und liefern mir vom Spätsommer bis zum Spätherbst Beeren. Leider sind sie sehr weich.

Brombeere 'Reuben'

Die von der University of Arkansas entwickelte Sorte gilt wegen ihrer äußerst kompakten Größe als Durchbruch in der Brombeerzucht. **Mit ihrem ordentlichen, aufrechten Wuchs und dem geringen, aber kontinuierlichen Fruchtansatz über lange Zeit ist 'Reuben' zu einer meiner Lieblingssorten geworden.** Ihre Beeren enthalten bis zu zehn Prozent Zucker. Ich mag auch die stachellose **'Lubera Apache'**, eine weitere Absolventin des Arkansas-Programms.

Brombeere 'Reuben'

Himbeere 'All Gold'

Himbeere 'Glen Coe'

Japanische Weinbeere

Himbeere 'Joan J'

Maulbeere 'Chelsea'

Boysenbeere

Loganbeere

Brombeere 'Karaka Black'

Himbeere 'Glen Prosen'

Brombeere 'Black Butte'

Schwarze Himbeere 'Black Jewel'

Brombeere 'Karaka Black'

Nein, ich habe nicht mit Photoshop getrickst. Die moderne neuseeländische Sorte ist wirklich so groß. Wegen ihres Riesenwuchses war ich früher sehr skeptisch, ob sie ein akzeptables Geschmackspotenzial hat, aber sie hat mich Lügen gestraft. Sie gehört zu den Brombeeren mit dem blumigsten, komplexesten Geschmack. Ihr litschiähnliches Aroma passt gut zu dem gelatineartigen Biss der XXXL-Früchte. Sie wächst rasch und kräftig und setzt selbst an dem schattigen Standort, den ich ihr zugewiesen habe, überraschend süße Brombeeren an. Zwar fährt sie tückische Stacheln aus, ist aber umsichtig genug, ihre extralangen Beeren ein Stück von den Ruten wegzuhalten, sodass die Ernte ungefährlich ist.

Ein fast perfekter Doppelgänger ist **'Black Butte'**. Sie hat einen ausgezeichneten Geschmack wie normale Brombeeren, ist aber süßer und deutet laubige Schwarzjohannisbeernoten mit einem Anflug von Holunderblüten an. Muss man probieren!

Boysenbeere

Die komplexe Kreuzung bringt Erbgut von Loganbeeren, europäischen Himbeeren und nordamerikanischen Brombeeren unter einen Hut – mit köstlichen Ergebnissen. **Dank ihres ausgewogenen Verhältnisses aus Süße und Säure lässt sich aus dieser in den 1920er-Jahren entstandenen Sorte der wohl beste Brombeerkuchen der Menschheit backen.** Weil sie anfällig für Pilzkrankheiten ist, sollte man sie in durchlässiger Erde kultivieren. Es gibt eine stachellose Form, aber mit den Dornen ist bei ihr auch der Geschmack flöten gegangen.

Loganbeere

Die alte kalifornische Hybride schmeckt wie ein 50:50-Mix aus Erdbeeren und Himbeeren mit einem Spritzer Zitronensaft und liefert die besten Konfitüren und Gelees. Sie hat eine zarte Textur und setzt wenig Früchte an, die aber über einen langen Zeitraum erscheinen.

Maulbeere 'Chelsea'

Maulbeeren sind zwar nur entfernt mit den übrigen Beeren dieses Kapitels verwandt, aber sie schmecken einfach zu gut, als dass ich sie auslassen könnte! **Sie gehören zu den süßesten Beeren überhaupt und stehen mit ihrer enormen, aber ausgewogenen Zucker- und Säureladung** seit Jahrhunderten hoch im Kurs. Leider sind sie zu weich für den Handel und erlebten daher im letzten Jahrhundert einen dramatischen Niedergang. Die Bäume brauchen ein paar Jahre, bis sie fruchten, doch kann man die Entwicklung etwas beschleunigen (siehe S. 127). Sie werden wie Kakis kultiviert.

Japanische Weinbeere

Die Asiatin wird oft als Novum präsentiert, ist in milden Gegenden Mitteleuropas aber schon seit dem 19. Jahrhundert bekannt. Sie hat mit ihren roten Stacheln und den glänzenden, orangeroten Früchten einen hohen Zierwert. Wegen ihrer geringen Größe und des mageren Ertrags hat sie sich im gewerblichen Anbau nie so richtig durchgesetzt, doch geschmacklich ist sie mit ihrer Süße, ihren Traubennoten und Andeutungen an Tropenfrüchte, unterlegt von Himbeertönen eine der ganz Großen.

TIPPS & TRICKS

Der süße Duft des Erfolgs?

Das Besprühen von Obstgewächsen mit dem Pflanzenhormon Methyljasmonat kann den Gehalt an Geschmacksstoffen und Phytonährstoffen in den Früchten rasch ansteigen lassen, wie mehrere Tests ergaben. Die Vorstellung, Pflanzen mit Hormon zu dopen, gefällt Ihnen nicht? Methyljasmonat ist eine natürlich vorkommende Verbindung, der Jasminblüten ihren herrlich süßen, verführerischen Duft verdanken – deshalb auch der Namensbestandteil »Jasmonat«.

Wie das US-Landwirtschaftsministerium (USDA) 2005 herausfand, reicht schon eine unglaublich stark verdünnte Lösung des Stoffs, um den Gehalt von Zucker in Himbeeren um 18 Prozent und den von Anthocyanen um fast 100 Prozent zu heben. Ein ähnlicher Effekt konnte an Brombeeren und Erdbeeren nachgewiesen werden.

Experimentierfreudige Hobbygärtner ohne Labor können sich Methyljasmonat auch in Form von natürlichem Jasminwasser beschaffen, das in der Aromatherapie und als Cocktailzutat in Bars eingesetzt wird. Man bekommt es im Online-Handel, sollte aber darauf achten, dass es für den Verzehr geeignet ist, denn manche Kosmetikhersteller fügen ihm Konservierungsstoffe bei, um die Haltbarkeit zu verlängern.

Wenn Sie die Wirkung zu Hause testen möchten, **geben Sie das Jasminwasser in eine Sprühflasche und sprühen Sie Blätter und Früchte gründlich damit ein, sobald die Beeren zu reifen beginnen.** (Das Wasser dürfte eine ähnliche Methyljasmonatkonzentration wie die bei den USDA-Tests eingesetzte Versuchslösung haben.) **Dieses Prozedere wiederholen Sie noch zweimal im Abstand von vier Tagen.** Das sind zwar nicht unbedingt wissenschaftliche Testbedingungen mit exakt abgemessenen Mengen, aber probieren Sie es einfach aus, um zu sehen, ob es bei Ihnen funktioniert.

PIZZA MIT BROMBEEREN, ZIEGENKÄSE UND ERBSEN

2 Portionen

Süß und duftend begegnet salzig und pikant – dieser ungewöhnlich kontrastreiche Mix bestürmt Ihre Geschmacksknospen aus allen Richtungen. Nehmen Sie tiefgekühlten Pizzateig, verstecken Sie die Schachteln, und Ihre Gäste werden es nie erfahren.

Zutaten:

2 EL Polenta

220 g Tiefkühlpizzateig, aufgetaut

200 g Ziegenkäse, in Scheiben geschnitten

50 g frische Erbsen

2 EL Honig

100 g Brombeeren der Sorte 'Karaka Black'

ein paar frische Oreganoblätter und -blüten

Zubereitung:

DAS BACKBLECH vorwärmen (ganz wichtig, wenn man die knackigste Kruste aller Zeiten bekommen möchte).

DIE POLENTA auf einem Küchenbrett verteilen.

DEN PIZZATEIG über der Polenta ausrollen, wenden und noch einmal ausrollen. In eine annähernd runde, etwa tellergroße Form bringen und auf beiden Seiten mit Polenta bestreuen.

ZIEGENKÄSE UND ERBSEN auf dem Teig verteilen und mit Honig beträufeln.

DIE BELEGTE PIZZA auf das heiße Backblech rutschen lassen und 10–15 Minuten im vorgeheizten Ofen bei 220 °C backen, bis der Teig knusprig und der Käse geschmolzen ist.

MIT BROMBEEREN und Oreganoblättern und -blüten bestreut servieren.

BROMBEEREN, HIMBEEREN & CO. KULTIVIEREN

Wie bei fast allen Früchten gilt auch bei Brombeeren, Himbeeren & Co.: Je mehr Sonne sie abbekommen, desto süßer und aromatischer werden sie. Weisen Sie ihnen einen warmen, windgeschützten Platz zu.

Standort und Boden

Himbeeren und Brombeeren sind Waldbewohner und mögen es gar nicht, wenn ihre Wurzeln in schwerer, staunasser Erde stecken. **Wer solche Böden hat, zieht sie besser in Hochbeeten, in deren Substrat reichlich organische Substanz eingearbeitet wurde.** Gepflanzt werden sie wie auf den Seiten 36-37 beschrieben.

Jäten

Sollen die Sträucher optimal einwachsen, muss der Bereich unter den Pflanzen so unkrautfrei wie möglich bleiben.

Schneiden

Für früh tragende Sorten wird ein anderer Schnitt empfohlen als für späte Sorten. Wer zum ersten Mal Himbeeren und Brombeeren pflanzt, hat damit oft Probleme, vor allem wenn benachbarte Horste ineinander übergehen und man keine Ahnung mehr hat, welche Rute zu welcher Pflanze gehört. Glauben Sie mir, ich habe das mehr als einmal erlebt.

Ich ziehe es vor, sie alle so zu schneiden, als wären sie früh tragende Sorten. Das hat den Vorteil, dass im Herbst fruchtende Sorten gleichmäßiger Beeren über einen längeren Zeitraum liefern, statt im Herbst eine riesige Beerenschwemme zu verursachen, der man nicht mehr Herr wird. Mit drei simplen Arbeitsschritten ist alles über die Bühne gebracht.

1

ALTE RUTEN, die nicht mehr fruchten, im Spätherbst nach dem Laubfall mit der Gartenschere bis zum Boden zurückschneiden. Verbrauchte Ruten sind braun oder grau und tragen noch die vertrockneten Reste von Fruchttrieben. Junge, wüchsige, diesjährige Ruten sind dagegen frisch und grün.

2

VERBLIEBENE FRISCHE RUTEN ausdünnen und nur die gesündesten behalten. Darauf achten, dass sie gleichmäßig verteilt sind. Bei Himbeeren fünf bis sieben Ruten, bei Brombeeren drei bis vier Ruten stehen lassen.

3

SEITENTRIEBE an den Ruten auf 30 cm Länge einkürzen.

Mulchen und Düngen

Um den hungrigen Pflanzen im Frühjahr auf die Sprünge zu helfen, verwöhne ich sie gern mit ausgewogenen Biodüngern wie Blut-, Fisch- und Knochenmehl, die ich auf dem Boden verteile und mit einer großzügigen Lage Humus zudecke.

HEIDELBEEREN

Noch vor ein, zwei Jahrzehnten waren Kulturheidelbeeren außerhalb ihrer nordamerikanischen Heimat so gut wie unbekannt. Seither aber haben sie einen Popularitätsschub erlebt, der vor allem einem sperrigen Wort zu verdanken ist: Antioxidantien. Die Supermärkte bewerben die blauschwarzen Kügelchen denn auch als »supergesund«. Was sie allerdings nicht verraten: In den Schälchen stecken Sorten, die auf einen möglichst niedrigen Gehalt an Antioxidantien gezüchtet wurden. Kein Witz! Um immer größere Beeren zu bekommen (die sich besser ernten lassen), haben Züchter Formen entwickelt, bei denen das Verhältnis von Schale zu Fruchtfleisch zunehmend zu Ungunsten der Schale ausfiel und die immer heller wurden, da sie an der Obsttheke mehr auffallen als die fast schwarze Konkurrenz. Weil jedoch die gesunden Anthocyane nur in der Schale vorkommen, hat man ihnen damit, wenn auch vielleicht ungewollt, den Nährwert ausgetrieben.

Und die gute Nachricht? Wer die richtige Sorte auswählt und ein paar Kultur- und Kochtipps beachtet, kann den Anthocyangehalt gegenüber der Supermarktware mehr als verdreifachen. Noch immer nicht überzeugt: Ein Busch liefert 5 kg Beeren im Jahr. Die allein kosten im Geschäft schon etwa das Neunfache seines Anschaffungspreises. Wenn das kein Argument ist!

SORTEN-GUIDE

Für jeden gibt es die passende Heidelbeersorte, ganz gleich, ob man etwas Süßes zum Naschen braucht, sich gesund ernähren will oder den besten Heidelbeerkuchen backen möchte. Bei einer groß angelegten Verkostung habe ich etliche Sorten höchstpersönlich durchprobiert. Für meine Arbeit ist eben mir kein Opfer zu groß!

'Rubel' *Mittelspät*

Die Sorte für alle Gesundheitsfanatiker. 'Rubel' ist ein echter Superstar: Sie führt als eine der mit den meisten Phytonährstoffen bepackten Heidelbeeren regelmäßig die Charts an. Bei einer Analyse von 107 Beerenzüchtungen durch das US-Landwirtschaftsministerium stellte sich heraus, dass 'Rubel' mehr als dreimal so viele Anthocyane enthält als die Supermarktsorte 'Bluecrop'. 'Rubel' ist ein Klon einer der ersten Wildheidelbeeren, die 1912 als Gartenform eingeführt wurden. Weder die Wüchsigkeit noch den Geschmack hat man ihr weggezüchtet. Ihre Beeren sind deshalb zwar ein gutes Stück kleiner als die der meisten Sorten, doch machen sie das durch ihren Gesamtertrag pro Busch wieder wett. Mit ihrer geringen Größe, dem konzentrierten Süßsauergeschmack und dem niedrigen Wassergehalt sind sie die perfekte Zutat für Kuchen und Muffins.

'Legacy' *Mittelspät*

Auf Verkostungstabellen ist 'Legacy' immer wieder im vorderen Feld zu finden. Züchter haben ihr angeblich den Spitznamen »Goldbush« gegeben, weil sie sehr stark trägt und große, hellblaue Beeren ansetzt, die nicht erahnen lassen, welch kräftiger, schwerer Geschmack sich in ihnen verbirgt.

'Spartan' AGM *Früh*

Viele halten diese voll, süß und würzig-herb schmeckende Sorte für die beste überhaupt. Ihre außergewöhnlich großen, hellblauen Beeren läuten die Heidelbeersaison mit einem Paukenschlag ein. Auch optisch macht sie etwas her: Das Laub färbt sich im Herbst in allerlei Bronze- und Goldtönen.

'Patriot' *Früh*

Die wüchsigen Büsche tragen reichlich Beeren mit robustem, komplexem, klassischem Heidelbeergeschmack. **Sie ist eine hervorragende Einsteigersorte, da sie schwere, feuchte Böden verträgt und gegen Wurzelfäule sowie widrige Witterungsbedingungen widerstandsfähig ist.** Gut auch die Herbstfärbung.

'Herbert' *Mittelspät*

Eine weitere Anwärterin auf den Titel der Geschmackskönigin. In den Staaten wird unter Heidelbeerkennern heftig diskutiert, ob ihr oder 'Spartan' die Krone gebührt. Sie trägt reichlich mittelgroße Beeren an 1,5 m hohen Büschen. Zarte weiße Blüten und eine karminrote Herbstfärbung machen sie nicht nur geschmacklich zum Genuss.

Amerikanische Heidelbeere *Vaccinium corymbosum* 'Darrow' *Spät*

Bei Heidelbeeren habe ich oft den Eindruck, dass Größe und Geschmack umgekehrt proportional sind. Eine Ausnahme bildet diese eigene Heidelbeerart aus den Staaten, die einige der größten Beeren zu bieten hat, diese Riesen aber trotzdem mit einer Überdosis Süße und Aroma bepackt. Hinzu kommen hübsche rosa Frühlingsblüten und ein feurig rotes Herbstlaub an kompakten, 1,5 m hohen Pflanzen. Weil sie das ganze Jahr über etwas hermacht, eignet sie sich besonders gut für Kleingärten.

'Pink Lemonade' *Mittelspät*

Die neue, vielversprechende Züchtung der US-Regierung hat den hohen Anthocyangehalt durch eine bonbonrosa Farbe und die wohl intensivste Süße aller Sorten eingetauscht. Zugegeben, sie liefert sehr geringe Erträge, ist mit ihrem verblüffend komplexen Blütengeschmack aber schon fast nicht mehr als Heidelbeere zu erkennen.

'Rubel'
– die ideale
Lieferantin von Antioxidantien

'Spartan'
– der ideale Frühstarter

'Patriot'
– ideal für Einsteiger

'Pink Lemonade'

'Legacy'
– liefert
bombastische Erträge

'Herbert'
– ideal für Kuchen

'Darrow'
– ideal als
Tafelobst

DER GEHALT AN ANTIOXIDANTIEN

Sorte	Antioxidativer Wert
	Antioxidantien binden freie Radikale.
'Rubel'	31,1
'Herbert'	19,7
'Bluegold'	14,9
'Darrow'	14,8
'Patriot'	14,4
'Legacy'	13,5
'Spartan'	12,1
'Sunshine Blue'	11,7
'Bluecrop'	10,4

(Quelle: US-Landwirtschaftsministerium)

SETZEN WIR NOCH EINS DRAUF?

Warum denn in die Ferne schweifen? Versuchen Sie es doch einmal mit unserer heimischen Heidelbeere (Vaccinium myrtillus**).** Sie mag klein sein, doch wenn es um den Gehalt an Phytonährstoffen geht, ist sie ein Riese: Im Gegensatz zur innen hellgrünen Kulturheidelbeere ist bei ihr sogar das Fleisch dunkel. Die Beeren enthalten sogar noch 20 Prozent mehr Antioxidantien als **'Rubel'**, wie das Institut für Ernährungs- und Altersforschung des US-Landwirtschaftsministeriums herausgefunden hat.

HEIMISCHE HEIDELBEERE: Die Flecken auf der Haut werden von Farbstoffen mit antioxidativen Eigenschaften verursacht.

KULTURHEIDELBEERE: Das Fleisch ist grün, die Hände bleiben sauber.

TIPPS & TRICKS

Steigen Sie auf Bio um

Der Umstieg auf Bioanbau liefert merklich wohlschmeckendere, nahrhaftere Beeren, wie die Rutgers University im US-Bundesstaat New Jersey 2008 herausgefunden hat.

Durch einen biologischen Anbau von Heidelbeeren der Sorte **'Bluecrop'** (Vaccinium corymbosum), bei dem auf starkes Wässern und Düngen verzichtet wurde, konnte der Gehalt an antioxidativen Inhaltsstoffen in den Früchten um 50 Prozent erhöht werden. Die Beeren hatten zudem einen wesentlich höheren Gehalt an Zucker, Säure und Phenolen. Diese Ergebnisse decken sich mit den Erkenntnissen anderer Wissenschaftler. Bei einer Nachfolgestudie desselben Teams im Jahr 2011 an einer anderen Art, Vaccinium virgatum, waren die Unterschiede allerdings nicht so ausgeprägt. Nicht alle biologisch angebauten Beeren hatten einen signifikant höheren Anteil an Antioxidantien.

Ich finde die Vorstellung, meine Arbeitsbelastung zu reduzieren und für den geringeren Einsatz auch noch mit potenziell besseren Beeren belohnt zu werden, allerdings ganz reizvoll.

Heidelbeerkuchen ist gesund

Wo wir schon bei den ganzen gesundheitlichen Vorzügen sind, soll nun noch ein weiterer erwähnt werden: Heidelbeerkuchen. Ja, Sie haben richtig gelesen. **Heidelbeerkuchen kann mehr wirksame Phytonährstoffe enthalten als frische Beeren.**

In gekochten Heidelbeeren kann sich der Anteil an Antioxidantien verdoppeln, wie aus einer Studie der Health Sciences University in Oregon hervorgeht. Während andere Studien ergaben, dass das Kochen die Menge an Anthocyanen fast halbiert, stieg der Anteil an Antioxidantien paradoxerweise um 50 Prozent. **Nach Auffassung von Wissenschaftlern könnte das darauf zurückzuführen sein, dass das Erhitzen wasserlösliche Stoffe aus der Schale löst, die der Körper dadurch leichter aufnehmen kann.**

Ein endgültiger Beweis steht noch aus, aber ich habe noch nie einen besonderen Grund gebraucht, um Heidelbeerkuchen zu genießen. In einem Bericht heißt es: »Weitere Untersuchungen sind dringend erforderlich.« Ja, wenn das so ist ...

HEIDELBEEREN KULTIVIEREN

Die wilden Vorfahren der Kulturheidelbeeren stammen aus den kargen Kiefernwäldern des US-Bundesstaats New Jersey und sind echte Asketen. Sie mussten mit nährstoffarmen Böden und bitterkalten Wintern zurechtkommen.

Pflanzung
Dreisamkeit
Die meisten Heidelbeeren sind selbst bestäubend, fruchten aber wesentlich besser, wenn man ihnen einen Partner einer anderen Sorte zur Seite stellt. Noch höher wird der Ertrag mit einem Dritten im Bunde. Bringen Sie am besten je eine früh, mittelspät und spät fruchtende Sorte zusammen - Sie verlängern die Erntesaison damit enorm. Das Ganze funktioniert, weil alle Heidelbeeren in etwa zur selben Zeit blühen, ganz gleich, wann die Früchte reif sind.

Standort und Boden
Gib ihnen Saures
Ansprüche stellt die Heidelbeere nur an den Boden. Er muss sauer sein, am besten mit einem pH-Wert zwischen 4,5 und 5,5. Wer den pH-Wert seines Bodens nicht kennt, holt sich ein preiswertes Testset aus dem Gartencenter oder wirft einen Blick in die Nachbarschaft. Wenn dort große Rhododendren und Kamelien gedeihen, hat man vermutlich saure Böden.

Viel Dränage
Manche Sorten vertragen zwar schwerere Böden, in der Regel aber bevorzugen Heidelbeeren leichtes, stark durchlässiges Erdreich. Arbeiten Sie daher beim Einpflanzen reichlich organische Substanz wie kompostierte Rinde, Farnkraut, Laubhumus oder Sägespäne in den Boden ein.

Topfkultur
Heidelbeeren kommen bestens mit der Topfkultur in saurem Substrat zurecht. Ich rate zu einer Mischung mit Gartenerdeanteilen, die viel Rindenmulch enthält. Stellen Sie Ihre Miniplantage an einen geschützten Standort in die volle Sonne, und Sie bekommen den besten Geschmack, die intensivste Farbe und den höchsten Anthocyangehalt.

Wässern und Düngen
Feucht halten
Blaubeeren brauchen es untenrum gleichmäßig feucht. Wenn Sie jedes zweite Jahr eine Mulchschicht auf dem Boden um

sie herum verteilen, bleibt der Wurzelraum dauerhaft feucht und kühl. Bei heißer, trockener Witterung sollte man mit dem Gießen nicht zu lange warten. Fachleute raten, mit Regenwasser zu gießen, falls man in einer Gegend mit hartem Wasser wohnt. Meiner Erfahrung nach ist das nicht so wichtig, denn Regen wäscht Kalk sowieso rasch aus dem Boden.

Nicht düngen
Heidelbeeren im Freiland brauchen nie gedüngt zu werden, sofern man den Boden gut vorbereitet hat. Sie sind sogar berüchtigt für ihren Widerwillen gegen Dünger. Außerdem: Wer schaufelt schon gern Dung? Lediglich Topfpflanzen sollten während der Wachstumsperiode einmal monatlich mit stark verdünntem Rhododendrondünger gestärkt werden.

Netze
Vögel naschen Heidelbeeren genauso gern wie Menschen. In Japan haben sich Produzenten vielerlei Abschreckungsstrategien ausgedacht, von Robotern über Drachenflieger bis hin zu Drohnen in Vogelform. Zum Glück haben es Hobbygärtner viel einfacher: Sie werfen einfach ein Netz über den Busch.

Schneiden
Heidelbeeren werden erst geschnitten, wenn sie zu voller Größe herangewachsen sind. In den ersten fünf Jahren ihrer Gartenexistenz braucht man ihnen also mit der Schere gar nicht erst nahezukommen. Älteren Exemplaren stutzt man dicke Äste im zeitigen Frühjahr zurück, damit sie neu austreiben und sich verjüngen, denn Beeren bilden sich nur an zwei- bis dreijährigen Trieben. Bei der Gelegenheit entfernt man auch gleich abgestorbenen, verdichteten und auf den Boden hängenden Wuchs.

Ernten
Geerntet werden die Beeren, sobald sie durchgehend blau sind und eine silbrige Bereifung auf der Schale zu erkennen ist. So hat man die Gewähr, dass sie ihren höchsten Gehalt an Zucker und Geschmacksstoffen erreicht haben.

ANTHOCYAN-BOMBE

6 Portionen

Okay, okay, es ist nur Heidelbeerkuchen. Aber weil jedes Stück so viel verwertbare Anthocyane enthält wie neun Päckchen Heidelbeeren aus dem Supormarkt und nur einen Bruchteil des Zuckers in den meisten Süßspeisen, kann man getrost reinhauen.

Zutaten:

2 EL Butter + mehr zum Einfetten

350 g Fertigmürbteig

1,5 kg Bioheidelbeeren **'Rubel'**

200 g Zucker oder natürlicher Süßstoff

125 g Speisestärke, 1 große Prise Salz

Saft und abgeriebene Schale einer unbehandelten Zitrone

Heidelbeeren 'Pink Lemonade' zum Garnieren

Etwas Sahne zum Bestreichen

Zubereitung:

DEN OFEN auf 200 °C vorheizen.

EINE KUCHENFORM (etwa 25 cm Durchmesser) einfetten und mit Teig auslegen.

HEIDELBEEREN 'Rubel', Zucker, Speisestärke, Salz, Zitronensaft und Zitronenschale mischen.

DIE MISCHUNG in die mit Teig ausgeschlagene Kuchenform geben, in der Mitte leicht anhäufeln und mit der Butter garnieren.

IM OFEN 20 Minuten bei 200 °C backen, dann auf 180 °C zurückdrehen und noch 40–50 Minuten backen.

DEN KUCHEN herausnehmen und in der Form abkühlen lassen. Mit den Heidelbeeren 'Pink Lemonade' bestreuen.

MIT SAHNE bestrichen servieren (ich gebe zu, hier gerät mein Argument vom gesunden Kuchen leicht ins Wanken).

DIE JUNGEN WILDEN

SÜSSKARTOFFELN

Die Süßkartoffel stammt zwar aus den exotischen Gefilden Südamerikas, doch ist dank jüngster züchterischer Erfolge eine neue Generation schnell reifender Sorten entstanden, die selbst in manchen kühlen Weltgegenden überraschend gut gedeiht.

Selbst gezogene Süßkartoffeln erreichen kaum die Größe der Konkurrenz aus dem Supermarkt. Dafür belohnen sie gärtnerische Mühen mit einer unglaublichen Vielfalt ungewöhnlicher Geschmacksnoten und Farben in niedlichen »Ein-Personen-Portionen«: Da gibt es elfenbeinfarbene Schönheiten mit Litschinoten, dunkelviolette Formen mit intensivem Rosensirupduft oder auch die gängigeren hellorange Varianten mit Kürbisgeschmack. Sie verlangen ein bisschen Aufwand, der sich aber lohnt.

SORTEN-GUIDE

Aus irgendeinem Grund bestehen Samenhändler meist darauf, exakt jene Sorten anzubieten, die man auch im Supermarkt findet. Dabei sind gerade sie nicht immer die mit dem besten Geschmack, ja nicht einmal die wüchsigsten Varianten. Das ist sehr ärgerlich, schließlich baut man Gemüse deshalb an, weil man etwas Besseres oder zumindest anderes bekommen möchte als im Laden. Deshalb präsentiere ich Ihnen hier meine Liste der besten Sorten, die man selbst anbauen kann – auch wenn sie bei uns noch nicht leicht zu bekommen sind.

☆ 'Murasaki 29' *Ideal zum Braten*

Eine Züchtung nach Art japanischer Sorten. Sie hat einen sehr süßen, harzigen Geschmack und eine wächserne Textur. Ihre feine Festigkeit behält sie selbst in gekochtem Zustand. Sie schmeckt roh in Salate gerieben, gebraten in Rösti oder als fein geschnittene Pommes frites.

Die Neuerscheinung hat sich im gemäßigten Klima als ebenso ertragreich und wüchsig erwiesen wie die Bestseller 'Beauregard', 'Beauregard Improved' und 'Carolina Ruby'.

☆ 'Okinawa' *Ideal für Desserts*

Wer das dunkelrote Fleisch von 'Okinawa' sieht, erwartet nicht den rosenwasserartigen Geschmack. **Die Sorte ist zart, weich und extrem süß; sie schmeckt gebacken, gekocht oder auch gebraten und mit Honig beträufelt wie eine Art ausgefallener rosenduftiger Kuchen.** Weil sie ein ordentliches Paket Anthocyane zu bieten hat, ist sie so gesund wie schmackhaft.

Leider ist sie bislang nicht auf dem europäischen Markt erhältlich. Manchmal findet man sie aber mit viel Glück zum Jahresende auf den Regalen von Asia-Märkten (oder auch online). Wer ihr begegnet, sollte seinem Gaumen einen Gefallen tun und sie kaufen. **Eine einzige Knolle ergibt Dutzende Stecklinge, die man unbegrenzt Jahr für Jahr weitervermehren kann.**

☆ 'T65' *Ideal für Suppen*

Unter der hellrosa Schale verbirgt sich ein cremeweißes Inneres mit einem intensiv blumigen Duft, der Litschis und Holunderblüten in sich vereint. Ihre Überdosis Süße passt perfekt zum weichen, klebrigen Fleisch, das im Gegensatz zu dem der meisten anderen Süßkartoffeln an eine zarte Pastinake erinnert. **Für mich ist sie mit Abstand die Nummer eins. Sie brilliert in Suppen und Pürees, aber auch gebacken.** Wegen ihres hohen Wasser- und geringen Stärkegehalts eignet sie sich jedoch nicht besonders gut zum Braten.

'T65' ist im Garten ein ebensolcher Erfolgstyp wie in der Küche und die aus meiner Sicht **bei Weitem ertragreichste und kälteverträglichste aller Sorten. Sie wächst noch bei Temperaturen, bei denen andere Sorten schon längst aussteigen.** Im deutschsprachigen Raum ist sie so gut wie nicht zu bekommen, sodass man sie online aus dem Ausland bestellen muss.

☆ 'Georgia Jet' *Ideal für Brei*

Die ungewöhnlich zuckerige Sorte wartet mit einem klassischen Süßkartoffelgeschmack auf. Sie reift früh und liefert auch in gemäßigtem Klima und sogar im Freiland einen erklecklichen Ertrag. Ihr einziger Nachteil ist die relativ wässrige Textur, wegen der sie sich zwar für Suppen und Brei anbietet, nicht jedoch für Bratkartoffeln und Co.

'Beauregard Improved'

Sie wird im Gartenhandel gern angeboten und ähnelt den handelsüblichen Sorten, schmeckt aber eher mittelmäßig.

'Murasaki 29'

'Georgia Jet'

'Okinawa'

'Beauregard Improved'

'T65'

'Okinawa'

'Georgia Jet'

'Murasaki 29'

'Beauregard Improved'

'T65'

Geschmacksfaktor Lagerung

Nach der Auswahl der Sorte ist der wichtigste geschmacksbestimmende Faktor bei Süßkartoffeln die Lagerung. Genehmigen Sie sich die Knollen nie sofort nach dem Ausgraben. **Sie sind wie Winterkürbisse anfangs nicht viel mehr als mehlige Stärkesäcke. Ihr wahres zuckeriges, duftendes Potenzial entfalten sie erst, wenn man sie ein paar Wochen an einem warmen, feuchten Platz lagert.** Das bringt sie in den »Reparaturmodus«, bei dem Verletzungen verschlossen werden, was auch die Lagerfähigkeit erhöht, und gleichzeitig Aroma und Süße entscheidend verbessert. **Dieser wichtige, aber seltsamerweise nur selten thematisierte Prozess erhöht bei manchen Sorten sogar den Gehalt an Karotin,** jenem orangefarbenen Pigment, das die typische Färbung verursacht und sehr gesund ist.

Wischen Sie nach dem Ernten Erdreste von der Knolle und legen Sie die Süßkartoffeln in einen großen Korb oder eine Wanne, ohne sie zu waschen. Sie sollten einander möglichst nicht berühren. Stellen Sie das Gefäß nun zwei Wochen lang an den wärmsten Platz in Ihrer Wohnung, etwa auf ein luftiges Regal oder neben eine Heizung. Legen Sie ein feuchtes Tuch über den Behälter, um die Luftfeuchtigkeit zu erhöhen; die Kartoffeln selbst dürfen dabei aber nicht nass werden. Ideal ist eine Temperatur von 25 °C und eine Luftfeuchtigkeit von 80 Prozent. Auch Temperaturen um 21 °C reichen noch, was in Wohnungen vielleicht realistischer ist, doch muss man die Lagerzeit in diesem Fall auf drei bis vier Wochen ausdehnen. Abgesehen davon gibt es wenig zu tun. Werfen Sie hin und wieder einen Blick auf die Knollen und nehmen Sie faulende Exemplare heraus. **Ob sie bereits genussreif sind, kann man daran erkennen, dass Verletzungen »geheilt«, also von einer korkigen Schicht bedeckt sind und die Schale trocken und ledrig geworden ist.**

WAS IST DRIN?

Süßkartoffeln gibt es in den unterschiedlichsten Farben: Die Palette reicht von Cremeweiß bis hin zu intensivem Violett. Die Pigmente im Fleisch prägen aber nicht nur den Geschmack, sie sind auch gesund. Herkömmliche Süßkartoffeln mit orangefarbenem Inneren haben ihre Färbung vom Karotin, das als Antioxidans bekannt ist. Violette Vertreter schmecken oft nach Rosen und Beeren und enthalten dieselben Phytonährstoffe wie Heidelbeeren und Trauben. Weißes Fleisch wiederum hat eher ein blumiges Aroma, das an Litschis erinnert.

SÜSSKARTOFFELN ANBAUEN

Die neueste Generation kälteverträglicher Süßkartoffelsorten lässt sich auch in unseren Breiten im Freiland anbauen. Obwohl sie mit kühlen Sommern gut zurechtkommen, sehnen sie sich aber im Stillen nach viel Wärme und liefern den besten Ertrag, wenn sie im behaglichen Klima eines Gewächshauses kultiviert werden – je wärmer, desto besser. Will man sie im Freiland ziehen, muss man ihnen den wärmsten, sonnigsten und geschütztesten Platz im Garten zuweisen.

12 Stunden später

In Bewurzelungshormon getauchte Enden

Perfektionisten stülpen Abdeckungen über das Beet, um die Wärme zu halten.

Die Kartoffeln werden ausgepflanzt, sobald der Boden wärmer als 12 °C ist, was meist ab etwa Mai der Fall ist. Große Tröge oder Hochbeete in der Sonne heizen sich schneller auf als Freilandbeete.

Eine Mulchschicht aus Pflanzenkohle speichert Wärme und gibt sie an den Wurzelraum ab.

Aussaat und Kultur

Süßkartoffeln werden normalerweise aus Stecklingen der Triebe gezogen, die sich an keimenden Exemplaren bilden. Im Versandhandel kann man sie bestellen. Unbewurzelte Stecklinge kommen allerdings, wie man sich vorstellen kann, in sehr dehydriertem Zustand an und brauchen intensive Pflege. Man stellt sie sogleich in ein Glas lauwarmes Wasser und stellt sie zwölf Stunden an einen warmen Platz, damit sie sich erholen.

Trocknen Sie die Stecklinge mit einem Tuch, sobald sie sich wieder mit Wasser vollgesaugt haben. Tauchen Sie das untere Ende in Bewurzelungshormon und pflanzen Sie die Stecklinge in einen hohen Topf mit kiesigem Substrat. Auf einer warmen, sonnigen Fensterbank sollten sie rasch einwurzeln und zu kräftigen Pflänzchen heranwachsen.

Im Gewächshaus

Setzen Sie die Pflänzchen in große Kästen oder Beete mit lockerer, sandiger Erde. Diese leichten, durchlässigen Böden brauchen die Knollen, damit sie gut wachsen und im kühlen Herbst nicht faulen.

Im Garten

In wintermilden Gegenden ist ab Mai auch eine Freilandkultur möglich. Allerdings sollten einige Voraussetzungen erfüllt sein, damit es die Pflanzen schön warm haben und rechtzeitig vor dem Kälteeinbruch geerntet werden können.

Ein leichtes, sandiges, stark durchlässiges Substrat verhindert, dass die Wurzeln faulen. Fäulnis droht vor allem, wenn man sie zum Jahresende in kalter, feuchter Erde lässt.

Laufende Pflege

Wässern und Düngen

Süßkartoffeln sind durstige Gewächse. Viel Wasser beschleunigt ihr Wachstum und liefert ihrem Laub die Feuchtigkeit, die es braucht. Nicht übertreiben sollte man es dagegen mit Nährstoffgaben und vor allem Stickstoffdünger, denn ein Zuviel fördert nur den Blattaustrieb auf Kosten der Knollen. Eine monatliche Dusche mit Melasse (siehe S. 27), die wenig Stickstoff enthält, versorgt die Pflanzen normalerweise mit den zusätzlichen Mineralien und Spurenelementen, die sie brauchen.

Schädlinge

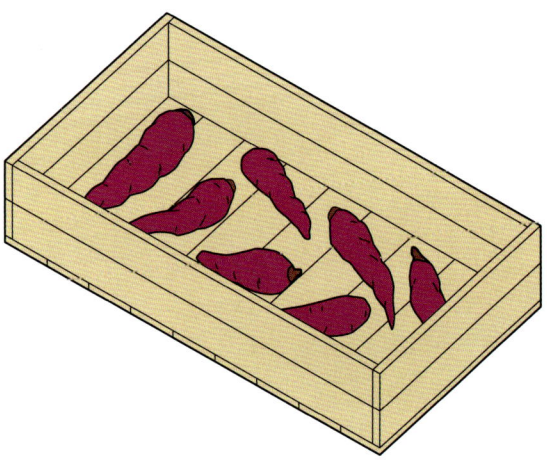

Sind Süßkartoffeln erst einmal auf den Weg gebracht, brauchen sie kaum noch Pflege und sind sehr selbstgenügsam. **Eine echte Bedrohung stellen allerdings Schnecken dar. Wehren Sie deren nächtliche Attacken mit biologischem Schneckenkorn oder anderen Mitteln ab.**

Ernte und Lagerung

Sobald der erste Frost die Blätter erfrieren lässt, wird es Zeit, die Knollen auszugraben, am besten an einem trockenen Tag. Entscheidend ist ein sehr sorgfältiges Vorgehen, denn die Knollen sehen zwar hart aus und fühlen sich auch so an, sind aber überraschend empfindlich. **Risse und größere Verletzungen, die beim Ausgraben oder Hineinwerfen in die Körbe entstehen, führen dazu, dass die Süßkartoffeln im Lager faulen. Man behandelt sie deshalb wie rohe Eier.**

Nach dem Ernten schüttelt man die Erde ab (nicht waschen) und macht die Kartoffeln wie auf S. 142 empfohlen durch Lagerung haltbar.

Süßkartoffeln lassen sich an einem kühlen, dunklen Platz mindestens sechs Monate lang lagern. Man legt sie dazu in gleichmäßigen Abständen in Holzkisten oder Körbe, die eine Luftzirkulation zulassen. Wichtig ist vor allem ein kühler, nicht kalter Raum. Ideal sind etwa 15 °C, unter 10 °C treten bei den tropischen Pflanzen Kälteverletzungen durch Schädigung des Gewebes auf. Dabei entstehen unangenehme Geschmacksnoten, Verfärbungen, Verhärtungen des Fleisches beim Kochen und eine Anfälligkeit für Fäulnis. Deshalb dürfen Süßkartoffeln auch niemals im Kühlschrank gelagert werden.

Sparmaßnahmen

Süßkartoffelstecklinge sind recht teuer und kosten manchmal genauso viel wie eine fertige Knolle aus dem Supermarkt! **Zum Glück gibt es einen Trick, wie man sich den Rest des Lebens um einen Kauf von Stecklingen drücken kann.** Sie brauchen nur eine Ihrer Süßkartoffeln über den Winter retten (an einem kühlen, trockenen Platz sollte das möglich sein) und sie in einem Topf mit feuchter Saaterde auf eine warme, sonnige Fensterbank stellen. Stecken Sie die Knolle aufrecht in das Substrat, sodass das obere Ende herausragt, und halten Sie sie gut feucht. Ideal ist eine Temperatur von 18-20 °C. Nach wenigen Wochen bilden sich am oberen Ende Augen, aus denen schließlich genau die etwa 20 cm langen Stecklinge wachsen, die man auch im Versandhandel bekommt. Sie werden abgezwickt, sobald sie lang genug sind, und wie normale Stecklinge behandelt. Die Knolle lässt man weiter austreiben. Sie eignet sich hervorragend als exotische Zimmerpflanze und hat wesentlich mehr zu bieten als ein langweiliger Gummibaum.

Jede Knolle liefert bis zu zehn Stecklinge, die außerdem auch noch wesentlich frischer und gesünder sind als alles, was per Post ankommt.

> **GESUND**
> Süßkartoffeln enthalten Kohlenhydrate, die vom Körper langsamer als die von normalen Kartoffeln umgewandelt werden. Sie sättigen daher länger und sind gesund. Zumindest, wenn man sie nicht wie ich mit viel Butter und Rohrzucker verputzt!

PILZANBAU

Der Anbau von Pilzen ist eine äußerst komplizierte und aufwendige Angelegenheit, könnte man meinen. Ausgefeilte Methoden, spezielle Hölzer, das Bohren von Löchern und ihr Versiegeln mit Wachs schrecken viele ab.

Aber es muss gar nicht so kompliziert sein. Bei sorgfältiger Auswahl des Standorts und der Pilzarten kann man sie auch in einem ganz normalen Garten ansiedeln, wo sie ohne viel Aufwand Schmackhaftes liefern. Die Kolonien können sogar den Ertrag von Nutzpflanzen in ihrer Nähe erhöhen, weil sie die Böden verbessern, Nährstoffe verfügbar machen, Schädlinge und Krankheiten abwehren und sich symbiotisch verhalten, um Trockenheit besser zu überstehen. Sie sind fast zu gut, um wahr zu sein.

SORTEN-GUIDE

Hier meine Kurzeinführung in die Welt der essbaren, für den Selbstanbau geeigneten Pilze, von supereinfach zu kultivierenden Austernpilzen bis hin zu exotischen Herausforderungen wie Trüffeln.

Pilze, die auf Baumwurzeln wachsen

Die Pilze dieser Kategorie leben symbiotisch auf den Wurzeln von Bäumen. Sie verbessern deren Nährstoff- und Wasseraufnahme und damit auch ihr Wachstum. **Wer eine Kolonie in seinem Garten ansiedelt, kann also nicht nur mit gesünderen Bäumen rechnen, sondern auch schmackhafte Gourmetpilze ernten.** Kein schlechter Deal.

Die bekannteste Vertreterin dieser Gruppe ist zugleich auch die unbestrittene Königin der Pilze: die **Schwarze Trüffel** (*Tuber melanosporum*) (siehe S. 176). Sie kostet ein Vermögen und siedelt sich auf den Wurzeln von Haselsträuchern an. Mehrere Anbieter verkaufen inzwischen Pilzbrut der **Speise-Morchel** (*Morchella esculenta*), die auf den Wurzeln von Apfelbäumen wächst. **Diese Klasse von Pilzen ist allerdings nichts für Ungeduldige, denn ihre Vertreter fruchten oft erst nach Jahren – wegen ihrer komplexen Beziehung zur Wirtspflanze manchmal aber auch gar nicht.** Mit etwas Glück und unter guten Bedingungen liefern sie jedoch jahrelang hochwertige Köstlichkeiten fast ohne Gegenleistung.

Pilze, die auf Holzschnipseln wachsen

Wenn Sie einen feuchten, schattigen Winkel in Ihrem Garten haben, wo nichts wächst, können Sie es einmal mit einem **Shiitake** (*Lentinula edodes*) probieren. Diese Edelpilze schmecken rauchig, fleischig und nach umami. In der traditionellen chinesischen Medizin spielen sie seit Jahrtausenden eine wichtige Rolle. Die Pilze enthalten Lentinan, einen komplexen Zucker, der einigen Studien zufolge das Immunsystem stärkt und sogar manche Zellen und Eiweiße im Körper dazu bringt, Krebszellen anzugreifen.

Der **Igel-Stachelbart** (*Hericium erinaceus*) bildet Kaskaden aus cremeweißen, korallenartigen Fäden und hat einen unverkennbar fleischigen Geschmack, der an Hummer in Butter erinnert. Auch ihn bekommt man kaum im Handel. Sein wahres Geschmackspotenzial entfaltet er durch einen langsamen Karamellisierungsprozess beim Braten in Butter und Öl, bis er am Rand knusprig wird. Holt man ihn zu früh aus der Pfanne, schmeckt er leicht bitter. Einige Inhaltsstoffe des Pilzes fördern angeblich die Regeneration von Nervenzellen, verbessern das Gedächtnis und die Stimmung. Wie Untersuchungen ergeben haben, wirken sie möglicherweise sogar gegen Angstzustände, Depressionen und Konzentrationsschwäche.

Pilze, die fast überall wachsen!

Der **Austernpilz** (*Pleurotus ostreatus*) ist unter Pilzzüchtern als eine der am leichtesten zu kultivierenden Arten bekannt. An einem feuchten, schattigen Platz kommt er bald in die Gänge und verschlingt fast jede organische Substanz von Blättern und Zweigen bis Stroh und sogar Kaffeesatz. Binnen acht Wochen kann man sich über schmackhafte Pilze freuen. **Auf Komposthaufen beschleunigt er den Zersetzungsprozess, sorgt also für nährstoffreichen, krümeligen Humus und liefert zugleich Gaumenfreuden.** Ich bevorzuge die helleren Formen, insbesondere die gelbe Spielart, da sie sich leichter von anderen Wildpilzen auf dem Komposthaufen unterscheiden lässt.

Fester und fleischiger ist der **Kräuter-Seitling** (*Pleurotus eryngii*). Er lässt sich ebenso leicht anbauen und schmeckt in Scheiben geschnitten und goldgelb angebraten erstaunlich gut.

Morcheln gedeihen oft nach Waldbränden besonders gut. Mischen Sie daher etwas Asche oder Holzkohle in das Pilzsubstrat.

Speise-Morchel

Shiitake

Kräuter-Seitling

Grauer Austernpilz

Igel-Stachelbart

PILZANBAU

Für jeden Ort gibt es den passenden Pilz, egal ob es ein feuchter Fleck unter Bäumen, ein Komposthaufen oder ein alter Wäschekorb ist. Hier drei simple Strategien für Ihren Einstieg in den Pilzanbau.

. . . .

Pilze sind keine Pflanzen, auch wenn viele das meinen. Sie bilden neben Tieren und Pflanzen ein eigenes Reich. Genetisch sind sie sogar näher mit Tieren als mit Pflanzen verwandt – Sie können sich also nicht damit herausreden, dass Sie keinen grünen Daumen haben! Pilze nutzen nicht die Energie der Sonne zur Produktion von Nährstoffen. Stattdessen brauchen sie wie Tiere eine äußere Nahrungsquelle, die sie über ein Netz aus wurzelähnlichen Strukturen, den Myzelien, verwerten. Deshalb eignen sie sich zur Besiedelung von Standorten, die für andere Nutzpflanzen zu dunkel sind. Ihre »Lieblingsspeise« ist abgestorbenes Pflanzenmaterial, womit sie auch noch die perfekten Verwerter für Gartenabfälle sind.

AUF KOMPOSTHAUFEN

1 **IN EINER SCHÜSSEL** zwei 50-g-Päckchen Austernpilzbrut mit einigen Handvoll Papierschnipseln oder Sägespänen mischen (Pilzbrut bekommt man preiswert online und in einigen Gartencentern). Einen Becher warmes Wasser mit einem halben Teelöffel Zucker darübergießen und alles zu einer feuchten, krümeligen Masse mischen. Sie sollte für einen durchschnittlichen Komposthaufen ausreichen.

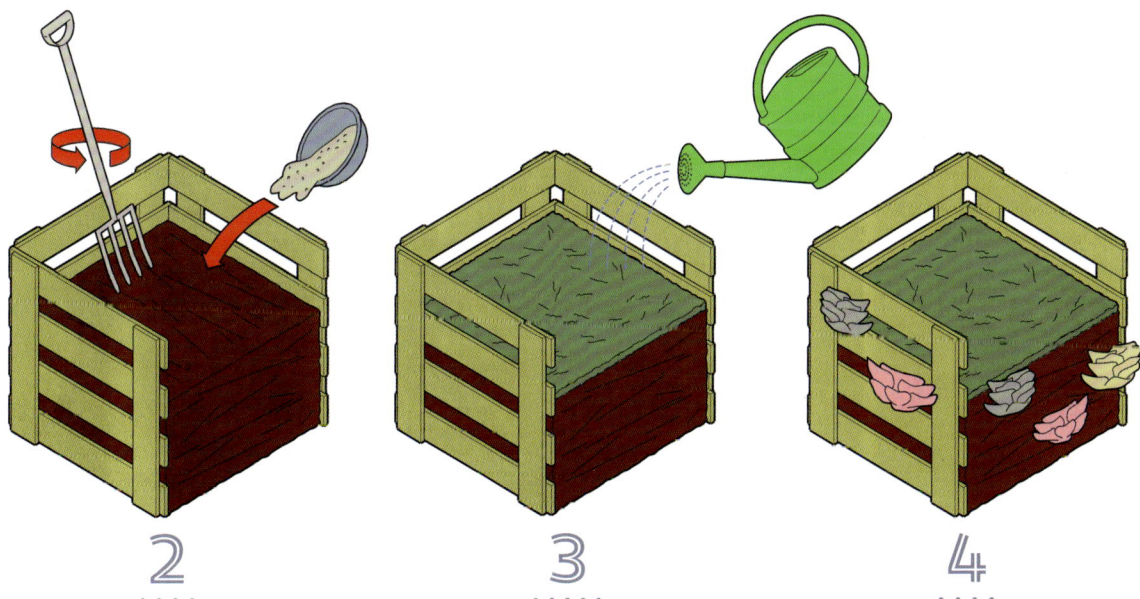

2 **DIE MISCHUNG** im Frühjahr auf dem Komposthaufen verteilen und grob in die Oberfläche der Kompostmasse einarbeiten.

3 **DIE OBERFLÄCHE** mit einer 5 cm dicken Schicht Herbstlaub oder Rasenschnitt abdecken und gut wässern. Ideal ist Regenwasser. Kein gechlortes Leitungswasser verwenden – Chlor killt Pilze! Zur Not kann man gechlortes Wasser über Nacht stehen lassen, dabei verflüchtigt sich das meiste Chlor.

4 **DEN HAUFEN** durch gelegentliches Wässern leicht feucht halten. Nach wenigen Monaten sollten die ersten Pilze sprießen.

UNTER STRÄUCHERN UND BÄUMEN

Kultur-Träuschlinge (*Stropharia rugosoannulata*) haben einen kräftigen, fleischigen Geschmack und eine ansprechende rote Farbe. Weil sie tellergroß werden und ein Gewicht von bis zu 3 kg erreichen können, heißen sie auch Riesen-Träuschlinge. In anderen Ländern nennt man sie sogar »Godzilla-Pilze«.

Für eine verwilderte Kolonie im Garten braucht man nichts weiter als einen feuchten, schattigen Bereich unter Sträuchern oder Bäumen. Dort breiten sich die Träuschlinge bald aus und können jedes Jahr mehrmals abgeerntet werden - sogar über Jahrzehnte hinweg. Kürzlich wurde festgestellt, dass Pilze auch Nematoden abtöten, die den Pflanzen schaden können. Man muss sich ja gegenseitig helfen!

Kultur-Träuschlinge zersetzen Holzschnipsel in Kompost. Sie setzen Nährstoffe frei, verbessern den Boden und locken Regenwürmer an.

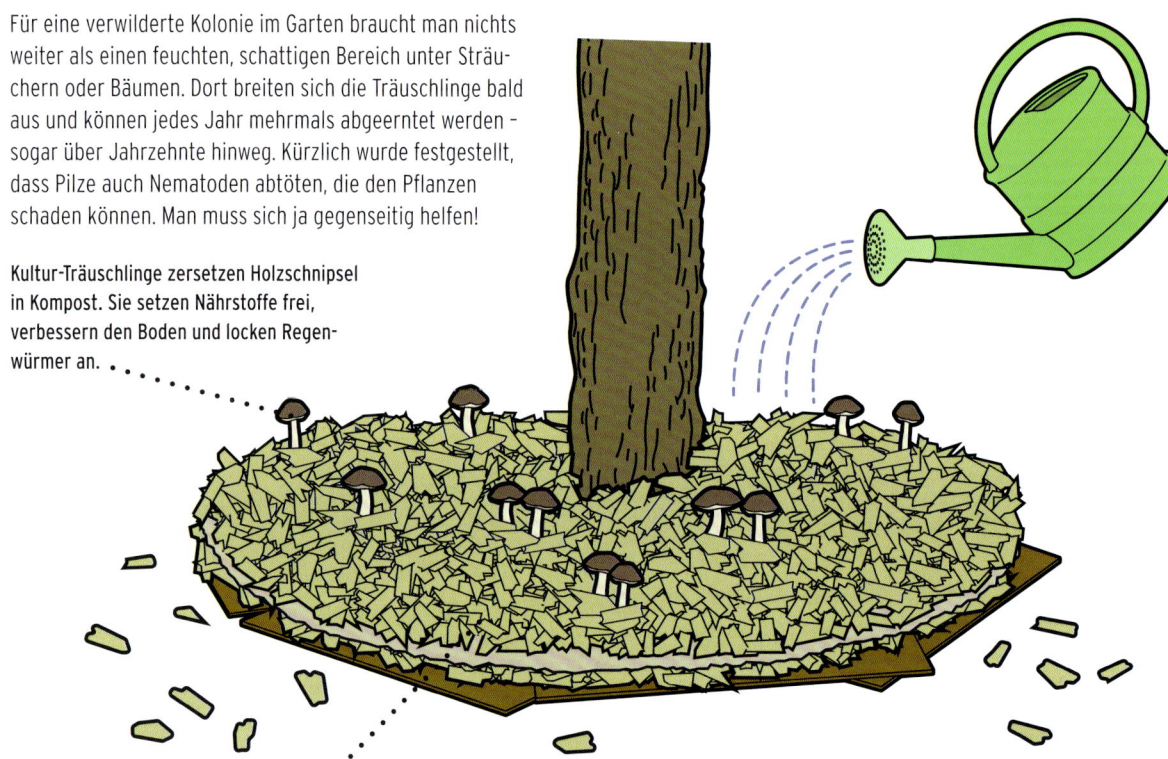

Holzschnipsel helfen, Feuchtigkeit im Wurzelraum von Gehölzen zu binden, unterdrücken Unkraut und verringern eine Verdichtung des Erdreichs.

WEG MIT CHEMIE

Mineraldünger, vor allem solche mit einem hohen Stickstoff- oder Phosphorgehalt, und Pestizide hemmen das Wachstum von Pilzen sehr stark und können sie sogar vollständig abtöten. Weil die kleinen Lebewesen mit Hut aber den Nährstoffgehalt im Boden auf natürliche Weise erhöhen und den Pflanzen gegen allerlei Schädlinge und Krankheiten zur Seite stehen, braucht man die chemische Keule gar nicht.

DAS ERDREICH unter den Gehölzen mit Zeitungspapier oder Karton abdecken.

EIN PÄCKCHEN Kultur-Träuschling-Pilzbrut (50 g) mit 2 EL Zucker mischen, damit die entstehenden Pilze eine gute Nahrungsquelle für ihren Start ins Leben haben. Die Mischung auf dem Papier verteilen. Auch Austernpilze kann man so kultivieren.

EINIGE SCHUBKARREN Holzschnipsel aus nachhaltigen Quellen 5-10 cm dick auf dem Papier verteilen.

DEN GESAMTEN BEREICH gut mit Regenwasser gießen und feucht halten. Die ersten Pilze erscheinen in der Regel nach drei bis sechs Monaten.

Kultur-Träuschlinge werden zwar riesenhaft, Geschmack und Färbung sind aber am intensivsten, wenn ihr Hut gerade einmal einen Durchmesser von 5-15 cm hat. Hält man sie feucht und fügt jedes Jahr eine dünne Schicht Schnipsel hinzu, können Sie Ihre Pilzkultur fast unbegrenzt erhalten.

IN WÄSCHEKÖRBEN

Diese Variante der Holzschnipselmethode lässt sich auch bei Gourmetpilzen wie Shiitake und Igel-Stachelbart anwenden, die besser wachsen, wenn ihre wurzelartigen Myzelien auf eine vertikale Fläche treffen.

· ·

Pilzkörbe

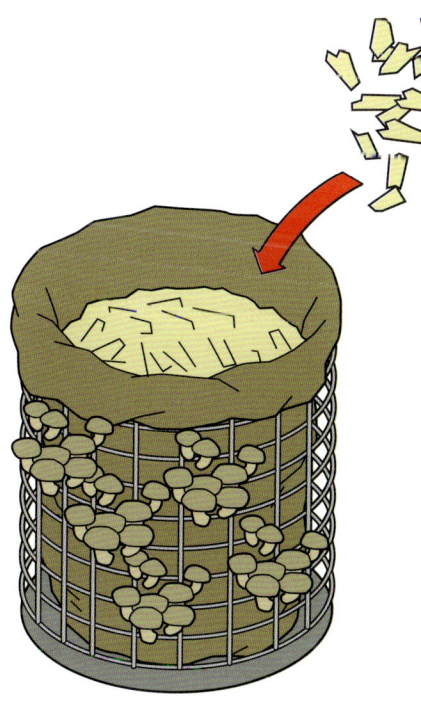

DEN WÄSCHEKORB oder einen ähnlichen Behälter mit Sackleinen auskleiden und mit Bio-Hartholzschnipseln füllen.

MIT EINEM MESSER etwa ein Dutzend Löcher in das Leinen schneiden. Aus ihnen sollen die Pilze herauswachsen.

DIE PILZBRUT (sie wird in der Regel in Impfdübeln verkauft) mit 2 EL Zucker 5–15 cm unter der Oberfläche vergraben und das Sackleinen anschließend zubinden.

DIE SCHNIPSEL reichlich mit Regenwasser wässern und stets feucht halten. Der Pilzkorb sollte, wenn man die Schnipsel gelegentlich auffüllt, jahrelang Pilze liefern.

WARUM HARTHOLZSCHNIPSEL?

In freier Natur wachsen Pilze an Stämmen. Hobbypilzzüchter müssen sie mit hohem Aufwand anbohren, stapeln und mit Wachs versiegeln, um das Holz mit Pilzmyzelien zu impfen. Mit Holzschnipseln aus nachhaltigen Quellen erspart man sich nicht nur die ganze Arbeit, die größere Oberfläche der Späne lässt die Pilze auch schneller wachsen und früher reifen.

Hartholz enthält große Mengen Lignine, die als Polymere für Festigkeit und Stabilität sorgen. Durch die höhere Ligninkonzentration ist Hartholz fester als weiches Holz (etwa das von Kiefern oder Fichten) und daher eine bessere Energiequelle für die meisten essbaren Pilze.

Die von mir vorgeschlagenen Pilzarten holen sich ihre Energie aus dem Lignin und wandeln es in Glukose um. Deshalb ist es von Vorteil, wenn man beim Ansetzen einer neuen Kolonie etwas Zucker mit in die Mischung gibt. Die leicht verfügbare Energie lässt die Pilze wachsen.

GOURMETZWIEBELN

Zwiebeln anbauen ist Zeitverschwendung. So dachte ich lange. Nach vier kläglich gescheiterten Versuchen, bei denen ich wacker gegen Mehltau und die Zwiebelfliege zu Felde zog, wurde mir klar, dass meine Zwiebeln auch nicht viel besser schmeckten als die im Handel.

Dann entdeckte ich, dass man schwer erhältliche, exotische Genüsse von Pflanzen bekommen konnte, die wesentlich besser aussahen und nur einen Bruchteil der Arbeit machten. So tauschte ich die gute alte Speisezwiebel *Allium cepa* durch ihre wilderen, ungewöhnlicheren Cousinen aus.

SORTEN-GUIDE

Gestielter Lauch
Allium stipitatum

Die exotische Wildart stammt aus dem iranischen Hügelland und wird als Delikatesse geschätzt. Sie schmeckt wie eine nussige, aromatische Fusion aus Knoblauch und Schalotte. In der persischen Küche wird sie sehr geschätzt und in Salate geschnitten oder gehackt in Raita-artige Joghurt-Dips gemischt.

Außerhalb ihrer Heimat hat man ihren kulinarischen Wert noch nicht so recht entdeckt. **Blumengärtner aber kennen ihr geheimes Alter ego** als Zierlauch. Somit ist sie unter den Zwiebeln der Clark Kent, hinter dem sich ein Superman verbirgt.

Pflanzen Sie im Herbst eine großzügige Kolonie an einen sonnigen Platz und Sie dürfen sich viele Jahre lang über eine Frühlingsshow freuen. **Nach dem Einwachsen kann man bis zu einem Viertel der Zwiebeln im Herbst ernten (sie schmecken sehr intensiv, sodass man mit wenigen Exemplaren auskommt).** Herbstliche Gerichte bereichern sie um die exotische Wärme Persiens.

Mir sind die Sorten 'Mount Everest' mit schneeweißen Blütenkugeln und 'Violet Beauty' mit ihrer verlässlichen Farbe am liebsten. Beide schmecken vorzüglich und sind leicht anzubauen. Aber suchen Sie in der Zierpflanzenabteilung nach ihnen.

NUR ZIERLAUCH AUS DEM EIGENEN GARTEN ESSEN!

Zierlauch, egal welcher Art, darf nicht direkt aus den Verkaufsregalen auf den Teller kommen: Als Zierpflanze kann er Rückstände von Pestiziden enthalten. Erst nach einer Detox-Saison im eigenen Garten kann man sich über ihn hermachen.

Graue Schalotte 'Échalote Grise'
Allium oschaninii

Selbst gezogene Schalotten schlagen Speisezwiebeln geschmacklich um Längen, aber diese kleine Überfliegerin triumphiert über beide. Sie wird oft mit ihrer Verwandten, der Schalotte, in einen Topf geworfen, in Wirklichkeit aber ist sie eine eigene Art aus Zentralasien, die seit Jahren bei ambitionierten französischen Köchen hoch im Kurs steht. Von der Cordon-Bleu-Fraktion wird 'Échalote Grise' mit ihrem konzentrierten, süßen, aromatischen Geschmack gern als Trüffel der Zwiebelwelt bezeichnet. Leider ist sie ertragsschwach, hält sich nicht lange und wird auch nie einen Schönheitswettbewerb gewinnen, weshalb man sie in Supermärkten kaum je zu Gesicht bekommen wird. Wer nur eine einzige Zwiebelsorte anbauen will, sollte sich für sie entscheiden.

Ihre Steckzwiebeln findet man auf den Schalottenseiten fast jedes Katalogs und im Winter auch in guten Gartencentern. Manchmal ist sie aber unter ihren Pseudonymen 'French Grey' oder 'Griselle' unterwegs. Die alte Faustregel, sie im Februar/März zu pflanzen und zur Sommersonnenwende zu ernten, gilt meiner Meinung nach ebenso gut für sie.

Lampascioni
Muscari comosum

Lampascioni schmecken erfrischend bitter-süß und haben einen intensiven, deftigen Zwiebelgeschmack. Man findet sie gelegentlich in hübschen italienischen Gläsern in Olivenöl eingelegt. Die oft als Minizwiebeln bezeichneten Winzlinge faszinieren mich seit Jahren. Was ich nie gedacht hätte: Sie wuchsen schon jahrelang in meinem Garten – als Zierpflanze unter dem Pseudonym Schopfige Traubenhyazinthe.

Das Gourmetgemüse aus Apulien wird bereits seit der griechischen Antike im Mittelmeerraum geschätzt. Es ist zwar ordentlich bitter, hat aber auch eine schmackhafte nussige Seite, die Italiener gern mit der »süßen Bitterkeit und bitteren Süße des Lebens« vergleichen. Man kann

Graue Schalotte 'Echalote Grise'

Gestielter Lauch

Schöner Lauch 'Fireworks Mix'

Schnitt-Knoblauch

Lampascioni

sie sich als Pendant zu Campari Soda vorstellen. Für die Schnitzel-mit-Kroketten-Gemeinde ist sie sicherlich eine geschmackliche Herausforderung, aber experimentierfreudige Feinschmecker bitte ich inständig, ihr eine Chance zu geben.

Lampascioni schmecken köstlich als Beilage zu Braten mit Zuckerglasur, deftigen Wurstplatten und Brotzeitbrettern. Sie gleichen Fettes und süße Saucen aus. Man setzt sie wie eingelegte Perlzwiebeln ein, doch haben sie nicht deren zwei-dimensionale, beißende Säure.

Schnitt-Knoblauch
Allium tuberosum

Die Blätter und Blüten des Schnitt-Knoblauchs, der auch als Chinesischer Knoblauch und Schnittlauch-Knoblauch gehandelt wird, verströmen einen kräftigen, süßen Knoblauchduft. Roh sind sie scharf und würzig, doch gekocht nehmen sie eine butterige Nussnote an, die an langsam geröstete Schalotten mit frischem Schnittlauch erinnert. Grob gehackt, in Omelettes geschlagen sowie in Pfannengerichten und Salaten sind sie Porree, Knoblauch und Frühlingszwiebeln in einem - ohne die ganze Vorbereitung und Schälerei, die das Trio braucht.

In der Pfanne angebraten haben die Blätter und Blüten einen glitschigen, saftigen Biss und sind deshalb in der japanischen und chinesischen Haute Cuisine, wo man Speisezwiebeln und Knoblauch als zu aufdringlich empfindet, sehr gefragt. In Chinavierteln in aller Welt verkauft man die wegen ihres dekorativen Aussehens auf dem Teller ebenso wie für ihren Geschmack geschätzten Blüten für den zehnfachen Preis ihrer schlichteren Verwandten.

Für faule Gärtner haben die langlebigen Stauden allerdings noch einen weiteren Vorteil: Sie machen sehr wenig Arbeit. Setzt man sie einmal an einem sonnigen Plätzchen in nährstoffreiche, durchlässige Erde, beehren sie einen jahrzehntelang jedes Jahr aufs Neue - und das praktisch ohne Pflege.

Überhaupt sind so gut wie alle Blüten und Blütenknospen der *Allium*-Arten essbar. Ich mag vor allem die Blüten von *A. carinatum* subsp. *pulchellum*, die im Gartenhandel als Schöner Lauch angeboten wird. Die Sorte 'Fireworks Mix' hat verschiedene Farben zu bieten und ist eher in der Zierpflanzenabteilung zu finden. 'Cha Cha' heißt eine kuriose neue Züchtung unseres guten alten Schnittlauchs (*Allium schoenoprasum*). Sie trägt anstelle der üblichen Blüten den ganzen Sommer über fedrige grüne Büschel.

LAMPASCIONI IN ÖL

Die Zwiebeln muss man zuerst vorbereiten, damit sie überhaupt genießbar werden, denn sie sind richtig bitter und schleimig. Durch Schälen und Kochen treibt man ihnen ihre unangenehmen Züge aus und legt ihr wahres nussiges Potenzial frei.

DIE ZWIEBELN schälen, ihr oberes und unteres Ende abschneiden wie bei herkömmlichen Speisezwiebeln und ein, zwei Tage in kaltem Wasser einweichen. Zwischendurch das Wasser wechseln, um einen Teil des bitteren Safts loszuwerden.

1 TEIL ESSIG und 2 Teile Wasser in einem Topf zum Kochen bringen und die Zwiebeln zusammen mit 2 EL Zucker und 1 TL Salz hineingeben.

30 MINUTEN köcheln lassen, bis die Zwiebeln weich sind. Abseihen.

DIE GEKOCHTEN ZWIEBELN in Olivenöl braten und sogleich servieren oder warm zusammen mit heißem Olivenöl in Konfitüregläser geben. Gläser verschließen und im Kühlschrank aufbewahren.

KNOBLAUCH 'HIMALAYAN GIANT'

Die riesigen Zwiebeln dieser seltenen Knoblauchsorte lassen sich wesentlich leichter schälen als normaler Knoblauch und haben sogar einen komplexeren Geschmack.

Sie möchten diese Schönheiten selbst anbauen? Gut. Nehmen Sie normalen Knoblauch und vergessen Sie, was in Gartenbüchern steht. Pflanzen Sie ihn im zeitigen Frühjahr statt im Spätherbst. Das war's schon.

Die winterliche Kälte regt die Zwiebeln dazu an, sich in viele kleine Tochterzwiebeln zu teilen, die wir Zehen nennen. Steckt man sie im Frühjahr, bilden sie eine einzige, große, leicht zu schälende Zehe. Pflanzen Sie immer **Schlangen-Knoblauch** (*Allium sativum var. ophioscorodon*), der die Winter besser übersteht, besser schmeckt und einen höheren Gehalt an dem Phytonährstoff Allicin als der relativ ausdruckslose **Kultur-Knoblauch** aus dem Supermarkt hat. Er bildet zudem essbare Stängel und Brutzwiebeln, die noch besser schmecken als die Zwiebeln selbst (siehe S. 159).

TIPPS & TRICKS

Ganz gleich, welche Zwiebel man kultiviert, es gibt ein paar Tricks, wie man ihre Süße fördert und die Schärfe unterdrückt oder sie andererseits so feurig scharf macht, dass sie einem das Wasser in die Augen treiben. Dazu muss man nur den Gehalt an Pyruvat verändern. Dieser Inhaltsstoff verleiht Zwiebeln ihre typische Schärfe. Zwiebelproduzenten ordnen die verschiedenen Sorten bisweilen sogar auf einer Pyruvatskala ein.

Zuckersüß
Ideal für Sandwiches, Salate, Burger
Weniger Phytonährstoffe

Sorte
Die süßeste Sorte überhaupt ist meiner Meinung nach 'Walla Walla' aus dem gleichnamigen Tal im US-Bundesstaat Washington. Weil ihr Gehalt an Pyruvat so niedrig ist, kann der Zucker in den Vordergrund treten. Sie schmeckt oft so mild und süß wie ein Apfel und wird in den USA bei einem jährlich stattfindenden Fest zu ihren Ehren sogar wie ein kandierter Apfel an einem Stock und mit einer Zuckerglasur verkauft. Klingt schräg, ich weiß.

Klima
Kaltes, nasses, verhangenes Wetter schickt das Pyruvat in den Keller und gibt Zwiebeln einen milderen, süßeren Geschmack. Zwiebelproduzenten in gemäßigten Anbaugebieten haben daher einen echten Heimvorteil. Optimiert wird die Wirkung, wenn man **die Zwiebeln in den Halbschatten pflanzt und immer gut wässert.**

Boden
Die Zwiebelpflanzen holen über ihre Wurzeln Schwefel aus dem Boden und nutzen ihn als Baustein für die Bildung von Pyruvat. **Schwefelarme Böden liefern daher naturgemäß süßere Zwiebeln.** Da der Schwefelausstoß der Industrie seit den 1980er-Jahren stark zurückgegangen ist, steht zu erwarten, dass auch die Zwiebeln immer süßer werden.

Zwiebel 'Walla Walla'

Tränentreiber
Geschmackgeber für Suppen, Eintöpfe, Saucen
Mehr Phytonährstoffe

Sorte
Ich mag 'White Ebenezer' wegen ihrer kompromisslosen Schärfe. Beim Kochen hat sie eine wesentlich komplexere, facettenreichere Fülle als die milden Sorten. Roh allerdings ist sie eine echte Herausforderung und lässt Pech und Schwefel auf die Zunge regnen.

Klima
Zwiebeln bilden Pyruvat bei Wasserstress in voller Sonne und sengender Hitze. **Wer viel davon will, setzt sie in die pralle Sonne und geizt gnadenlos mit Wasser.** Erntet man die Zwiebeln auch noch so spät wie möglich und lagert sie lange, treibt man ihre Schärfe weiter nach oben.

Boden
Eine Schwefeldüngung des Bodens versorgt Zwiebeln mit exakt dem Rohstoff, den sie zur Bildung von Pyruvat brauchen. Das ist besonders wichtig, wenn das Erdreich zu wenig Schwefel enthält. Streuen Sie jedes Frühjahr kurz vor dem Auspflanzen 1 TL Bittersalz (Magnesiumsulfat) pro Quadratmeter auf Ihren Beeten aus.

Zwiebel 'White Ebenezer'

DAIKON UND ANDERE RETTICHE

Ich wette mit Ihnen: Nehmen Sie einen beliebigen Artikel darüber, wie man Kids an das Gärtnern heranführt, und unter den Top 3 der Vorschlagsliste sind Radieschen zu finden. Angesichts der mehr als empfindlichen Gaumen der kleinen Zuckermonster finde ich die Empfehlung, ihnen ein Gemüse zu geben, das bestenfalls leicht bitter und schlimmstenfalls beißend scharf ist, etwas merkwürdig.

Nimmt man hingegen den asiatischen Vetter des Radieschens, den Daikon, dann sieht die Sache schon ganz anders aus. Er und die Winterrettiche sind in einer Vielzahl von Farben erhältlich und machen mit ihrem knackigen Fleisch locker manchen Wassermelonen oder Äpfeln Konkurrenz, wenn es um reine, süße Frucht geht. Sie sind winterhart, leicht zu kultivieren und perfekt an ein gemäßigtes, feuchtes Klima angepasst. Mir ist es ein Rätsel, warum sie bei uns nicht öfter angebaut werden.

SORTEN-GUIDE

'Green Meat'

Die Sorte ist extrem süß und erfrischend und hat null Schärfe. Sie schmeckt mehr wie eine Wassermelone, ein grüner Apfel oder eine asiatische Birne als ein Wurzelgemüse. **Bei einer Blindverkostung hätte man Schwierigkeiten, sie von richtigem Obst zu unterscheiden, denn ihre Süße verweilt auch nach dem Schlucken noch minutenlang im Mund.**

In Salaten, Salsas und Eingelegtem oder auf Butterbrot ist sie ein Erlebnis. 'Green Meat' gehört zu meinen bevorzugten Gemüsesorten – wegen ihres Geschmacks und ihrer erstaunlichen Vielseitigkeit. Dank ihrer fruchtigen Note ohne jede Erdigkeit funktioniert sie sogar in winterlichen Obstsalaten mit Grapefruit, Litschi und Birnen, sofern man sie würfelt, um ihre wahre Identität zu verschleiern. Für mich ist sie definitiv die wohlschmeckendste und am einfachsten anzubauende Sorte unter den Rettichen. Leider ist ihr Saatgut nicht ganz einfach aufzutreiben - in einem Online-Auktionshaus bekommt man es.

'China Rose'

Diese glänzenden, bonbonfarbenen Rettiche wiegen mit ihrer knackig-kühlen Frische zunächst in trügerischer Sicherheit, bevor sie eine mächtig scharfe Breitseite abfeuern. Sie kommen den herkömmlichen Radieschen am nächsten, schmecken aber frischer und intensiver und haben nicht den staubigen Nachgeschmack. **Wer es würzig mag, findet in ihnen das perfekte Gleichgewicht aus Feuer und Eis mit überraschend saftiger Textur.** Da die scharfen Stoffe größtenteils in der Schale sitzen, kann man sie für empfindlichere Gaumen erträglich machen, indem man sie schält.

'Minowase Summer Cross No.3'

Eine blendend weiße, knackige Sorte mit klassischem, mildem, sauberem Rettichgeschmack, der von einem verschwindend geringen erdigen Ton ausbalanciert wird, wenn man sie roh genießt. In Suppen, Eintöpfen oder Currys gekocht schmeckt sie dagegen saftig und voll. Man kann sie wie eine Rübe einsetzen.

'Black Spanish Long'

Sie gehört nicht zu den exotischen Asiatinnen, sondern ist eine alte europäische Sorte aus dem 15. Jahrhundert. **Typisch für sie ist ihr süßer, angenehm erdiger Geschmack und die (im positiven Sinne) stärkebetonte, schaumige Textur.** Umwerfend gut schmeckt sie in Butter angedünstet und mit einem Hauch Muskatnuss und Sahne verfeinert oder als saftiger Ersatz für Porree in einer klassischen Lauch-Kartoffel-Suppe.

'Mantanghong'

Das gelbliche und smaragdgrüne Äußere dieser Sorte lässt nicht vermuten, dass sich im Inneren rosa Fleisch verbirgt. **'Mantanghong' wird als herbstliche Delikatesse geschätzt und mancherorts zu Rosen, Pfingstrosen und Chrysanthemen geschnitzt. Man knabbert sie bevorzugt frisch.**

Ihr knackiges, mildes Fleisch hat den klassischen Rettichgeschmack mit einem Quäntchen mehr Zucker als üblich. Das schöne Gleichgewicht aus Süße und einer optimalen Dosis senfartiger Würze hat sie in Asien zu einem beliebten Gemüse gemacht, das pur, in Salaten oder in Essig eingelegt oder wie Obst in Chili-Pflaumen-Zucker getaucht genossen wird.

Sie ist zwar eine der hübschesten Sorten, aber launisch: Nur eines von drei Exemplaren hat ein schönes rosa Herz.

Daikon 'Green Meat'

Daikon 'Minowase Summer Cross No.3'

Rettich 'Mantanghong'

Rettich 'China Rose'

Rettich 'Black Spanish Long'

RETTICHE ANBAUEN

Aussaat und Kultur

Rettiche können wie Radieschen oder auch Möhren kultiviert werden – mit einer Ausnahme: **Sie dürfen nicht zu früh ausgebracht werden. Man sät sie während der sommerlichen Wärme, da sie sonst schossen, also direkt in den Blühmodus übergehen, ohne überhaupt erst die saftigen, geschwollenen Wurzeln zu bilden, auf die wir ja gerade aus sind.** Wenn Sie meinen Rat aber beachten, bekommen Sie die süßesten, frischesten Wurzeln.

Ausgesät wird zwischen spätem Frühjahr und Spätsommer in Multitöpfen auf einer sonnigen Fensterbank. Das mag für Rettiche eine etwas unorthodoxe Aussaatmethode sein, aber die zusätzliche Wärme während dieser wichtigen Entwicklungsphase senkt das Schossrisiko weiter.

Sobald die Pflänzchen fünf Blätter tragen, siedelt man sie wie Möhren (siehe S. 74) in einen großen Trog oder ins Freiland in durchlässige Erde um.

Rettiche gehören zu den wenigen Wurzelgemüsepflanzen, die nicht allergisch auf ein Umsiedeln reagieren, solange man dies frühzeitig über die Bühne bringt und die Wurzeln dabei nicht verletzt.

Laufende Pflege

Entscheidend ist, die Pflanzen gleichmäßig feucht – nicht nass! – zu halten. Bei zu viel Trockenheit werden sie holzig und zu scharf. Müssen sie hingegen mit Staunässe kämpfen, können sie zu faulen beginnen.

Rettiche sind insgesamt zwar leicht anzubauen, ihre große Geißel aber ist die Kleine Kohlfliege. Schützen Sie Kulturen mit einem feinen Netz, das Sie nur über das Beet zu legen brauchen – preiswerter und wirkungsvoller kann man die marodierenden Insekten nicht fernhalten. Insektennetze gibt es online und in Gartencentern.

Ernte

Die Wurzeln sind recht brüchig. Lockern Sie die Erde um sie herum zuerst mit einer Handgabel, bevor Sie die Rettiche vorsichtig herausziehen. Die meisten Sorten sind frisch geerntet sehr scharf, werden aber nach wenigen Tagen deutlich milder und süßer.

SCHARF DRAUF?

Die pfefferige Schärfe von Rettichen wird durch Schwefelverbindungen verursacht. Sie sind eine natürliche Verteidigungsstrategie gegen Schädlings- und Krankheitsbefall. Je stärkerem Stress die Pflanzen ausgesetzt sind (Trockenheit, Hitze, Insektenattacken), desto stechender schmecken sie. Allerdings hängt der Schärfegrad auch direkt von der Verfügbarkeit von Schwefel im Boden ab, der als Baustein für die Geschmacksstoffe dient.

Sie brauchen's schärfer? Verteilen Sie einen Teelöffel Bittersalz (Magnesiumsulfat) auf jeden Quadratmeter Beet. Das erhöht den Schwefelgehalt des Erdreichs, vor allem wenn man Sand- oder Kalkböden im Garten hat, in denen dieses Mineral eher schwach vertreten ist. Es kann aber auch gesundheitlich von Vorteil sein, denn die scharfen Geschmacksbestandteile – man findet sie auch in Brokkoli und Rosenkohl – haben angeblich krebshemmende Wirkung.

Lieber etwas milder? Durch großzügiges Wässern lässt man nicht nur die Wurzeln schwellen, was ihre Schärfe verdünnt, sondern wäscht auch überschüssigen Schwefel aus dem Boden. Schon allein das Schälen der Rettiche aber drosselt ihren würzigen oder bitteren Biss beträchtlich, denn das Gros dieser Geschmacksstoffe ist in den Schalen konzentriert. Sie sind schließlich zum Schutz und zur Verteidigung da.

DAIKON-SALAT-RÖLLCHEN

Erinnern Sie sich noch an die Rohkostplatten auf Cocktailpartys in den 1980er-Jahren? Sie sind in neuer, verbesserter Form wieder da - als »Gemüse-Sushi«. Dabei werden dünne Scheiben unterschiedlicher Gemüsesorten zu kleinen Päckchen gerollt, was ihren frischen, klaren Geschmack unterstreicht.

DIE FRÜHLINGS-ZWIEBELN mit Möhre, Gurke und Daikon in dünne Stifte schneiden.

EINE GEMÜSE-AUSWAHL mit dem Schälmesser in lange, dünne Bänder schneiden. Besonders gut zu Rettich passen in diesem Mix Möhre und Gurke.

DREI GEMÜSE-BÄNDER auf ein Brett legen und einige Gemüsestifte in ein Ende einrollen.

DAS PAKET fest zusammenrollen und herausragende Stifte abschneiden.

EINEN DIP aus 2 Teilen Tahini, 1 Teil Reisweinessig, 1 Teil Sojasauce und 1 Prise Zucker dazustellen.

UNDERCOVER-GENÜSSE

Soll ich Ihnen einen simplen Trick verraten, mit der so ziemlich jeder Gemüsegärtner seinen Ertrag im Handumdrehen fast verdoppeln kann – ohne großen Zusatzaufwand? Sie wissen es vielleicht nicht, aber Sie haben eine ganze Reihe feinster Genüsse in Griffweite, an denen Sie jeden Tag achtlos vorbeigehen. Sie sitzen an den Gewächsen in Ihrem Garten.

Viele Obst- und Gemüsepflanzen tragen mehr als nur einen essbaren Teil – aber wir greifen uns oft nur den am wenigsten schmackhaften und werfen das Beste auf den Komposthaufen.

Auf den nächsten Seiten verrate ich Ihnen das Geheimnis der übersehenen Genüsse. Hier die besten Multitasker aus dem Nutzgarten…

ZUCCHINIBLÜTEN

Die schönen, buttergelben männlichen Blüten von Zucchini bringen vielleicht nicht so schmackhafte Früchte wie ihre weiblichen Gegenstücke hervor, aber das heißt noch lange nicht, dass sie nutzlos sind. Sie haben nämlich einen unwiderstehlichen eierähnlichen Geschmack. Die gute Nachricht: Man kann so viele männliche Blüten ernten, wie man will – sie spielen für den Ertrag keinerlei Rolle, da sich nur aus den weiblichen Blüten Früchte entwickeln. (Mehr über das Zubereiten und den Verzehr von Zucchiniblüten auf S. 166).

LAUB VON SCHWARZEN JOHANNIS- BEEREN *Ribes nigrum*

Die Blätter von Schwarzen Johannisbeeren enthalten bis zu fünfmal so viele der für den typischen Johannisbeergeschmack verantwortlichen Aromastoffe wie die Beeren. Seit Jahrhunderten werden sie in verschiedensten Speisen als Geschmacksverbesserer eingesetzt.

Sie bilden die Grundlage einiger der besten Sorbets, Speiseeissorten und Dessertcremes, ob mit Beeren oder solo. Zupft man sie jung ab und zerhackt sie, bereichern sie mit ihrem zwischen Brombeeren und Lorbeerblättern angesiedelten Geschmack Obstsalate, Salsas und Marinaden für Fisch und Huhn.

Und das Beste: Die Blätter werden am besten nach der Ernte abgezupft, wenn man die Büsche sowieso schneiden muss.

weibliche Blüte   männliche Blüte

Der kleine Unterschied …

IST GANZ LEICHT ZU ERKENNEN: Bei weiblichen Blüten zeigt sich unterhalb der Blüte der Fruchtansatz, männliche haben nur einen dünnen Blütenstiel.

RÜBENKRAUT

Haben Sie sich je gefragt, woher die in Öl eingelegte Cima di Rapa in kleinen, hübschen Gefäßen kommt, die man oft in italienischen Feinkostläden sieht? Es handelt sich um gehackte Rübenblätter. Das angenehm bittere, leicht pfefferige Laub wird von jungen Speiserüben geschnitten, die als trendiges Babygemüse angeboten und wie ultrafeiner Kohl zubereitet werden. Ihr Laub wird in Spanien, Italien, Frankreich und Griechenland geschätzt und dort getrocknet mit Nudeln, gebraten mit Polenta und Wurstscheiben, als Zutat zu Eierspeisen oder als Belag für Sandwiches zubereitet. Ich esse es gern mit Orecchiette, Orangenschalen, krümeligem Wensleydale-Käse, Olivenöl und einem Spritzer Zitronensaft als Gegengewicht zur erdigen Bitternote. Ähnlich können Rettichblätter genutzt werden.

Das Laub von Roten Beten ist heute zwar kaum noch in der Küche zu finden, war früher aber der eigentlich essbare Teil des Gemüses und wurde schon Jahrhunderte bevor jemand daran dachte, sie mit dicken, süßen Wurzeln zu züchten, genossen. Sie enthalten noch mehr Phytonährstoffe als die Wurzeln selbst, schmecken ähnlich wie Mangold und können auch genauso genossen werden. Besonders gut sind sie in sahnige Kokosnuss-Gemüsecurrys gehackt oder in klare Hühnerbrühe gerührt. Ich mag besonders die Sorte **'Bull's Blood'** mit ihrem üppigen, intensiv roten Laub über zuckersüßen Beten.

KÜRBISLAUB

In ganz Lateinamerika, Asien, Afrika und dem Mittelmeerraum werden die jungen Triebspitzen von Kürbissen als schmackhaftes Grüngemüse gegessen. Wir im Westen sind anscheinend die Einzigen, die noch nicht auf den Geschmack gekommen sind! Mit ihrem nussigen Einschlag, angesiedelt zwischen Spinat, Spargel und Brokkoli, haben die jungen Blätter einen angenehm saftigen Biss ohne eine Spur von Bitterkeit.

Die Blätter bewahren ihre kräftige Farbe und feste Textur beim Kochen. Ihre hübschen Quirle aus peitschenartigen Ranken schmecken so gut, wie sie auf dem Teller aussehen. In Korea und Japan verwertet man sie in Pfannengerichten oder dämpft sie leicht und würzt sie mit Chiliöl, Ingwerscheibchen und einem Spritzer Reiswein. In Westafrika dagegen hackt man sie und rührt sie in reichhaltige Kokoscremesaucen oder in Béchamelsauce mit einer Prise gemahlener Erdnüsse. Die Menschen im Mittelmeerraum kennen sie als blanchiertes und Salaten oder Omeletten hinzugefügtes Gemüse. Das Abzwicken der Triebspitzen hat aber noch einen weiteren Vorteil: Es verhindert, dass die wüchsigen Kürbisse im Hochsommer den ganzen Garten in Beschlag nehmen. Sie schlagen also zwei Fliegen mit einer Klappe!

KNOBLAUCH-BRUTZWIEBELN

Schlangen-Knoblauch (*Allium sativum* var. *ophioscorodon*) liefert nicht nur wesentlich schmackhaftere, nährstoffreichere (und teurere!) Zwiebeln als handelsüblicher Knoblauch (*Allium sativum*), er treibt als Bonusmaterial auch noch Stängel aus. **Sie und ihre köstlich nussigen essbaren Brutzwiebeln sind wesentlich interessanter als die Zwiebeln selbst.**

Geerntet werden sie im Juni, bevor sich die essbaren Knospen öffnen. Sie sind neben Artischocken, Frühlingserbsen und Spargel ein echtes Edelgemüse, haben aber einen komplexeren Geschmack als die drei anderen. Der Stängel selbst offenbart den fleischigen Biss von Spargel und eine ähnliche metallene, grüne Note, jedoch mit knoblauchartiger Süße als Dreingabe. Die Brutzwiebeln hingegen ähneln Brokkoli und bieten auch einen vergleichbaren nussigen Geschmack, was sie zum Allround-Gemüse macht.

Ich serviere sie gern wie Spargel gedämpft mit frischer Sauce hollandaise. **Man kann sie aber auch gebraten, gedünstet und mit Nudeln genießen. Am besten schmecken sie vermutlich geschnitten und kurz in Butter angebraten als Zutat zu Rührei.** Nicht vergessen darf man, dass nur Schlangen-Knoblauch, auch Rocambole genannt, die Brutzwiebeln bildet. Gute Anbieter weisen klar darauf hin, dass es sich nicht um herkömmlichen Knoblauch handelt.

DICKE-BOHNEN-LAUB

Wer gern Dicke Bohnen anbaut, wird wissen, dass man die obersten 7 cm der Pflanzen abzwicken sollte, sobald sich die Bohnen bilden – so steht es in allen Gartenratgebern. Entfernt man diesen Teil der Triebe, wird die Entwicklung der Hülsen beschleunigt, sodass früher geerntet werden kann, was auch das Risiko eines Befalls durch die Schwarze Bohnenlaus enorm verringert. Aber nirgends scheint je erwähnt zu werden, dass die zarten, saftigen Blätter gegessen werden können und in Nordspanien sogar als Delikatesse gelten.

Mit ihrem frischen, süßen Bohnengeschmack und dem köstlich fleischigen Biss sind sie sowohl roh in grünen Blattsalaten als auch gekocht als Gemüse ein Erlebnis. **Weiterer Vorteil: Sie gehören im Frühjahr zu den ersten Blattgemüsesorten, die erntereif sind.** Man dünstet sie mit Knoblauch und Olivenöl an, rührt sie in Wildpilzrisotto oder streut sie mit schwarzen Oliven und Speckstreifen auf Pizza.

Radieschen

Rote Bete

Speiserübe

Zucchiniblüten

Allium coryi

Elefanten-Knoblauch

Schlangen-Knoblauch

Dicke-Bohnen-Blätter

Schwarze Johannisbeeren

UNKRAUT OHNE »UN«

Wer Obst und Gemüse selbst anbaut, ficht eine nie endende Schlacht gegen Unkraut. Dabei sind viele der schlimmsten Feinde in Wirklichkeit geschätzte Wildkräuter, die in Nobelrestaurants serviert werden. Warum also zur chemischen Keule greifen, wenn man aus dem Jäten ein Ernten machen kann, ohne vorher einen Finger für die Genüsse gekrümmt zu haben? Hier die besten »Un«-Kräuter …

GIERSCH

Aegopodium podagraria

Zitronen- und frisches Petersilienaroma zeichnen den Gewöhnlichen Giersch aus. **Er hat in Skandinavien und Osteuropa eine treue Fangemeinde und präsentiert sich sündteuer auf der Speisekarte des Noma in Kopenhagen, das schon mehrfach zum besten Restaurant der Welt gekürt wurde.**

Giersch ist perfekt zu Fisch in eleganter Weißweinsauce. Man kann ihn auch in einem rustikalen Kräuteromelett verarbeiten oder gehackt mit Olivenöl auf einen dampfenden Kartoffelberg häufen. Eines gilt es aber zu bedenken: Das Kraut, traditionell im Frühjahr genossen, entwickelt nach der Blüte im Sommer einen bitteren Geschmack und wirkt leicht abführend. Die Lösung? Ernten Sie die Blätter regelmäßig ab. Dann wähnen sich die Pflanzen in einem ewigen Frühling und liefern den ganzen Sommer frische Blätter (ohne fatale Folgen).

BRENNNESSEL *Urtica dioica*

Mit ihrem kräftigen, »grünen« Geschmack und dem hohen Gehalt an Mineralien erlebt die Große Brennnessel gerade eine Renaissance in ambitionierten Restaurants und wird mitunter sogar auf exklusiven Bauernmärkten verkauft - für entsprechend exklusive Preise.

Wird das Wildgemüse gekocht, brennt es nicht mehr, und zurück bleibt ein brokkoli- und brunnenkresseartiger Geschmack, aber ohne die Bitterkeit. Man nutzt es als Zutat für Suppen, in Quiche oder gedünstet und anstelle von Basilikum für Pesto. Ernten Sie Brennnesseln im zeitigen Frühjahr (mit Handschuhen), da sie später zu faserig werden.

HIRTENTÄSCHEL

Capsella bursa-pastoris

Es gibt wohl kaum einen Nutzgarten, in dem sich nicht eine versteckte Kolonie dieses wuchernden Unkrauts festgesetzt hat. Es führt ein Doppelleben als zarte kleine Verwandte der Brunnenkresse und hat sogar dieselben gesundheitsfördernden Senfölglycoside zu bieten.

In Japan wird Hirtentäschel wie Rucola oder Brunnenkresse in Frühlingssalate oder risottoähnliche Reisgerichte integriert und schmeckt auch ähnlich pfefferig und senfartig. In der Regionalküche von Schanghai ist es fester Bestandteil von Pfannengerichten oder Kloßfüllungen.

LÖWENZAHN

Taraxacum sect. *Ruderalia*

In der italienischen, französischen und griechischen Küche hat der Löwenzahn einen hohen Stellenwert. Er ist eine Art wilder Chicorée, macht aber viel weniger Arbeit. Ich grabe Sämlinge aus und pflanze sie in meine Salatbeete, wo ich sie ordentlich wässere und zu üppigem Grün mit angenehm bittersüßem Geschmack heranziehe. Die Blätter enthalten siebenmal so viel Antioxidantien wie Spinat und sind außerordentlich gesund.

Löwenzahn macht eine gute Figur in Salaten mit Croûtons, Speckstreifen und gebratenen Knoblauchscheiben. **In Frankreich werden die Pflanzen oft vor der Ernte zehn Tage lang abgedeckt, damit sie unter Lichtausschluss weiterwachsen, eine buttergelbe Farbe annehmen und zarter schmecken.**

WILDE RAUKE

Diplotaxis tenuifolia

Das Unkraut, das gern trockenes Brachland besiedelt, liegt oft unter der Bezeichnung Rucola in In-Bistros auf dem Teller. Es verträgt die trockensten Bedingungen, erscheint immer wieder in den Kieswegen zwischen meinen Hochbeeten und versorgt mich das ganze Jahr über mit mehr kostenlosem Salat, als ich verputzen kann. Wird die Wilde Rauke nicht wie im Erwerbsanbau massiv gewässert, entwickelt sie eine intensivere Schärfe. Sparen Sie sich die halb verwelkten Schalen aus dem Supermarkt, die im Gemüsefach Ihres Kühlschranks ein trauriges Dasein fristen, und holen Sie sich das trendige Salatgrün lieber aus dem eigenen Garten.

Hirtentäschel

UNVER-MEIDLICH

Unkraut ist wie Steuern und Sterben: Man kommt nicht drumherum. Sehen Sie die unterschätzten Pflanzen, die wir nur immer loszuwerden versuchen, als Gemüse – und Sie brauchen nie wieder zu jäten!

Wilde Rauke

Giersch

Löwenzahn

Brennnessel

NESSEL-ZITRONEN-CASHEW-PESTO

4 Portionen

Keine fünf Minuten dauert es, bis dieses falsche Pesto zusammengemixt ist. Es wird mit Cashewnüssen anstelle von Pinienkernen zubereitet und ist kostengünstiger. Außerdem verspreche ich Ihnen: Keiner merkt den Unterschied.

150 g junge Nesseln mit 1 EL Wasser in einen Topf geben und unter ständigem Umrühren etwa 5 Minuten zusammenfallen lassen.

DIE ANGEDÜNSTETEN NESSELN
in der Küchenmaschine mit
50 g geriebenem Parmesan,
2 Knoblauchzehen, 50 g Cashewnüssen, der Schale von 1 unbehandelten Zitrone und
150 ml Extra-Vergine-Olivenöl
sowie einer großzügigen Prise
Muskatnuss grob zerkleinern.

DIE MISCHUNG nach Belieben
mit Öl, Salz oder Pfeffer
abschmecken.

DAS PESTO auf Weißbrotscheiben streichen, mit gekochten Hähnchenbruststreifen belegen, mit Parmesan bestreuen,
mit Extra-Vergine-Olivenöl
beträufeln und als ultimativen
Frühlingsgenuss servieren.

ESSBARE BLÜTEN
(DIE AUCH NOCH GUT SCHMECKEN)

Essbare Blüten sind viel mehr als nur Garnierung. Ihr Geschmacksspektrum reicht von intensiv aromatisch und sorbetähnlich bis hin zu voll und fleischig. Einige unserer beliebtesten Gemüsesorten, etwa Artischocken, Brokkoli und Blumenkohl, sind nichts weiter als speziell gezüchtete Blüten.

Bis ins 19. Jahrhundert hatten Blüten einen hohen Stellenwert in der abendländischen Küche. Leider sind nach einem aus kulinarischer Sicht blütenlosen Jahrhundert die neuesten Zugänge in der Kochkunst Schönheiten, die zwar gut aussehen, aber nach fast nichts schmecken. Ja, ich sehe euch an, Veilchen, Kornblume, Nelke!

Wer Blumen als essbare Gimmicks abtut, versperrt sich selbst den Zugang zu einer ganzen Welt ungewöhnlicher Geschmacksnuancen. Etliche geschätzte Zierpflanzen in unseren Gärten führen in anderen Teilen der Welt ein geheimes Doppelleben als geschätzte Ingredienz von Speisen.

DIE WÜRZIGEN

Sie sind fast zu schön zum Essen, werden aber zwischen Schanghai und San José in großem Maßstab als alltägliches Gemüse für Supermärkte angebaut. Meine Damen und Herren, darf ich vorstellen: geschmackliche Schwergewichte aus Ihren Beeten und Rabatten.

Zucchiniblüten

Jahrhundertelang waren männliche Zucchiniblüten ein wichtiger Bestandteil der bäuerlichen Küche Italiens und Mexikos. Inzwischen aber tauchen sie auch auf den Menükarten von Spitzenrestaurants und in den Auslagen von Bauernmärkten auf. **Nach Gewicht gerechnet, kosten sie 50-mal mehr als die Zucchini selbst. Zahllose Hobbygärtner, die Zucchini in ihrem Garten anbauen, wissen nicht, welch herrlich cremiger, eierähnlicher Geschmack ihnen entgeht.**

Zwicken Sie den Ansatz ab und toasten Sie die Blüten zwischen Weizen-Tortillas gelegt mit gebratenen Zwiebeln, gerösteten roten Paprika und Bergen von Käse – in Mexiko wird dieser Imbiss auf Straßenmärkten angeboten. In Italien füllt man die ganzen Blüten mit Ricotta, umwickelt sie fest mit Schnittlauch und brät sie in Öl. Ebenfalls empfehlenswert: Buschbohnen in Knoblauch und Olivenöl braten und die Blüten in der letzten Minute dazugeben oder eine Handvoll großer geschnittener Blüten in sommerliche Gemüsebrühe werfen. **Die Blüten erscheinen den ganzen Sommer über reichlich, doch lässt man ein, zwei männliche Exemplare als Bestäuber an der Pflanze.**

Zwiebelblüten und Knoblauch-Brutzwiebeln

Sowohl die Blütenknospen als auch die entfalteten Blütenblätter von Zwiebelpflanzen sind eine schmackhafte Leckerei. Sie bringen den typischen Zwiebelgeschmack mit, doch ist er wesentlich hübscher verpackt. Das gilt für alle Mitglieder der *Allium*-Familie, einschließlich Knoblauch, Schalotten, Porree, Schnittlauch und sogar die vielen Ziersorten dort draußen. **Wenn es um ein zusätzliches Quäntchen Farbe im Garten und am Gaumen geht, schlägt nichts** *Allium coryi*. Die ausgesprochen dekorative Pflanze aus dem Südwesten der Vereinigten Staaten ist bei uns leider noch völlig unbekannt. Es steht aber zu hoffen, dass sie eines Tages mit ihren zarten, nach Schnittlauch schmeckenden Blüten den Weg in unsere Rabatten findet.

Schnitt-Knoblauch
Allium tuberosum

Die eleganten weißen Blüten dieses Lauchs sind in Asien seit Jahrhunderten ein beliebtes Gemüse. Statt bissiger Zwiebelschärfe beeindrucken sie durch eine komplexere, nussige Süße. Man kocht und genießt sie eher wie Blattsalat, hackt und streut sie in Wok-Gerichte, fügt sie Pfannengerichten in den letzten zwei Kochminuten hinzu, dünstet sie mit Garnelen und lässt sie in asiatischen Interpretationen spanischer Omelette zum Zug kommen. Als Stauden halten sie manchmal jahrzehntelang fast ohne Pflege durch. Wer je gesehen hat, wie viel sie in Asia-Märkten kosten, wird sie bald selbst ziehen.

Allium 'Fireworks Mix'

Die Blüten bereichern Sommersalate, Dressings und Canapés um eine zarte, scharfe Note und werten pikante Gerichte optisch auf.

Taglilien

Hemerocallis (Arten und Sorten)

Taglilien gehören zu den meistgepflanzten Ziergewächsen der Welt. Deshalb wird es Sie überraschen, dass sie in ihrer ostasiatischen Heimat fast ausschließlich als Gemüse bekannt sind und in keinem großen Supermarkt fehlen. Mit ihrem süß-würzigen, zwischen frischen Stangenbohnen und köstlich schleimigen Okras angesiedelten Geschmack eignen sie sich für Pfannengerichte, werden aber auch in den letzten 5 Minuten vor dem Servieren in Suppen und Eintöpfe gerührt. Die Blüten erntet man, sobald sie Farbe bekommen (am beliebtesten sind in Asien die gelben Varianten). Sie werden nur kurz in einer heißen Pfanne angedünstet, damit sie ihre feste und doch cremige Konsistenz nicht verlieren.

Yucca

Yucca gloriosa und *Y. flaccida*

Sie stammen zwar aus den heißen, trockenen Regionen im Süden der USA und in Lateinamerika, doch sind mehrere Arten dieser schon fast unwirklich exotisch anmutenden Gattung robust genug für ein Dasein in gemäßigten Zonen. Ältere Exemplare treiben jedes Jahr im Sommer eine riesige Rispe aus weißen, glockenförmigen Blüten aus. **Die in Lateinamerika als Izote oder Itabo bekannten Pflanzen gelten von Mexiko bis Guatemala als Delikatesse und schmecken wie die besten alten Artischockensorten mit einer zarten Bitternote.** Ein mexikanischer Studienkollege von mir fuhr regelmäßig durch halb Großbritannien, um sich in Londoner Spezialitätengeschäften mit sündhaft teuren eingelegten Blütenblättern einzudecken. **Yucca brauchen sehr wenig Pflege, schmecken gut, sind schön anzusehen und nicht so teuflisch kapriziös wie Artischocken.**

Die Blüten passen vorzüglich zu Eierspeisen, Quiches und Nudelaufläufen. **Man wäscht sie, zupft ihre faserige Mitte heraus, die ziemlich bitter schmecken kann, und lässt ihnen nur die fleischigen Blütenblätter.** Außerordentlich beliebt sind sie in ihrer Heimat in Butter oder Schmalz gedünstet und in einfache Omeletts eingeschlagen oder mit gebratenen Zwiebeln, Kartoffeln und Eiern in einer Pfanne verrührt und mit etwas Thymian und Kreuzkümmel gewürzt. Fantastisch schmecken sie zudem mit frisch gebratenen Mais-Tortillas und pikanter Salsa – einfacher geht's nicht. In Costa Rica kennt man eine nicht minder köstliche Osterspeise. Sie heißt *pastel de izote*, ist ein Zwischending zwischen Lasagne und würzigem Brotpudding und besteht aus gebutterten Weißbrotscheiben, die mit Béchamelsauce in einer Auflaufform geschichtet und mit Eigelb und Muskatnuss verfeinert werden. Zwischen die Schichten kommen gedünstete Spargelstangen und Yucca-Blüten, obenauf eine Schicht Käse. Das Ganze wird gebacken, bis der Käse goldgelb ist.

Kapuzinerkresse

Lavendel

Dill

Fenchel

Kamille

DIE KRÄUTERIGEN

Nicht nur die Blätter von Kräutern schmecken gut, auch ihre Blüten sind oftmals mit den essenziellen Ölen bepackt, denen das Laub seinen charakteristischen Geschmack verdankt.

. . . .

Kapuzinerkresse
Tropaeolum majus

Die Verwandte der Brunnenkresse ist eine beliebte Zierpflanze, **die Inka auf dem Gebiet des heutigen Peru und Ecuador allerdings bauten sie einst wegen ihrer herrlich pfefferigen Blüten und Blätter an.** Man kann sie wie Brunnenkresse oder Rucola nutzen, um Salaten Pfiff zu geben. Ihre dünn geschnittenen Blütenblätter peppen Kartoffelsalat optisch und geschmacklich auf. Kapuzinerkresse sät sich selbst aus: Hat man sie einmal im Garten, wird man sie so schnell nicht mehr los.

Echter Lavendel
Lavandula angustifolia

Einst war Lavendel ein beliebtes Küchenkraut, zurzeit allerdings wird ihm die zweifelhafte Ehre zuteil, als eine der bekanntesten blumigen Ingredienzen in Speisen zugleich geschätzt und verachtet zu werden. Der Grund: Ambitionierte Köche streuen ihn haufenweise in so ziemlich alles, was sie zubereiten. In zu hoher Dosierung hat Lavendel allerdings eine seifige Penetranz und erinnert mehr an Omas Unterwäscheschrank als an ein delikates Traditionskraut. Verwendet man ihn hingegen sparsam in süßen und pikanten Gerichten, bereichert er sie mit einem herrlich harzigen Aroma nach Art von Thymian und setzt eine frische, blumige Note obendrauf.

Am einfachsten fängt man das Aroma von Lavendel ein, indem man ihn mit Zucker (siehe S. 170) zu duftenden Kuchen, Keksen und Teegebäck verarbeitet. Wer Lamm- und Rinderbraten auf die englische Art mit Minze bevorzugt, kann sie zur Abwechslung einmal mit Lavendel verfeinern. Ein simples Alltagsgericht wie ein normales Schnitzel wird zu etwas Besonderem, wenn man es in Öl brät, in das ein einziger, zerrupfter Blütenstand mit schwarzem Pfeffer eingelegt wurde.

Römische Kamille
Chamaemelum nobile

Die meisten kennen sie, wie die Echte Kamille, als Tee. **Frisch geschnitten hat Römische Kamille einen honigartigen Geschmack, der der getrockneten Version ähnelt, aber obendrein eine überraschend deutliche Ananasnuance bietet.** Ich mag sie gehackt als Bestandteil einer Honig-Senf-Glasur für Brathähnchen. Lecker ist sie auch mit Zitronenschale und Butter als Aufstrich für Toast oder Zutat von Kuchen und Keksen.

Und das Beste: **Die Vermehrung von Kamille ist buchstäblich so einfach wie das Aufreißen eines unbenutzten Kamilleteebeutels.** Denn in ihm sind Hunderte Samen enthalten, die, im Frühjahr auf ein nacktes Fleckchen Erde gestreut, im Sommer einen Posten frischer Blüten liefern. Sogar in Kieswegen siedeln sie sich an. Einfacher geht's wirklich nicht!

Dill & Fenchel
Anethum graveolens & Foeniculum vulgare

Die zarten Blüten des Fenchels sind in letzter Zeit als megaangesagtes und unverschämt teures Trendgewürz namens Fenchelpollen (siehe S. 184) in die Schlagzeilen geraten. Sie verströmen ganz wie die des Dills das klassische Aroma der Samen – allerdings in intensiverer Ausführung.

DIE EXTRAKTION VON BLÜTENAROMEN

Verglichen mit den Inhaltsstoffen in anderen Pflanzenteilen lassen sich die Aromen in Blüten nur schwer extrahieren. Wenn Sie jedoch die folgenden drei Ratschläge beachten, holen Sie das Beste aus ihnen heraus.

1) Früh aufstehen: Die Blüten der meisten Arten sollte man am Vormittag eines kühlen, trockenen Tages ernten. In dieser Zeit ist der Gehalt an Aromastoffen in der Regel am höchsten. Ist man zu früh dran, haben die Blütenblätter sie noch nicht vollständig mobilisiert, wartet man zu lange, verflüchtigen sie sich größtenteils in der Hitze des Tages. Geerntete Blüten müssen so schnell wie möglich verarbeitet werden und sollten völlig trocken sein, wenn man Geschmackseinbußen vermeiden will.

2) Nicht überhitzen: Werden die Blüten zu schnell erhitzt, verflüchtigen sich die empfindlichen Aromastoffe. Ihre Küche riecht zwar dann umwerfend, das Essen aber schmeckt nach wenig mehr als nach Kohlbrühe.

3) Nur intensiv duftende Arten und Sorten verarbeiten: Der Gehalt an aromatischen Stoffen in Blüten variiert von Art zu Art, ja sogar innerhalb der Arten, sehr stark. Wenn Sie eine schwach duftende Rose wie 'St Patrick' verwenden, werden Sie aus ihr nie auch nur annähernd das herausholen, was eine Duftbombe wie 'Champagne Cocktail' zu bieten hat. Aber Vorsicht: Nicht alle duftenden Blüten sind auch für den Verzehr geeignet. Halten Sie sich daher am besten an die auf den folgenden Seiten empfohlenen Arten und Sorten.

DIE SÜSSEN

Den zarten Duft eines Sommergartens einzufangen und allerlei süße Verführungen damit zu verfeinern ist wesentlich einfacher, als man glaubt. Mit ein paar einfachen Kniffen kann jeder das Aroma des Sommers selbst in den Tiefen des Winters genießen.

BLÜTEN, DIE WIE FRÜCHTE SCHMECKEN

Ich habe zwei Blüten entdeckt, die erstaunlicherweise fast genauso schmecken wie frisch gepflückte Früchte und keine große Küchenalchemie erfordern.

Begonie

Feijoa

Feijoa

Acca sellowiana

Die fleischigen, saftigen Blütenblätter dieses Strauchs aus dem südlichen Brasilien locken mit ihrem süßen, zuckerigen Duft Bestäuber wie Säugetiere und Vögel an. **Sie schmecken nach minzigen Marshmallows (wirklich!) und sind eine natürliche Nascherei, die man frisch vom Baum genießen oder in Obstsalate integrieren kann.** Leider ist die Art bei uns nicht winterhart und muss daher als Kübelpflanze gezogen werden.

Begonie

Begonien findet man rund um den Erdball in Fensterkästen und Blumenampeln, aber kaum jemand weiß, dass ihre Blüten essbar sind. Mit ihrer frischen Säure und der geleeartigen Textur erinnern sie mich an die sauren Apfeldrops, die ich als Kind so geliebt habe - aber ohne die Konservierungsstoffe. Findige Zulieferer der Haute Cuisine verkaufen sie Spitzenrestaurants als Delikatesse. Neuzüchtungen sind in Apricot- und Pfirsichfarben erhältlich und eignen sich als Kuchengarnierung, die so gut schmeckt, wie sie aussieht.

ZUCKER MIT BLÜTENDUFT

Blütendüfte lassen sich bestens für die Küche nutzbar machen, wenn man die Blüten unter einer Zuckerlawine begräbt. Der Zucker nimmt alle Feuchtigkeit und mit ihr auch die Aromaverbindungen auf. Er lagert sie in den Zuckerkristallen ein und konserviert sie so monatelang. Der blütenduftende Zucker ist eine herrlich vielseitige Zutat für allerlei Rezepte.

DIE BLÜTEN in eine Schüssel geben, das zehnfache Gewicht Zucker darübergeben und gut mischen. Den Zucker in ein Einmachglas füllen und luftdicht verschließen.

DIE MISCHUNG mindestens einen Monat stehen lassen, damit der Zucker die Aromen aufnehmen kann. Die Mischung sieht aus, als sei der Anteil der Blüten darin viel zu hoch, aber man darf nicht vergessen, dass sie wesentlich leichter als Zucker sind!

NACH EINEM MONAT die Blütenblätter heraussieben, den duftenden Zucker in ein Glas füllen und luftdicht verschließen. Gute Duftgeber sind Veilchen, Heckenkirsche, Jasmin, Lavendel, Holunder und Rosen.

KANDIERTE BLÜTEN

Das Kandieren ähnelt dem Einlegen in Zucker, um die Aromastoffe zu extrahieren, doch wird der Zucker direkt auf die Blüten »geklebt«. Dafür braucht man etwas mehr Geduld, aber die Ergebnisse sind den zusätzlichen Aufwand wert.

FRISCHE BLÜTEN mit der Oberseite nach unten auf Backpapier legen und die Unterseite mit etwas Eiweiß bestreichen. Ein sauberer, trockener Pinsel ist dafür ideal. Die Blüten sollen nicht in Eiweiß getränkt, sondern nur leicht angefeuchtet werden.

DIE BLÜTEN auf dem Backpapier mit Zucker bestreuen. Darauf achten, dass jedes Blütenblatt eine gleichmäßig dicke Zuckerschicht bekommt. Der Zucker verklebt mit dem Eiweiß und bildet mit ihm eine feine Kruste. 30 Minuten trocknen lassen.

DIE BLÜTEN umdrehen. Die andere Seite ebenfalls mit Eiweiß bestreichen und mit Zucker bestreuen. Wieder 30 Minuten trocknen lassen.

KÜCHENPAPIER auf den Boden eines luftdicht verschließbaren Gefäßes legen und die Blüten hineinlegen. Das Papier saugt Restfeuchtigkeit auf. Gekühlt sind die kandierten Blüten zwei Wochen haltbar.

BLÜTENWASSER UND SIRUP

Die Aromastoffe in Blüten sind stark löslich. Durch Einlegen und Lagerung im Kühlschrank über Nacht verwandeln sie schlichtes Leitungswasser bis zum Morgen in ein überraschend intensiv duftendes Blütenelixier.

Das Blütenwasser ist ein erfrischender, kalorienfreier Durstlöscher für den Sommer und die ideale Basis für eine spritzige Blumenlimonade mit einem Schuss Zitronensaft und Zuckersirup. Man kann zusätzlich einige Fruchtscheiben zu den Blüten legen, um den Geschmack noch zu steigern. Ich mag die klaren Nuancen von Heckenkirsche, Pfingstrose und Gurke, Holunder und Erdbeere sowie Gardenie und Weißem Jasmintee. Kaltaufgüsse aus hochwertigen Tees sind in China und Japan schon seit Langem bekannt.

Wem Blütenwasser zu tugendhaft ist, der kann dem Aufguss in einem Topf eine gleiche Menge Zucker hinzufügen, ihn auf niedriger Flamme erhitzen, bis sich der Zucker aufgelöst hat, und so einen umwerfenden Blütensirup zaubern. Deckt man den Topf mit einem gut schließenden Deckel ab und schwenkt ihn gelegentlich (nicht umrühren), bleiben die Aromastoffe in der Flüssigkeit und können sich nicht verflüchtigen. Ideale Kandidatinnen für diese Art von Blütensirup sind Heckenkirsche, Jasmin, Robinie und Mädesüß.

Pfingstrose & Gurke

Heckenkirsche

Holunder & Erdbeere

Gardenie & Weißer Jasmintee

BLÜTENKONFITÜRE

Ergibt 1 kg

Blütenkonfitüre muss anders zubereitet werden als Konfitüre aus Früchten. Die Kochzeit darf nicht zu lang und die Hitze nicht zu groß sein, damit die Mischung eingedickt wird, ohne dass die zarten Blütenaromen verloren gehen. Verwendet werden können Heckenkirsche, Veilchen, Jasmin und fast jede andere essbare Blüte, meine Favoritin aber ist die klassische Rose.

Diese libanesische Spezialität schmeckt großartig mit Eis, auf Gebäck oder als Grundlage für duftende Sommer-Cocktails. Keine Angst – das Einkochen von Rosen liefert keinen klebrigen »Billigparfüm«-Geschmack. Rosen gibt es in den verschiedensten Duftnuancen. Manche haben kaum noch etwas mit dem typischen Rosenduft zu tun, den viele (und auch ich) nicht mögen.

Ich habe mich förmlich verliebt in die Tropenfruchtnoten von **'Lady Emma Hamilton'**, die an einen Mix aus Litschis und Mangos erinnern, und das gewürznelkenschwere Aroma von **'Wild Edric'**. **'Sharifa Asma'** beeindruckt mit Waldbeerennuancen. Wer auf den klassischen Rosenduft steht, ist mit **'Harlow Carr'** gut bedient – sie setzt noch eine Lokumnote drauf.

200 g duftende Rosenblätter und 400 g Zucker in einer Schale gleichmäßig durchmischen und über Nacht bei Zimmertemperatur ziehen lassen.

750 ml Wasser über niedriger Flamme köcheln lassen und den Blüten-Zucker-Mix mit 1 EL Pektin sowie dem Saft von 1 Zitrone hineinrühren. Umrühren, bis sich der Zucker aufgelöst hat.

DIE HITZE hochdrehen und 3–5 Minuten aufkochen, bis die Konfitüre dick geworden ist.

DIE KONFITÜRE in warme, abgekochte Gläser füllen und Gläser verschließen.

IMMERWÄHRENDER STRAUSS

Sie würden den ganz besonderen Strauß zum Valentinstag am liebsten für immer behalten? Mit ein bisschen »Heimklonen« geht das tatsächlich. Machen Sie aus Schnittblumen in vier erstaunlich einfachen Schritten lebendige Pflanzen, die Ihnen Jahrzehnte Freude bereiten. Mit der hier beschriebenen Methode holen Sie sich außerdem Raritäten ins Haus, die in Gartencentern nur selten zu finden sind. Gleichzeitig bewahren Sie für sich jene spezielle Rose aus Mutters Gärtchen, deren Namen niemand kennt.

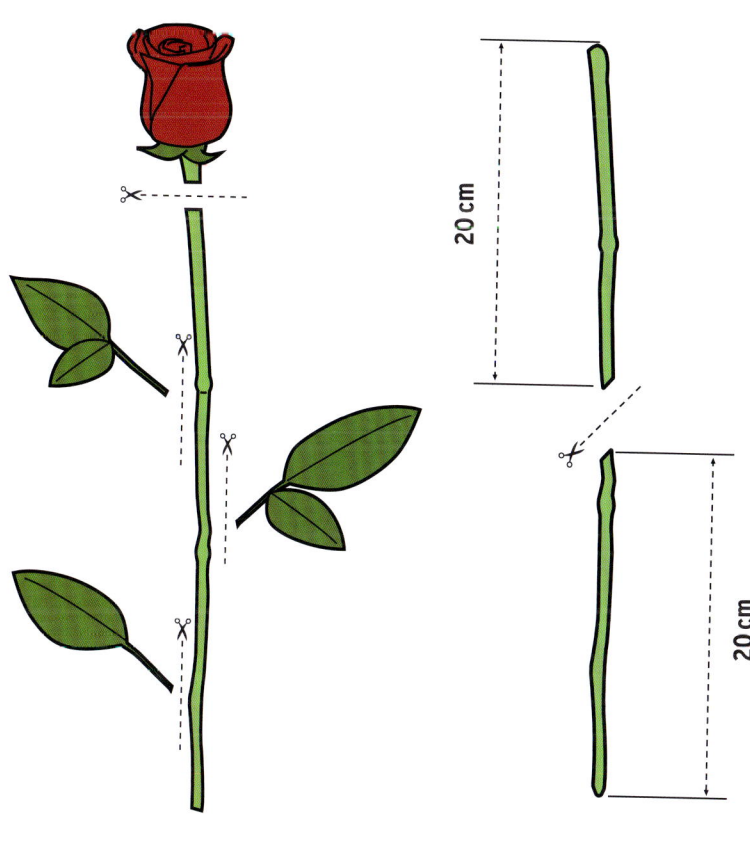

1

DEN ROSENSTIEL nehmen, die Blüte samt 1 cm vom Stängel abschneiden und alle Blätter entfernen.

2

DEN STIEL in 20 cm lange Abschnitte teilen (langstielige Rosen liefern mehrere Steckhölzer). Das untere Ende der Steckhölzer schräg anschneiden, um unten und oben nicht zu verwechseln.

3 + 4

DAS UNTERE ENDE der Steckhölzer in Bewurzelungshormon tauchen und gleichmäßig verteilt in einen Topf mit kiesigem Substrat stecken.

DEN TOPF gut wässern, abdecken und auf eine schattige Fensterbank stellen. Alle paar Tage überprüfen, ob das Substrat noch feucht ist, und ggf. gießen. Sobald die Steckhölzer neue Blätter bilden, kann man sie in Einzeltöpfe oder ins Freiland umsetzen.

TRÜFFEL

Sie möchten Trüffeln anbauen, haben aber keine toskanische Hügellandschaft und noch weniger einen speziellen Trüffelhund zur Hand? Ich verrate Ihnen ein Geheimnis: Das brauchen Sie auch gar nicht. Trüffeln gedeihen selbst in gemäßigten, eher nassen Breiten. Allein im deutschsprachigen Raum wachsen 30 Arten, darunter die begehrteste, die Sommer- oder Burgunder-Trüffel (*Tuber aestivum* var. *uncinatum*), die mehrere Hundert Euro das Kilo kostet.

In kühlen, feuchten Klimazonen wachsen Trüffeln sogar wesentlich oberflächennäher als in warmen Gegenden - oft ragen sie fast aus dem Erdreich heraus, weshalb man überhaupt keinen Trüffelhund mehr braucht, um sie aufzuspüren. Man findet sie fast in ganz Europa. Neuerdings werden von Neuseeland bis in die westlichen USA Trüffel-plantagen gegründet. Wer Kalkböden im Garten und etwas Geduld hat, sollte ernsthaft darüber nachdenken, ob er sie nicht kultiviert.

TRÜFFELN KULTIVIEREN

Boden bestimmen

Trüffeln gedeihen am besten in flachgründigen, alkalischen Böden über kalkigem Mutter-gestein. Ein solcher Boden ist alles andere als ideal für den Anbau von Obst und Gemüse, eignet sich aber bestens für die Trüffelkultur. **Die perfekte Trüffelerde hat einen pH-Wert von etwa 8 und ist arm an Nährstoffen.** Wenn Sie den pH-Wert Ihres Bodens nicht kennen, holen Sie sich ein Testset. Das gibt es spottbillig in Gartencentern.

Art auswählen

Trüffeln sind Pilze, die in Symbiose mit Baumwurzeln leben - also in einer Beziehung, von der beide profitieren. Sie erleichtern dem Baum die Aufnahme von Nährstoffen und Wasser und werden dafür vom Gehölz mit Zucker versorgt, das sie für ihr Wachstum brau-chen. Mehrere Versender bieten Bäumchen an, die bereits mit Trüffel-Myzelien infiziert sind. Sie legen sogar DNA-Tests vor, um das zu belegen.

Es stehen zwar mehrere Trüffel-Arten zur Auswahl, **in kühleren Regionen sind die Erfolgsaussichten aber mit der Sommer-Trüffel (*Tuber aestivum* var. *uncinatum*)** am größten. Sie wächst bereitwillig auf einer Reihe von Gehölzarten wie Eiche, Buche oder Hasel. Ich bevorzuge die Hasel, denn sie bleibt nicht nur relativ kompakt und ist daher für Kleingärten besser, sie liefert auch Nüsse, während man auf die Trüffeln wartet.

Weil die Hasel von den drei genannten Gehölzen außerdem am schnellsten wächst, stehen die Chancen, eine ordentliche Trüffelernte einzufahren, mit ihr am besten.

Einpflanzen
sobald die Bäumchen da sind

Treffen die Pflanzen ein, stellt man sie zwölf Stunden lang in eine Wasserschale, damit sie Wasser aufnehmen können.

EIN RISIKO, DAS SICH LOHNT

Obwohl Trüffeln in der Regel wenig Probleme bereiten und nicht viel Pflege verlangen, zieren sie sich anfangs doch sehr. Eine ganze Reihe von Faktoren beeinflusst ihr Wachstum. Wenn Sie die Tipps auf dieser und der folgenden Seite beachten, steigen Ihre Chancen, viele Trüffeln zu ernten. Wie bei allen Nutzpflanzen aber hängen die Ergebnisse stark vom Standort ab. Trüffeln sind nichts für Ungeduldige, die sofort Ergebnisse sehen wollen. Experimentierfreudige Hobbygärtner hingegen haben gute Chancen, für ihren Mut zum Risiko eine köstliche Dividende zu kassieren.

Standort und Abstände

Wählen Sie einen Standort in einiger Entfernung älterer Bäume, vor allem von Eichen, Buchen und Haseln, da sie Pilze beherbergen können, die mit Trüffeln konkurrieren. **Das Mischen geimpfter Pflanzen mit normalen Jungbäumen ist eine preiswerte Methode, eine neue Plantage anzulegen, da die Sporen eingewachsener Gehölze auf Nachbarn übertragen werden können.** Auf ein ungeimpftes Bäumchen sollten zwei geimpfte kommen.

Gutes Wässern und das Ausbringen einer dicken Schicht Rindenmulch oder Komposterde bewahrt die Feuchtigkeit im Boden und unterdrückt Unkraut.

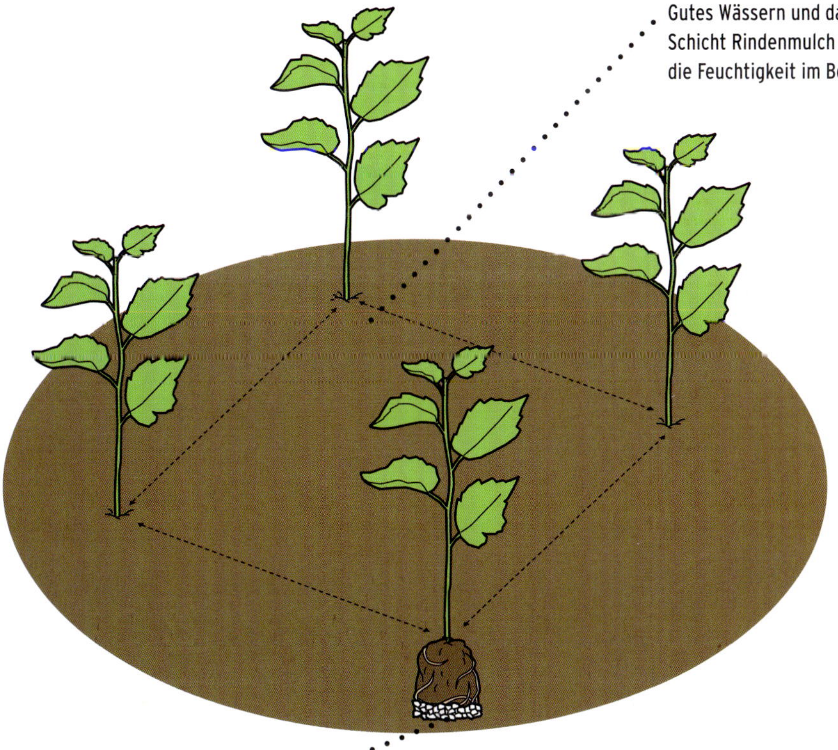

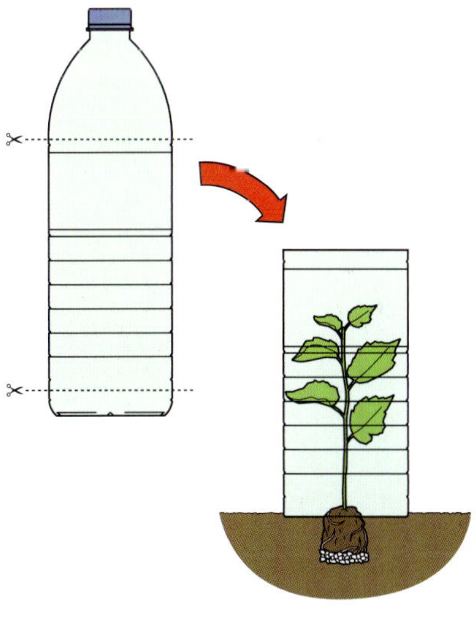

Manche Trüffelzüchter sind der Ansicht, dass eine Handvoll Kalksteinsplitt (in Gartencentern erhältlich), auf dem Boden jedes Pflanzlochs verteilt, optimale Bedingungen für das Einwachsen schafft.

Stülpt man im ersten Jahr eine Plastikflasche, deren Ober- und Unterseite man abgeschnitten hat, über das Bäumchen, bietet man ihm etwas Schutz vor den Elementen.

Laufende Pflege

Halten Sie die frisch gepflanzten Gehölze konstant feucht. Sie werden am besten mit Regenwasser gegossen. Nach einiger Zeit brauchen sie keine Pflege mehr. Sowohl die Hasel als auch Sommer-Trüffeln sind schließlich Wildarten und damit perfekt an das Dasein ohne menschliche Eingriffe angepasst.

Eine monatliche Verwöhndosis mit Melasse (siehe S. 27) fördert das Einwachsen der Hasel und der Trüffeln auf ihren Wurzeln, da sie eine wertvolle Quelle von Zucker und Spurenelementen ist.

Ansonsten sollte nicht gedüngt werden. Vor allem hohe Phosphorgaben sind schädlich, denn sie hemmen das Zusammenspiel der Pilze und ihrer Wirtspflanze, was schließlich sogar zum Absterben der Trüffeln führen kann. Durch eine zu hohe Nährstoffzufuhr kann das Gehölz außerdem zu stark wachsen und muss dann aufwendiger gepflegt und geschnitten werden.

Ernte
Gut Ding will Weile haben

Rechnen Sie mit Ihrer ersten Haselnuss- und Trüffelernte nach vier bis sieben Jahren. Zugegeben, die Wartezeit ist nicht gerade kurz, aber sie lohnt sich, denn Sie werden mit beispiellosen Genüssen belohnt. Außerdem brauchen die Gehölze in der Zwischenzeit so gut wie keine Pflege.

TRÜFFELSUCHE

Anhaltspunkte

Risse und Hügel: Sommer-Trüffeln wachsen so knapp unter der Erdoberfläche, dass oft Spuren ihre Anwesenheit verraten. Suchen Sie unter den Bäumen nach Erhebungen oder Rissen im Boden. Während der Saison zwischen spätem Frühjahr und Frühherbst kann es sogar vorkommen, dass die Pilze teilweise aus dem Boden herausragen.

Versengtes Gras: Die Aromastoffe, die Trüffeln ihren typischen Geschmack verleihen (und den besten Freund des Menschen dazu bringen, sie mit Freuden zu erschnüffeln), sind gleichzeitig starke Herbizide. Sie lassen die Vegetation direkt über den Trüffelpilzen absterben. Es bilden sich Ringe aus vertrocknetem Gras, die in Frankreich »brûles« genannt werden. Sie sind zunächst klein, werden aber mit jedem Jahr größer.

Grabspuren: Der Duft von Trüffeln hat nicht nur für Menschen, Hunde und Schweine seinen Reiz, sondern auch für allerlei andere Tiere, unter anderem Eichhörnchen und Dachse. Wenn Sie während der Trüffelsaison im Sommer Grabspuren auf der Erdoberfläche entdecken, könnte das ein Hinweis darauf sein, dass die Pilze erntereif sind.

Ausgraben

Sommer-Trüffel wachsen so oberflächennah, dass man sie leicht aus dem Boden holen kann. Kratzen Sie das Erdreich über ihnen einfach mit einem Fächerbesen weg.

KEIN HUND? NA UND?

Es heißt, dass ein ausgebildeter Trüffelhund oder sogar ein Trüffelschwein notwendig sei, um Trüffel aufzuspüren. Aber das stimmt nicht. Die Suche mit Tieren ist nur eine von vielen traditionellen Methoden, mit denen man die Pilze ausfindig machen kann. In Nordamerika harkt man sie aus dem Boden, in China nutzt man Hacken und in Nordafrika klopft man den Boden um mögliche Wirtspflanzen herum ab.

In Hausgärten ist das stundenlange Herumwandern und Eingrenzen des Trüffelstandorts mithilfe einer tierischen Spürnase sowieso überflüssig, denn der Besitzer hat die Kulturen ja selbst angelegt und weiß daher am besten, wo sie zu finden sind.

TRÜFFEL-HASELNUSS-CIABATTA
4 Vorspeisenportionen

Trüffeln und Haselnüsse sind nicht nur im Garten, sondern auch in der Küche ein Traumpaar. Dieses einfache Rezept vereint sie zu einem spätsommerlichen kulinarischen Stelldichein, das in wenigen Minuten arrangiert ist.

125 g Mascarpone, 1 weich gekochtes Ei, ¼ TL Rohrzucker und 1 großzügige Prise Muskatnuss pürieren und abschmecken.

DIE MISCHUNG auf dünne Scheiben Ciabatta (oder fertige Crostini aus dem Handel) streichen.

MIT 1 TL gehacktem Schnittlauch, 2 EL gehackten Haselnüssen und 1 fein geraspelten Trüffel garnieren.

KRÄUTER, GEWÜRZE UND NÜSSE

ETWAS ANDERE KRÄUTER

Wer das ultimative Geschmackserlebnis sucht, wird bei Kräutern fündig. Winzige Mengen können ganze Gerichte verändern. Weil sie ihre Aromastoffe vor allem bilden, um extreme Bedingungen besser zu überstehen und Schädlinge abzuwehren, gehören sie zu den pflegeleichtesten Nutzpflanzen.

Für ihren Geschmack sind größtenteils feine essenzielle Öle verantwortlich, die nach dem Ernten oft rasch abgebaut werden. Daher trifft das Credo »Selbstgezogenes schmeckt besser!« bei Kräutern besonders zu. Koriander beispielsweise verliert seine Aromastoffe schon nach zehn Tagen haarsträubend schnell, selbst wenn er im gewerblichen Anbau unter technisch kontrollierten Bedingungen optimal gekühlt und unter Schutzgas aufbewahrt wird. Allerdings sehen die Blätter gut drei Wochen lang frisch aus, weshalb Supermärkte sie frohgemut in den Regalen lassen. Statistisch heißt das, dass zu einem beliebigen Zeitpunkt die Hälfte der Kräuterpäckchen schon einen Großteil des Geschmacks verloren hat!

DREHEN SIE DEN GESCHMACKSPEGEL HOCH

Bei den Aromakomponenten von Kräutern handelt es sich im Großen und Ganzen um Abwehrstoffe, mit denen sich die Pflanzen gegen Bedrohungen wie Trockenheit, Hitze, UV-Strahlen, Schädlinge und Krankheiten in rauer Umgebung wappnen, indem sie die die Produktion dieser Stoffe hochfahren. Sie sind allerdings nicht nur Geschmacksgeber, sondern haben auch antimikrobielle und gesundheitsfördernde Eigenschaften. Kurzum: Je aromatischer die Kräuter duften, desto mehr gesundheitliche Vorteile sind von ihnen zu erwarten.

Werden sie hingegen mit reichlich Wasser und behaglichen Bedingungen verwöhnt, wie es mit Kräutern für die Discounterregale geschieht, fehlt ihnen oft der nötige Reiz, um die Bildung der Stoffe in Gang zu bringen. Sie treiben dann reichlich üppiges Laub aus, das nur einen Bruchteil der Intensität gestresster Exemplare hat. Das ist gut für die Märkte, aber schlecht fürs Pesto.

Hier verrate ich Ihnen ein paar Tricks, wie Sie Kräuter schlecht behandeln, damit sie gut schmecken…

Wenig Dünger

Für die Kräuterkultur werden gelegentlich großzügige Gaben Stickstoffdünger empfohlen. Es gibt sogar speziellen »Kräuterdünger« zu kaufen. In den meisten Fällen entstehen damit riesige, üppige Pflanzen, die nur einen Fehler haben: Sie schmecken nach wenig. Man sollte daher eher den umgekehrten Weg gehen. Da die meisten Gartenböden relativ nährstoffreich sind, arbeitet man in die Kräuterbeete am besten große Mengen Kies oder Sand ein (in schwere Böden bis zu 60 Prozent), um ihren Nährstoffgehalt zu *senken* statt zu heben. Das hält die Wurzeln trocken, was nicht nur das Krankheitsrisiko verringert, sondern auch nützliche Stressreaktionen erzeugt. **Der Anbau in kargen Böden verbessert den Geschmack so unterschiedlicher Kräuter wie Basilikum, Kamille, Ringelblume, Kümmel und Rosmarin.**

Aspirinspray

Aspirin wirkt wie ein natürliches Hormon, das Kräuter zur Bildung von Aromastoffen anregt.

Wie Studien gezeigt haben, kann schon ein einmaliges gründliches Benetzen mit einer Lösung, deren Verdünnung einer Aspirin-300-Tablette in einem Liter Wasser entspricht, bei Kräutern wie Salbei, Basilikum, Minze oder Majoran den Anteil an essenziellen Ölen (und damit den Geschmack) in nur einer Woche verdoppeln. Das funktioniert, weil den Pflanzen vorgegaukelt wird, dass sie angegriffen werden, worauf sie mit einer Produktion von Aromastoffen reagieren.

Die Lösung lässt die Pflanzen zudem größer werden, fördert ihren Laubwuchs und senkt ihre Kälteempfindlichkeit. Das ist vor allem für Feinschmecker interessant, die nicht winterharte Kräuter in kühlen Breiten anbauen.

Sprühen Sie die Pflanzen den Sommer über einmal im Monat mit einer Aspirinlösung gut ein, am besten an einem kühlen, trockenen Morgen. Ein Liter ist selbst für das größte Kräuterbeet mehr als genug.

Volle Sonne

Fast alle Kräuter bilden an vollsonnigen Standorten mehr der als Hauptaromageber wichtigen essenziellen Öle – selbst jene, die wie zum Beispiel Minze mit lichtem Schatten zufrieden sind. Wer sich je gewundert hat, warum Genoveser Basilikum während des Italienurlaubs viel zitrus- und gewürznelkenduftiger schmeckt als in den Kräutertöpfen aus dem Supermarkt zu Hause, dem sei gesagt, dass der Gehalt an den Aromastoffen Linalool (Zitrusnote) und Eugenol (Gewürznelkenaroma) bei optimaler Sonneneinstrahlung und Wassermangel steil ansteigt. **Platzieren Sie Ihre Kräuter daher im sonnigsten Winkel des Gewächshauses, am besten auf einem hohen Regal, wo sie noch mehr Licht und Wärme abbekommen.** Bei 25 °C kultiviertes Basilikum enthält bis zu dreimal mehr Aromastoffe als Basilikum, das bei 15 °C gezogen wurde.

Beengte Verhältnisse

Es klingt unlogisch, aber **geringere Pflanzabstände erhöhen nachweislich die Konzentration essenzieller Öle in einer Reihe von Kräutern von Minze bis Kreuzkümmel.** Sie bekommen zwar dadurch weniger Licht, doch setzt sie der hohe Konkurrenzdruck so unter Stress, dass sie mit der vermehrten Bildung von Verteidigungsstoffen beginnen.

Bei Versuchen des US-Landwirtschaftsministeriums produzierte Basilikum wesentlich mehr Geschmacksstoffe, wenn man es durch eine grüne Folie hindurch wachsen ließ. Die Pflanzen wuchsen nicht nur besser, sondern waren auch merklich aromatischer als Vergleichspflanzen über roter, weißer oder blauer Folie. Die Wissenschaftler vermuten das von der grünen Folie reflektierte Licht als Ursache: Es hat ein ähnliches Spektrum wie Nachbarpflanzen und regt Basilikum möglicherweise dazu an, wegen der vermeintlichen Konkurrenz vermehrt etwas für die Verteidigung zu tun. Seltsam, aber wahr.

Platzieren Sie Kräuter deshalb im Abstand von 30 cm – er hat sich als ideal herausgestellt – und mulchen Sie die Bodenoberfläche mit einer schwarzen bzw. dunklen Folie. Wer sich nicht mit der Vorstellung anfreunden kann, seinen Garten mit einer farbigen Plane abzudecken, verteilt eine 1 cm dicke Lage Pflanzenkohle (gemahlene Holzkohle) auf dem Erdreich. Es unterdrückt wie Folie Unkraut und erwärmt den Boden beträchtlich, was das Wachstum der Pflanzen zusätzlich fördert.

Wassermangel

Wasserstress erhöht nachweislich den Gehalt an Aromastoffen in zahlreichen Kräutern von Thymian und Kamille bis zu Zitronengras und Katzenminze. Da die meisten Kräuter sowieso aus trockenen Regionen stammen, sind sie an diese Bedingungen bestens angepasst.

In den meisten Klimazonen müssen sie daher nach dem Einwachsen im Freiland nie wieder gewässert werden. **Falls Sie schweren Gartenboden haben oder in einer niederschlagsreichen Gegend wohnen, hilft es, viel Sand oder Kies in das Erdreich einzuarbeiten, damit die Wurzeln der Kräuter trocken bleiben.** Kräuter wie Thymian bilden auf Sandböden oft *doppelt* so viele essenzielle Öle wie auf Ton-, Lehm- oder Kalkböden, sogar unter wüstenähnlichen Bedingungen, wie Versuche ergeben haben.

Eine Ausnahme allerdings gibt es: Minze. Das Kraut ist die Ausnahme von der Regel. Mehrere Versuche haben gezeigt, dass sich die Konzentration essenzieller Öle und anderer geschmackgebender Stoffe erhöht, wenn man es gut wässert. In gemäßigtem Klima bedeutet das den Sommer über eine großzügige Gabe Flüssigkeit alle sieben bis zehn Tage. Übertreiben Sie es aber nicht, denn wenn man zu stark wässert, sinkt die Gesamtkonzentration der Aromen nachweislich wieder.

NEUE KRÄUTER FÜR EXPERIMENTIERFREUDIGE

Lust darauf, einige der ungewöhnlicheren Kräuter zu erkunden? Köstlichkeiten, die man selbst in den trendigsten Läden nur selten antrifft? Mit dieser Auswahl an Exoten kann sich jeder, der ein paar Töpfe frei hat, Genüsse ins Haus holen, die kaum zu bekommen sind.

FENCHELPOLLEN

Foeniculum vulgare

Was ist das?

»Gäben Engel ein Stück von ihrem Flügel zum Würzen, er würde wie Fenchelpollen schmecken«, schwärmte das Feinschmeckermagazin *Saveur*. »Ein natürlicher Geschmacksverstärker«, »ein seltener Luxus« oder »die härteste Konkurrenz des Safran« las man von anderen. **Nichts scheint in letzter Zeit in der kulinarischen Szene so viel frenetischen Beifall zu bekommen wie Pollen vom Wildfenchel.** Jeder Teelöffel voll kostet bei Gewürzhändlern richtig viel Geld. Dabei ist er sehr einfach anzubauen und nichts recht viel anderes als die getrockneten Fenchelblüten unter neuem Namen.

Das Aufpeppen von Speisen mit Fenchelblüten hat zwar eine sehr lange Tradition in Kalabrien, doch war der Wert dieses Gewürzes außerhalb der Region kaum bekannt, bis italienische Auswanderer in Kalifornien vor Kurzem auf riesige Wildbestände stießen, die aus Gärten geflüchtet waren. Im Gegensatz zu vielen Trendgewürzen verdient Fenchel den Hype tatsächlich. **Die winzigen goldenen Körnchen verströmen einen vollen Honig-Anis-Duft, der wesentlich süßer und duftiger ist als Fenchelsamen oder -blätter.** Ein, zwei Prisen können den Geschmack der verschiedensten Gerichte merklich intensivieren. **Für mich ist Fenchelpollen Feenstaub in Gewürzform.**

Anbau

Die Kultur von Fenchel ist ein Kinderspiel: **Kaufen Sie einfach ein Päckchen Fenchelsamen aus dem Supermarkt und streuen Sie es auf ein möglichst sonniges Beet mit durchlässiger Erde.** Danach sät sich Fenchel selbst aus, und da er aus dem Mittelmeerraum stammt, kommt er sogar auf Kieswegen, Schutthaufen und Bahndämmen zum Vorschein, wo sonst fast nichts wächst. Es müsste reichen, ihn ein einziges Mal zu säen.

Ernte

Schneiden Sie an einem warmen, sonnigen Tag im Garten ein dickes Bündel geöffneter Blütenstände ab, auf denen der gelbe Pollen deutlich zu sehen ist. Stecken Sie die Blüten kopfüber in eine Papiertüte, aber lassen Sie den Stängel oben herausgucken. So wird das Päckchen für ein bis zwei Wochen an einem kühlen, trockenen Platz, etwa in einer Garage, aufgehängt. Dann schüttelt man es kräftig, damit sich der Pollen löst und in die Tüte fällt. Er ist sehr intensiv und hält sich in der Küche luftdicht verschlossen bis zu einem Jahr. Die einzelnen Blütenstände liefern wie Safran sehr wenig Pollen – nicht mehr als $1/4$ Teelöffel, aber man braucht auch nicht viel. Weil Fenchel zudem sehr reich blüht, wird man kaum je Nachschubschwierigkeiten haben.

Verwendung

Der Pollen wird mit Knoblauch und gehackten Walnüssen über frische Eiernudeln gestreut, mit Olivenöl gemischt zum Bestreichen von gegrilltem Brot oder zum Verfeinern von dampfenden Schüsseln mit Brokkoli, Artischocken und Tomaten genutzt. Zudem wertet Fenchel gebratenes Hähnchen und geschmorten Schweinebauch enorm auf. Bestäuben Sie das Fleisch wenige Minuten vor dem Servieren, damit der Pollen seinen himmlischen Geschmack nicht verliert. Er eignet sich auch für süße Speisen wie Hälften von Vereinsdechantbirnen und Lachs vom Holzkohlegrill.

DOUGLASIE

Pseudotsuga menziesii

Was ist das?

Bei der Verwendung von Douglasiennadeln braucht man nicht zu fürchten, dass das Essen nach einem Wunderbaum im Auto schmeckt oder man auf stacheligen Trieben herumkauen muss. **Die jungen, zarten Triebe von Douglasien haben ein subtiles Waldaroma und enthalten ähnliche Geschmacksstoffe wie Rosmarin und Thymian – nur wesentlich delikater und erfrischender.** Sie sind eine elegante Alternative zu vielen klassischen Strauchkräutern vom Mittelmeer, haben aber nicht deren starken, terpentinartigen Geschmack. Man stelle sich einfach Zitrusfrucht, Rosmarin und Minze mit Waldnote vor.

Ernte

In Nordamerika, der Heimat der Douglasien, bereiteten die indigenen Völker jahrhundertelang einen zitrusfruchtigen, frischen Tee aus den Nadeln. Ihr harziger Geschmack ist die ideale Basis für einen sensationell feinen Hot Toddy alias Grog mit einem ordentlichen Spritzer Whisky. Wer bin ich denn, dass ich die Weisheit der Ureinwohner infrage stelle?

Die Triebspitzen schmecken am besten, wenn man sie mit höchstens 5 cm Länge erntet, solange sie noch ganz weich sind. Wartet man zu lange, verwandeln sie sich in harte, stechende Nadeln mit einer stumpferen, bittereren Note.

Drei Verwendungsmöglichkeiten

1

Eine Handvoll weicher Spitzen in einer Flasche Weißweinessig liefert ein unglaubliches Dressing für deftigen Braten und Wild. Experimentierfreudige Köche legen die Nadeln in Fleischbrühe ein, um ihr eine Waldnote zu geben.

2

Ich lege gern im Frühsommer einige Handvoll Triebspitzen in Gin ein. Wenn die Nächte lang und die Tage kurz sind, mixe ich daraus einen festlichen Martini mit Weihnachtsbaumduft (das Rezept dazu gibt's auf S. 215).

3

In einem Einmachglas mit Zucker geben die Triebe ihren einzigartigen balsamischen Duft (siehe S. 170) bereitwillig an den Zucker ab. Mit ihm kann man duftende Glasuren mischen und würzige Weihnachtsplätzchen backen.

KORIANDERWURZEL

Coriandrum sativum

Was ist das?

Eines vorweg: Ich hasse Korianderblätter. Damit diskreditiere ich mich zwar in der Feinschmeckergemeinde, aber ich habe eine gute Entschuldigung. **Wie rund ein Fünftel der Bevölkerung habe ich ein Gen, das dafür sorgt, dass ich Koriander nicht als duftend und zitrusfruchtig, sondern als seifig und chlorig empfinde.** Daher scheiden sich bei Koriander regelmäßig die Geister.

Aber selbst wenn Sie wie ich zu der bedauernswerten Minderheit gehören, sollten Sie sich nicht von Korianderwurzeln abschrecken lassen. **Sie enthalten seltsamerweise eine völlig andere Kombination an Geschmacksstoffen, die ihnen eine blumige, süße Möhrennote ähnlich wie Koriandersamen geben** – ein wichtiger Geschmacksgeber in belgischem Weizenbier und sogar Cola. Wer eines von beiden mag, wird auch das frische, würzige Aroma der dünnen Wurzeln lieben.

Westlichen Köchen, die den authentischen Geschmack der südostasiatischen Küche einfangen möchten, sei gesagt, dass *Korianderblätter* in Thailand, Malaysia und Vietnam wesentlich seltener verwendet werden als die *Wurzeln* – also genau das, was die meisten Europäer in die Tonne hauen.

Anbau

Um die dicksten, duftendsten Wurzeln zu bekommen, pflanzt man Koriander in 5 cm Abstand in Beete mit nährstoffreicher, durchlässiger Erde in lichten Schatten. Ein Umpflanzen, zu wenig Wasser und sengende Sonne stresst die Pflanzen. Sie setzen dann um jeden Preis Samen an – harte, holzige Wurzeln und kümmerliche Blätter sind die Folge. **Koriander gehört zu den wenigen Kräutern, die gern verwöhnt werden.**

Verwendung

Die Wurzeln sind die Basis zahlloser Currys und bilden ein weiches, blumiges Gegengewicht zu feurigen Chilis und pikanter Garnelenpaste. Pfannengerichte werden durch sie voller und intensiver. In der thailändischen Küche finden sogar alle Pflanzenteile – Samen, Wurzeln und Blätter – Verwendung.

ZITRONENSTRAUCH

Aloysia citriodora

Was ist das?

Sie mögen den Geschmack von Zitronengras, scheuen aber einen Anbau, weil die Pflanze so kapriziös ist? Probieren Sie es doch mit der viel unkomplizierteren und noch dazu intensiver zitrusfruchtigen Konkurrenz: dem Zitronenstrauch.

Anbau

Der Zitronenstrauch stammt aus mediterranen Klimazonen in Südamerika. **Wenn Sie die Pflanze daher im Topf an einen geschützten Platz vor eine sonnige Mauer setzen, wähnt sie sich sogleich in Buenos Aires.** Sobald sich die Temperaturen der Nullgradgrenze nähern, sollte sie allerdings nach drinnen dürfen. **Nur in den mildesten Gegenden hält sie den Winter unter einer Abdeckung auch im Freiland aus.**

Verwendung

Die Blätter kann man als direkten Ersatz für Zitronengras in Tees, Cocktails, Currys und Eintöpfen zum Einsatz bringen – sie verfeinern mit ihrer herrlich weichen Zitrusnote den Geschmack. Werden die Blätter in Zucker eingelegt, liefern sie eine gute Glasur für Zitronenkuchen; das junge Laub gibt in kandierter Form eine leckere Kuchengarnierung ab. Ältere Blätter schmecken intensiver, sind aber oft etwas faserig, sodass man sie vor der Verwendung entweder fein hacken oder vor dem Servieren aus dem Gericht herausnehmen sollte.

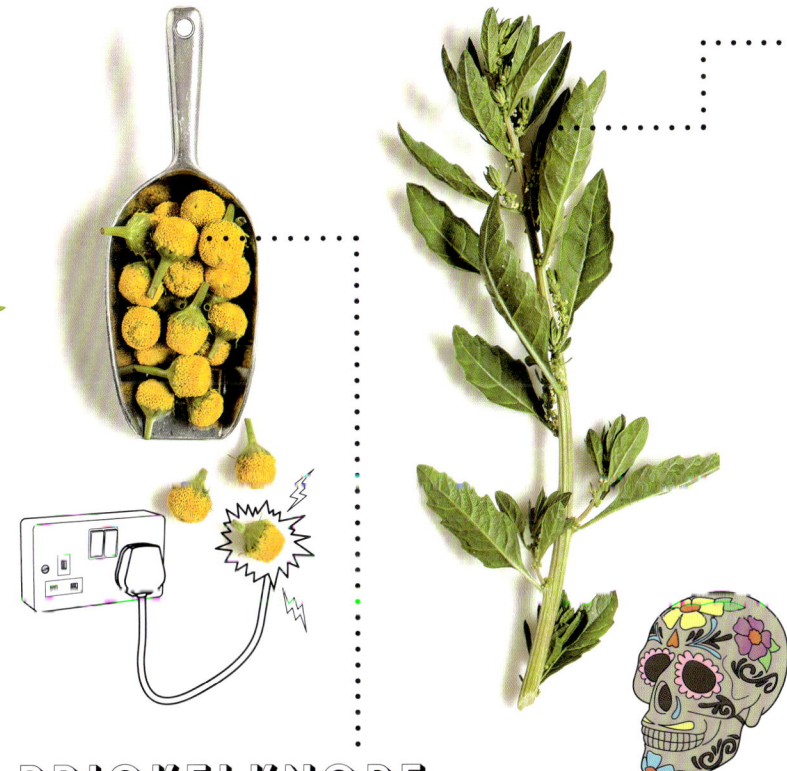

EPAZOTE

Dysphania ambrosioides

Was ist das?

Aus mexikanischem Street Food ist Epazote nicht wegzudenken. Für Autoren dagegen ist das Kraut ein Albtraum, da es sich kaum treffend beschreiben lässt. **Es schmeckt scharf, harzig und ein bisschen wie Diesel im positiven Sinne.** Eine entfernte Ähnlichkeit mit Oregano, Minze und Kiefer ist erkennbar, doch gleichzeitig hat Epazote einen ganz anderen, köstlichen Charakter.

Anbau

In herkömmlichen Gartencentern bekommt man es nicht so leicht, doch online und bei Spezialanbietern lässt Epazote sich ohne Probleme aufspüren. **In ihrer Heimat ist die Pflanze ein verbreitetes Unkraut, doch dauert es manchmal Monate, bis die Samen keimen, was man aber beschleunigen kann, wenn man sie vor der Aussaat über Nacht in ein Glas Wasser legt.** Nach dem Keimen behandelt man Epazote wie andere nicht winterharte Kräuter, etwa Basilikum (siehe S. 188).

Verwendung

Auf Epazote bin ich zum ersten Mal gestoßen, als ich in einer entlegenen Region von Ecuador für meinen Master recherchierte. Es ist ein typisches Straßenrandkraut. Willkommene Abwechslung brachte es mir in meinen eher öden Speiseplan bei der Arbeit unter freiem Himmel als Zutat zu Eierspeisen, gehackt über gebratenes Hähnchenfleisch gestreut und in Bohnen. In Mexiko ist es fester Bestandteil von Salsas, Suppen, Salaten sowie Bohnen- und Linsengerichten. Roh sollte man die Blätter aber nur in geringen Mengen essen, da das ätherische Öl allergische Reaktionen auslösen kann. Auch die Samen sollte man vor dem Verzehr in Wasser einweichen, gründlich abspülen und dann kochen.

PRICKELKNOPF

Acmella oleracea

Was ist das?

Das Lieblingsgewürz experimentierfreudiger Köche gehört mit seinen hübschen, knopfartigen Blüten zu den ungewöhnlichsten Genüssen. **Wie der Name schon andeutet, spürt man nach dem Hineinbeißen ein Kitzeln auf der Zunge, das fast an einen leichten Stromschlag erinnert. Als Nächstes merkt man ein brauseähnliches Prickeln,** das schließlich in ein leichtes Taubheitsgefühl wie bei Szechuanpfeffer übergeht – insgesamt also drei Empfindungen, die wellenartig aufeinander folgen.

Anbau

In seiner brasilianischen Heimat ist der Prickelknopf, der auch Parakresse und Jambú genannt wird, ein beliebtes Kraut, in gemäßigteren Breiten führt er ein Doppelleben als Sommerblume. Er lässt sich wie Basilikum problemlos aus Samen und Stecklingen ziehen (siehe S. 188).

Verwendung

Verwenden Sie den Prickelknopf in der Küche ebenso sparsam wie andere scharfe Gewürze, etwa Senfpulver, Wasabi, Chili oder Meerrettich. Die Blüten können mit scharfen Chilis gehackt genutzt werden, um gebratenem Hähnchen oder gegrilltem Fisch Schwung zu geben. Experimentierfreudige Köche streuen ihn sogar als natürlichen »Knallzucker« auf Desserts. Verteilt man die Blüten wie Salz bei einer Margarita auf dem Rand eines Cocktailglases, lassen sie nicht kohlensäurehaltige Drinks scheinbar sprudeln. Aber Vorsicht: **Prickelknöpfe schmecken äußerst intensiv, setzen Sie sie daher mit Vorsicht ein!**

BASILIKUM

Ocimum (Arten und Sorten)

Basilikum gehört zu den beliebtesten Kräutern der Welt. Die Zahl der Formen ist riesig und deckt eine größere Bandbreite an Geschmacksnuancen ab, als jedes andere Kraut es vermag. Hier meine Bestenliste der ungewöhnlichsten und fantastischsten Sorten. Sie wurden alle von der RHS getestet und gedeihen selbst in den elendesten Sommern.

'Mrs Burns' Lemon'

Eine kompakte Form, die einen intensiven Zitronensorbetduft verströmt, sobald man die Blätter zerreibt. Bienen fliegen auf die hübschen weißen Blüten.

'Sita'

Das beste Thai-Basilikum für die Freilandkultur. Es hat die typische Lakriznote und eine gewürznelkenartige Wärme.

Übertrumpft wird es lediglich von **'Christmas'**, einer Sorte, in der sich Morgenland und Abendland geschmacklich begegnen. Die Hybride aus thailändischen und italienischen Formen trägt Unmengen nach Glühwein duftender Blätter.

'Emerald'

Die klassische Genoveser Form gilt als bestes Pesto-Basilikum. Sie hat ungewöhnlich große Blätter, die sich auch in einem Caprese zwischen Tomatenscheiben und Mozzarella hervorragend machen. Gut auch **'Chilly'** mit Basilikumaroma hoch zwei.

'Dark Opal'

'Dark Opal' ist milder und weniger intensiv als die Genoveser Formen, hat aber einen komplexeren Geschmack mit Andeutungen von Gewürznelken, Lakritz, Zimt und Minze.

SUPERMARKT-BASILIKUM

Die Pflanze, die zaghafte Kräuternovizen als Erstes zu ziehen versuchen, ist Basilikum im Topf aus dem Supermarkt. Wer es allerdings am Leben erhalten kann, hat ehrlich gesagt einen grüneren Daumen als ich.

Das Problem ist nicht, dass Basilikum schwierig anzubauen ist oder dass Sie ein Kräuterkiller sind, sondern die Supermarktware an sich. Jeder winzige Topf enthält nicht nur eine kräftige Basilikumpflanze, sondern bis zu 20 Setzlinge, die zusammengepfercht und oft noch unter sehr starkem künstlichem Licht zu Turbowachstum getrieben wurden, damit sie möglichst schnell und billig nach üppiger, reifer Pflanze aussehen. Kaum hat man sie nach Hause gebracht, beginnen sie untereinander um Licht und Platz zu buhlen. Schwache, verkümmerte Triebe sind die Folge.

Dagegen kann man etwas tun. Holen Sie die frisch gekauften Pflanzen aus dem Topf und trennen Sie den Wurzelballen in vier Teile. Jeder Teil wird einzeln wieder eingetopft, der Ballen ausgiebig in Wasser getaucht und dann ein, zwei Wochen auf eine helle Fensterbank ohne direkte Sonne gestellt. Er wird sich rasch erholen und an einem sonnigen Standort eine hübsche Zimmerpflanze für sonnige Plätze abgeben. In den frostfreien Monaten des Jahres kann er sogar ins Freiland gepflanzt werden.

Um den besten Geschmack aus Basilikum herauszuholen, stellen Sie es auf das oberste Regal eines Gewächshauses oder eine sonnige Fensterbank in einem warmen Zimmer. Basilikum, das bei 25 °C kultiviert wurde, enthält dreimal so viele Aromastoffe wie Exemplare, die bei 15 °C ihr Dasein fristen mussten, wie Wissenschaftler der Universität Nottingham herausgefunden haben. Das heißt: Basilikum wächst zwar im Freien, wird dort aber nie so gut schmecken.

FRISCHES BASILIKUM

'Emerald'

'Dark Opal'

'Christmas'

CHILIS

Chilis haben eine Fangemeinde wie kaum eine andere Speisezutat. In etwas mehr als 20 Jahren ist aus den obskuren Exoten ein Kultgewürz geworden.

Trotz der unzähligen Ratschläge, die für den Anbau von Chilischoten in Umlauf sind, vergessen die »Experten« aber meist die eine Information, nach denen wir Chili-Junkies uns am meisten sehnen: Wie mache ich den Früchten Feuer? Hier mein Leitfaden, wie Sie Schärfe in die Schoten bekommen.

SORTEN-GUIDE

Wählen Sie die Waffen!
Die Schärfe von Chilischoten wird zum größten Teil von ihren Genen bestimmt. Sie geben die Bandbreite an Capsaicin vor, jenem Stoff, der die beißende Schärfe im Mund verursacht. Es gibt Hunderte von Chilisorten, die alle auf der berüchtigten Scoville-Skala, der Richter-Skala der Schärfe, eingeordnet werden können.

GEMÜSECHILIS
Diese sehr milden Formen schmecken nicht wie ein Gewürz, sondern eher wie Gemüse. Es gibt sie in verwirrender Vielfalt. Das Spektrum reicht von süß und fruchtig bis nussig und spargelähnlich. Gemüsechilis sind so etwas wie würzige Paprikas und können gefüllt, gebraten oder gebacken werden. Sie eignen sich für Menschen, die eigentlich keine Chilis mögen.

'Padrón' *0-500 Scoville*

Eine nordspanische Delikatesse, die fester Bestandteil von Tapas ist. Die kleinen, wie Patronen geformten Schoten werden unreif geerntet und grün mit Meersalz in Olivenöl scharf angebraten. **Sie sind zwar meist mild und haben einen angenehmen Geschmack nach grünen Paprika, doch jedes zehnte Exemplar schert aus und ist merklich schärfer. Ihr Genuss ist also eine Art spanisches Roulette.**

'Trinidad Perfume' *500 Scoville*
Für alle, die die pikante Frucht von Habaneros mögen, aber ihre Schärfe nicht vertragen, habe ich eine gute Nachricht: Die goldgelben Schoten von 'Trinidad Perfume' haben die Schärfe gegen eine schmackhafte, aromatische Zitrusnote eingetauscht. Sie sind süß und gerade das Richtige für Chilihasser.

'Santa Fe Grande' *500-700 Scoville*
Diese kleinen Pretiosen sind anfangs hellgelb, werden später aber feurig rot. **Sie schmecken so großartig, dass man ihnen** ihre chronische Identitätskrise und Zerrissenheit zwischen Gemüse und Gewürz verzeiht. Sie schmecken mit ihrer moderaten Schärfe und dem süßen Einschlag vorzüglich mit Käse gefüllt, gegrillt, in eine zuckerige Lösung gelegt oder in Salsas geschnitten.

'Poblano' *1000-1500 Scoville*
Eine grüne Riesenschote mit einer vollen Schärfe im Hintergrund und einem noch volleren, reicheren Geschmack. Dieser Muchacho ist fester Bestandteil der mexikanischen Küche, die ihn zerdrückt und brät oder mit so ziemlich allem von Reis über Käse bis Fleisch füllt und langsam bäckt. **Die Dinger sind Ihnen nicht scharf genug? Lässt man sie rubinrot reifen, steigt ihre Schärfe sprunghaft.** Getrocknet und geräuchert werden sie zu Anchos und damit merklich süßer und klebriger.

'Chilaca' *1500-2500 Scoville*
Das dunkelbraune, fast schwarze Fleisch dieser mexikanischen Form wird frisch für Enchilada-Füllungen, Chilisauce und Eintöpfe verwendet. Zu echter Größe erwächst sie aber getrocknet und geräuchert. In diesem Zustand nennt man sie wegen ihres süßen Geschmacks Pasilla, »kleine Rosine«. Sie ist fester Bestandteil mexikanischer Mole (siehe S. 197).

NICHT ALLE CHILIS SIND GLEICH

Die Scoville-Skala stuft Chilischoten nach ihrer Schärfe ein. Der Wert orientiert sich daran, wie oft sie verdünnt werden müsste, bis ihre Schärfe verschwunden ist. Die feurige 'Tabasco' (maximal 50 000 Einheiten) ist also etwa hundertmal schärfer als die milde 'Padrón' (höchstens 500 Einheiten).

'Carolina Reaper'

1569 300–2 200 000

'Bhut Jolokia'

330 000–1 532 310

'Fatalii'

125 000–400 000

'Ring of Fire'

70 000–100 000

'Tabasco'

30 000–50 000

'Hungarian Hot Wax'   'Lemon Drop'   'Serrano'

5000–30 000

Jalapeño   'Cherry Bomb'

2500–8000

'Poblano'   'Chilaca'

1000–2500

'Padrón'   'Trinidad Perfume'

0–500

SCHARFE CHILIS

Diese sehr würzigen, geschmacksintensiven Formen haben eine hohe Capsaicin-Konzentration und werden wie Senf oder schwarzer Pfeffer nur in winziger Menge zum Würzen von Speisen verwendet.

'Cherry Bomb' *2500-5000 Scoville*

Eine der besten Chilis für die Freilandkultur. Bei Versuchen schlug sie fast alle anderen Formen. Wegen ihrer dünnen Schale und der reichen Wärme (ohne brennende Schärfe) schmeckt sie fantastisch roh, in Pfannen gebraten oder in Konfitüren und Salsas gekocht.

Jalapeño *2500-8000 Scoville*

Frische Jalapeños liegen zwischen Gemüse und Gewürz. Sie schmecken vorzüglich gebraten, eingelegt, mit Käse gefüllt und Schinken umwickelt und gebacken. Tiefrot ausgereift, getrocknet und geräuchert heißen sie *chipotles* und bringen Süße, umami und Würze virtuos unter einen Hut. **'Summer Heat'** ist eine verlässliche, früh reifende Sorte für gemäßigte Zonen.

'Hungarian Hot Wax' *5000-15 000 Scoville*

Sie ist ein echter Freilandstar und liefert Unmengen milder, gelber, wie Bananen geformter Schoten. Wird sie gegrillt oder gebraten, konzentriert sich ihr Zucker und karamellisiert, wodurch sie einen süßen Maisgeschmack annimmt. **'Hungarian Hot Wax'** gehört zu den unkompliziertesten Chilis und kommt auch mit kühlen Sommern zurecht.

'Serrano' *10 000-25 000 Scoville*

Sie ist der böse kleine Bruder der Jalapeños und hat einen ähnlich frischen, beißenden Geschmack mit einem Tick mehr Schärfe. In der Regel wird sie roh gegessen. Ihr festes Fleisch gibt Guacamole und Salsas erstaunlichen Biss.

'Lemon Drop' *15 000-30 000 Scoville*

Mit ihrem frischen Zitruseinschlag und kräftigen Kick **wird diese Stammspielerin der neuerdings trendigen peruanischen Küche** von jeher gegen Ende der Kochzeit leichten Gerichten, etwa mit Fisch oder Hähnchen, hinzugefügt. Fein gewürfelt und vor dem Servieren wie duftendes Konfetti über die Speisen gestreut, bildet sie mit Koriander und Zitronenschale ein fabelhaftes Team.

'Tabasco' *30 000-50 000 Scoville*

Der Hauptbestandteil der weltberühmten kreolischen Sauce hat ordentlich Pfiff und einen intensiven Fruchtgeschmack. Sie ist die einzige mir bekannte Chilisorte mit eher dickem und saftigem als trockenem und knackigem Fleisch.

'Ring of Fire' *70 000-80 000 Scoville*

Diese cayenneartige Chili ist die perfekte Kandidatin für heftig scharfe Gerichte früh in der Saison: Ihre kleinen Feuerbälle werden schon im Hochsommer reif. Man genießt sie grün oder rot und in Currys oder thailändische Gerichte geschnitten.

'Fatalii' *125 000-400 000 Scoville*

Eine Form aus dem mittleren und südlichen Afrika. Ihre anfängliche süße Fruchtigkeit ist trügerisch, denn auf sie folgt schneidende Habanero-Schärfe. Als siebtschärfste Paprika der Welt sollte man sie nicht auf die leichte Schulter nehmen.

'Bhut Jolokia' *330 000-1 532 310 Scoville*

Bis Dezember 2012 war die traditionelle Hybride aus Nordindien offiziell die schärfste Chilisorte der Welt. Die trockene Frucht **bringt es auf mehr als die 400-fache Schärfe der Tabasco-Sauce.** Sie ist so intensiv, dass sie schon an der Grenze zwischen gerade noch essbar und ätzend angesiedelt ist.

'Carolina Reaper' *1 569 300-2 200 000 Scoville*

Zwischen Züchtern tobt ein ständiger Kampf um die schärfste Chili der Welt. Den dürfte nun für ein paar Jahre **'Carolina Reaper'** gewonnen haben. Die amtierende Weltmeisterin des Jahres 2012 wurde von der PuckerButt Pepper Company in South Carolina gezüchtet. Die schärfsten Exemplare sind wesentlich schärfer als Pfefferspray. Da sie buchstäblich »waffenfähig« ist, schätze ich, dass sich ein einziges Gramm von ihr noch aus einer halben Tonne Curry herausschmecken lässt. Ziehen Sie dieses explosive Material zum Spaß, gehen Sie sehr vorsichtig mit ihm um und berühren sie es nur mit Handschuhen.

CHILI ODER PAPRIKA?

Eine der Früchte, die ich hier in Händen halte, ist eine gewöhnliche Paprika ohne jegliche Schärfe, die andere die schärfste Chilischote der Menschheit, schärfer als amerikanisches Pfefferspray. Gemüsepaprikas sind nur eine Variante der Chilis. Sie sind eine Mutation mit einem rezessiven Gen, das die Capsaicin-Produktion blockiert, doch botanisch werden sie in einen Topf mit Chilis geworfen. Sie gehören zu einer Gruppe mehrerer Dutzend Capsaicin-loser Formen, die außerhalb Lateinamerikas bis vor Kurzem noch völlig unbekannt waren.

Wer sich mit den verschiedenen Sorten nicht auskennt, hat eigentlich nur eine Möglichkeit zu testen, wie scharf sie sind: reinbeißen. Lesen Sie die Beschreibungen beim Kauf also vorher sorgfältig durch!

TIPPS & TRICKS

Ausgetrickst

Capsaicin, das für die glorreiche Schärfe von Chilis verantwortliche Zaubermittel, war ursprünglich ein Verteidigungsstoff, mit dem die Pflanzen ihre Samen davor schützten, von Tieren gefressen zu werden. **Auf intensive Sonne, Trockenheit oder Nährstoffmangel reagieren die gestressten Gewächse durch Hochfahren ihres Capsaicin-Gehalts.** Geschickte Chilizüchter nutzen das und heizen den Gewächsen ordentlich ein, um die Produktion anzukurbeln.

Trockenheit simulieren

Nach dem Fruchtansatz lässt man die Pflanzen zwischen dem Wässern jedesmal ein bisschen austrocknen, sodass sie leicht zu welken beginnen. Aber nicht übertreiben, sonst verlieren sie Blüten und Früchte. **Eine Verdoppelung der Wassergaben kann auch den Ertrag verdoppeln. Man bekommt dann mehr Schoten, die aber bei Weitem nicht so scharf sind.**

Auf Diät gesetzt

Dünger, vor allem solche mit hohem Stickstoffanteil, verringern den Capsaicin-Gehalt, wie manche Studien zeigen. Die schärfsten Schoten liefern die Pflanzen auf kargem Boden. Halten Sie Ihre Chilis daher etwas knapp.

MYTHOS SAMENSCHÄRFE

Nicht die Samen von Chilis sind am schärfsten, sondern die Plazenta, jenes weiße, schwammige Schutzgewebe um sie herum. Es enthält von allen Fruchtteilen am meisten Capsaicin und schützt die kostbaren Körner vor dem Gefressenwerden.

Warum aber fahren Chilis so schwere Geschütze auf, um die Samen dann in verlockend farbenfrohes, zuckerhaltiges Fruchtfleisch zu hüllen? Sie produzieren das Capsaicin, um Säugetiere fernzuhalten, deren Verdauungssystem die Samen zerstört. Vögel dagegen sind immun gegen die Schärfe. Über ihre Ausscheidungen verbreiten sie den Samen.

Gesalzen

Wie aus Forschungen der Arizona State University hervorgeht, erhöhte sich der Anteil des Capsaicins in den Schoten um 20 Prozent, wenn man die Pflanzen mit einer Salzlösung ähnlich der auf S. 52 empfohlenen behandelte. Aus derselben Studie ging zudem hervor, dass **Salzwasser den Fruchtansatz von Chilis verdoppeln kann.** Gar nicht schlecht, oder?

WIE SCHARF DARF'S SEIN?

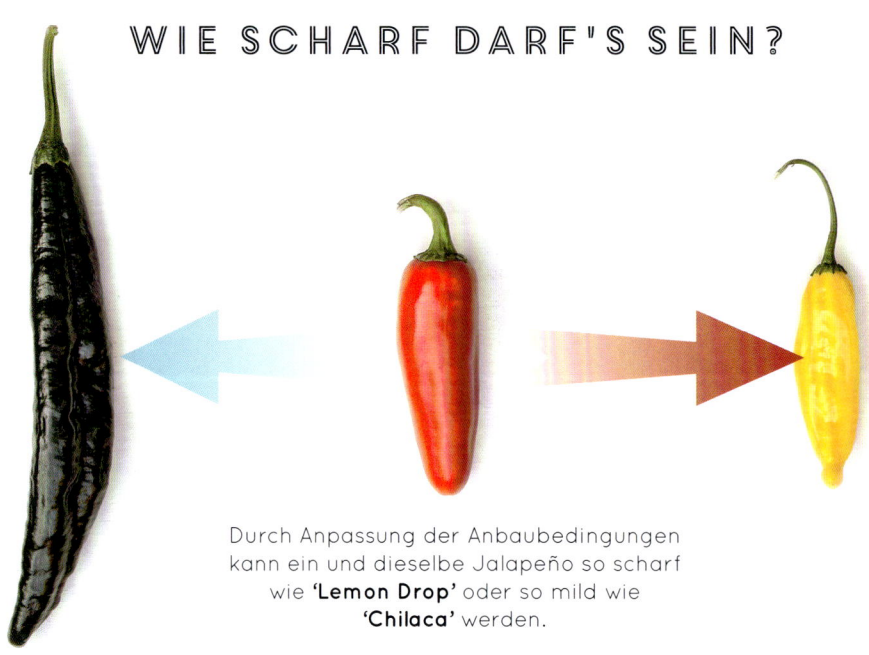

Durch Anpassung der Anbaubedingungen kann ein und dieselbe Jalapeño so scharf wie **'Lemon Drop'** oder so mild wie **'Chilaca'** werden.

'Chilaca' – 2500 Scoville   Jalapeño – durchschnittlich 5000 Scoville   'Lemon Drop' – 15 000 Scoville

Thermostat hochdrehen

Weisen Sie Ihren Pflanzen den besten Platz im Gewächshaus (falls Sie eines haben) oder den geschütztesten Standort im Garten zu, damit sie die pralle Sonne abbekommen. **Gefäße erwärmen sich rascher als Böden, vor allem wenn sie dunkel sind.** Dunkler Ton ist dem üblichen schwarzen Kunststoff vorzuziehen, da Keramik die kostbare Wärme besser einfängt und länger hält.

Ideal ist ein Standort an einer sonnenbeschienenen Wand, denn das Mauerwerk ist ein Wärmespeicher, der die tagsüber gespeicherte Energie in kühlen Nächten abgibt.

Im Gewächshaus gehören Chilis auf den obersten Rang. Da warme Luft nach oben steigt, ist das der beste Platz, um sich mit Schärfe aufzuladen und möglichst viel Sonnenlicht abzubekommen.

CHILIS ANBAUEN

Aussaat und Anzucht

Chilis werden im März oder April ausgesät, damit sie rechtzeitig in die Gänge kommen. Man pflanzt je zwei Samen pro 9-cm-Topf in gutes Substrat und stellt sie drinnen auf eine warme, sonnige Fensterbank.

Bei Temperaturen von 18 bis 21 °C sollten die Samen binnen ein, zwei Wochen keimen. Der schwächere Sämling wird entfernt.

Sobald die Pflänzchen 10 cm hoch sind, setzt man sie in 30-40 cm breite Gefäße mit tonhaltigem Substrat und verabreicht ihnen ordentlich Aspirinspray (siehe S. 28).

Die Gefäße werden an den sonnigsten und wärmsten Platz gestellt, den Sie haben, idealerweise auf das oberste Regal im Gewächshaus oder Wintergarten oder auf eine sonnige Terrasse. **Manche Sorten kommen in unserem gemäßigten Klima auch draußen zurecht, wachsen drinnen aber trotzdem besser und entwickeln schmackhaftere Früchte.**

Laufende Pflege
Standort
Farbtherapie: Schlagen Sie die Stellage- oder Regalbretter im Gewächshaus mit Alufolie aus. Das erhöht den Fruchtansatz massiv und senkt den Blattlausbefall (siehe S. 23).

Wässern
Wie man's wässert, so schmeckt's: Will man möglichst viel Schärfe, wässert man nach dem Einwachsen nur noch leicht und nur dann, wenn die Pflanzen beginnen, die Blätter hängen zu lassen. Will man hingegen reichlich milde Schoten ernten, gibt man ihnen mehr Wasser. Achten Sie aber darauf, dass der Boden nicht dauerhaft staunass ist.

Schutz durch Besprühen: Das regelmäßige Benetzen der Pflanzen mit gutem altem H_2O verringert nicht nur den Befall durch rote Spinnmilben, die große Gewächshausplage, da der Schädling Feuchtigkeit nicht mag. Es kann auch den Fruchtansatz fördern.

Düngen
Hochgepusht

Aspirinspray erhöht nachweislich den Zuckergehalt in Paprika und Chilis um bis zu 50 Prozent, treibt aber auch den Gesamtanteil an Phytonährstoffen einschließlich Vitamin C nach oben. **Durch Gießen mit einer Melasselösung (siehe S. 27) einmal im Monat während des Sommers stellt man den Pflanzen Kalium zur Verfügung, das die Fruchtqualität und den Ertrag verbessert.**

Meerwasserbad
Sobald die kleinen grünen Früchte erbsengroß sind, tränkt man den Boden rund um die Pflanzen wie bei Tomaten mit einer Meersalzlösung (siehe S. 52). Zwei Wochen später wiederholt man die Prozedur.

HEISS AUF MEHR GESCHMACK?

Chilis sind zwar schon frisch ein Genuss, doch in Mexiko, dem Zentrum der Chilikultur, hilft man ihrem Geschmack durch Trocknen und Räuchern noch einmal auf die Sprünge. Das Intensivieren durch Entwässern und Durchdringen mit Raucharomen setzt chemische Reaktionen in Gang, die den Geschmack entscheidend verändern können. Manche Sorten sind danach praktisch nicht mehr wiederzuerkennen – man denke an den Unterschied zwischen einem Schnitzel und holzgeräuchertem Schinken. Das Verwandeln eines Gemüses in ein Gewürz mit durchschlagender Wirkung ist einfacher, als man meint. Spezialausrüstung und ausgefeilte Methoden sind nicht nötig – Sie brauchen lediglich einen alten Wok mit Deckel und einen Grillaufsatz.

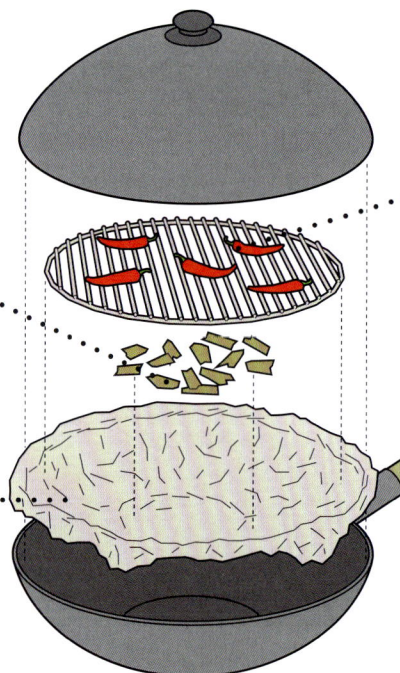

1 EL Holzschnipsel von Eiche, Apfelbaum oder Hickory (in der Grillabteilung von Gartencentern, Heimwerkermärkten, großen Supermärkten oder online zu finden) in die Mitte der Folie legen und Grillaufsatz daraufsetzen. Zwischen dem Grillgitter und den Holzschnipseln sollte mindestens 1 cm Abstand bleiben.

EINEN WOK oder eine große Pfanne mit einer doppelten Lage Alufolie ausschlagen und am Rand gut überstehen lassen.

DIE CHILIS halbiert und mit der Innenseite nach unten auf das Gitter legen. Deckel auf den Wok setzen und die überstehende Alufolie so über den Rand schlagen, dass der Spalt gut abgedichtet ist. Dunstabzug auf oberste Stufe schalten, Fenster öffnen und den Wok 20 Minuten auf niedriger Stufe erhitzen, bis die Schoten weich werden. Herd ausdrehen, warten, bis der Rauch sich gesetzt hat, und Chilis herausnehmen. Alternativ Chilis auf den Gartengrill legen, wenn die Glut schwächer wird, Deckel daraufsetzen und mit den Chilis darin abkühlen lassen.

DIE SCHOTEN sofort verwenden oder auf einem Backblech im Ofen bei 110 °C 4 Stunden trocknen. Entweder mahlen oder bei Bedarf 10 Minuten in heißem Wasser einweichen. Die eingeweichten Schoten können geschnitten und Eintöpfen, Salsas, Saucen, Pasten und Dips hinzugefügt werden.

VERWANDLUNG WIE VON ZAUBERHAND

Der Geschmack wird durch das Räuchern und Trocknen oft so stark verändert, dass dieselben Chilisorten manchmal je nach Zustand ganz anders heißen (und in der Küche auch anders verwendet werden). Hier mein Leitfaden durch das Labyrinth der ständig wechselnden Namen.

JALAPEÑO ZU CHIPOTLE

Die Chipotle ist rauchig-süß und feurig scharf mit fast schokoladiger Note.

POBLANO ZU ANCHO

Die Ancho hat nur wenig Feuer, ist dunkel und erinnert mit ihrer leicht pikanten Schärfe an Tabak.

CHILACA ZU PASILLA

Die Pasilla schmeckt etwas nach Lakritze. Ihren Namen, wörtlich »kleine Rosine«, hat sie von ihrer intensiven Fruchtnote.

ENDORPHINSCHUB-MOLE

4 Portionen

Ich muss meiner mexikanischen Kommilitonin Ruth dafür danken, dass sie mich mit diesem Wunder der lateinamerikanischen Küche vertraut gemacht hat. Der Mix aus exotischen Gewürzen, geräucherten Chilis, Trockenfrüchten, Nüssen und dunkler Schokolade ist krass, funktioniert aber. Ich habe etwas an Ruths Familienrezept herumgetüftelt und Safran hinzugefügt, der stimmungsaufhellende Substanzen enthält. Hinzu kommt Chili, das die Endorphine mobilisiert, und dunkle Schokolade mit leicht psychoaktiver Wirkung. Gönnen Sie sich die Mole mit Kumpels auf dem Sofa und warten Sie, wer als Erstes zu kichern beginnt.

Zutaten:

1 kleine Zwiebel, in Scheiben geschnitten

4 Knoblauchzehen

½ Zimtstange

1 TL Koriandersamen

2 große Prisen Safran

2 EL Rosinen

Schale einer unbehandelten Orange

4 EL gehobelte Mandeln

2 EL Olivenöl

500 ml Hühnerbrühe

1 Pasilla-Chili

1 Chipotle-Chili

2 Pflaumentomaten, gewürfelt

50 g dunkle Schokolade (mit mindestens 70 % Kakaoanteil)

1 EL Erdnussbutter

Zubereitung:

ZWIEBEL, Knoblauch, Gewürze, Rosinen, Orangenschale und Mandeln auf niedriger Hitze in Olivenöl braten, bis die Zwiebel weich und braun ist (etwa 10 Minuten).

HÜHNERBRÜHE, Chilis und Tomaten dazugeben, 20 Minuten köcheln lassen, dann die Hitze abdrehen.

ALLES mit einem Handmixer zu einer breiigen Sauce mixen.

SCHOKOLADE und Erdnussbutter in die noch warme Sauce geben und umrühren, bis sie sich aufgelöst haben.

ÜBER gegrilltem, pochiertem oder gebratenem Hähnchen mit flockigem weißem Reis und grünem Salat servieren.

GEWÜRZE AUS EIGENANBAU

Gewürze selbst zu ziehen ist ein unmöglicher Traum, meinen Sie? Von wegen. Alle hier aufgelisteten exotischen Gewürze wurden in gemäßigtem Klima im Freiland gezogen und stammen von gängigen Gartenpflanzen, von denen die meisten nicht einmal wissen, dass sie essbar sind.

JUNGFER-IM-GRÜNEN-SAMEN

Nigella damascena

Die altgediente Bauerngartenschönheit lässt auf ihre zarten Blüten eine von einem zarten Geflecht umrankte Samenkapsel folgen. Sie ist voller duftender schwarzer Körnchen, die in ihrer Heimat Syrien ein beliebtes Gewürz sind.

Nicht verwechseln sollte man die Jungfer im Grünen mit dem Schwarzkümmel (*Nigella sativa*), dessen Samen oft als Kalonji oder schwarze Zwiebelsamen angeboten werden und in klassischen indischen Gerichten wie Peshwari Naan mitmischen. Im Gegensatz zu diesem Verwandten mit kreuzkümmelartiger Erdigkeit offenbart *N. damascena* unerwartete Frucht. **Der Geschmacksgeber ohne E-Nummer wirkt Wunder in allen Speisen von Obstsalat über Speiseeis bis Käsekuchen und Salsa.**

Geerntet werden die Samen, indem man die Pflanze im Herbst, wenn die Samenkapseln trocken und brüchig geworden sind, auf Bodenhöhe abzwickt, kopfüber in eine Papiertüte gibt und die Samen herausschüttelt. Sie halten sich in einem verschlossenen Behälter bis zu einem Jahr.

GEWÜRZSTRAUCH

Calycanthus floridus

Schon der Name dieses Strauchs mit glänzenden Blättern und dunkelroten, magnolienähnlichen Blüten verweist auf seinen größten Vorzug: **die würzig duftende Borke, die den Geschmack von Zimt, Gewürznelken und Muskatnuss in sich vereint.** Man kennt das Gehölz als pflegeleichtes Ziergewächs, Feinschmecker indes haben es bislang noch nicht so recht auf dem Radar. Nach dem Einwachsen muss es nur noch im Herbst leicht geschnitten und von verdichtetem, abgestorbenem oder überkreuztem Wuchs befreit werden. Es liefert ein exotisches Gewürz, ohne dass dafür kohlendioxidaufwändige Transportwege in Kauf zu nehmen sind.

Gewonnen wird das Gewürz, **indem man mit einem scharfen Messer die Rinde von den größten Ästen schabt.** Legen Sie das grobe Pulver zwischen zwei Bögen Küchenpapier auf eine Fensterbank, wo es binnen ein, zwei Wochen getrocknet sein sollte. Man kann es so, wie es ist, oder in einem Mörser fein zerstoßen in der Küche wie Zimt einsetzen. Hervorragend schmeckt es mit Zucker gemischt und auf ein noch heißes, mit Butter bestrichenes Toastbrot gestreut.

LORBEER

Laurus nobilis

Der gute alte Lorbeer überzeugt durch glänzende immergrüne Blätter und Gewürznelkenduft. Er ist schon fast rekordverdächtig leicht zu ziehen und muss nur bei extremer Hitze gelegentlich gewässert werden. **Eine Freilandkultur ist in unseren Breiten nur bedingt möglich, lediglich in den wintermildesten Gegenden hält er draußen durch.** In kühleren Gegenden weist man ihm einen geräumigen Topf auf einer Terrasse zu – je näher an der Küche, desto besser.

RÄUCHERCHILIS

Capsicum

Chilis sind unglaublich vielseitig und ebenso schmackhaft wie dekorativ. Man muss sie aber nicht zwangsläufig frisch genießen. Getrocknet oder sogar geräuchert präsentieren sie sich mit einem völlig anderen Geschmack. Wie man sie entsprechend präpariert, erfahren Sie auf S. 196.

TASMANISCHER PFEFFER

Drimys aromaatica (syn. *Tasmannia lanceolata*)

Angesichts des verwirrenden Geschmackscocktails, der die scharfe Würze von Meerrettich mit der balsamischen Note von

Szechuanpfeffer

Lorbeerblätter

Jungfer-im-Grünen - Samen

Räucherchilis

Safran

Gewürzstrauch

Tasmanischer Pfeffer – Beeren

Tasmanischer Pfeffer – Blätter

schwarzem Pfeffer und der gewürznelkenartigen Wärme von Lorbeer vereint, kann man dem Tasmanischen Pfeffer seinen nicht sonderlichen aussagekräftigen Namen verzeihen. Der exotische immergrüne Strauch ist eigentlich gar kein Pfeffer, wenngleich die dunkelgrünen Blätter und hellroten Triebe einen ähnlichen Geschmack haben. **In seiner Heimat Australien avanciert er derzeit zum gesuchten Gewürz. Seine Blätter werden getrocknet und zu einem Pulver gemahlen oder als Ganzes in Gerichten mitgekocht und wie Lorbeer vor dem Servieren herausgenommen.** Der Tasmanische Pfeffer kann wie Thymian und Rosmarin verwendet werden, ist aber intensiver.

Der Strauch ist nicht winterhart und muss im Topf gezogen werden. Seine kleinen schwarzen Beeren erscheinen im Spätsommer. Beim ersten Biss schmecken sie wie Heidelbeerkonfitüre, bis man von einer plötzlichen Meerrettichschärfe überwältigt wird. Sie sehen getrocknet wie schwarzer Pfeffer aus, werden auch genauso eingesetzt und geben Steaks, Grillfleisch und Wild eine fruchtige Würze mit. In manchen Teilen Australiens ist Tasmanischer Pfeffer inzwischen dank der wachsenden Beliebtheit der Aborigine-Küche eine intensiv angebaute Nutzpflanze.

Leider sind eine männliche und weibliche Pflanze notwendig, damit man Früchte bekommt. Eine Geschlechtsbestimmung ist jedoch erst möglich, wenn die Sträucher groß genug sind, um zu blühen. Man muss also mehrere ziehen und kann nur hoffen, dass männliche und eine weibliche Pflanze darunter sind. Wer aber jemals ein Lendensteak mit einer Pfeffersauce aus den Beeren gegessen hat, weiß, dass sich der Aufwand *definitiv* lohnt.

SZECHUANPFEFFER

Zanthoxylum simulans

Als Zierpflanze ist der Strauch derzeit noch ein Geheimtipp, doch im Gartenland England steigt seine Beliebtheitskurve steil an, was angesichts der glänzenden, gefiederten Blätter, der Bündel aus rosa und orangefarbenen Früchten und des würzigen Currydufts nicht verwundert. **Oft vergessen wird allerdings, dass die Beeren in der Küche verwendet werden können.** Sie sind dank des zunehmenden Interesses für die chinesische Regionalküche als ein auf der Zunge prickelndes Gewürz inzwischen in den meisten Supermärkten erhältlich. Szechuanpfeffer schmeckt wie eine Mischung aus Orangenschale, Pfeffer und feurigen Chilis, ist eine wichtige Ingredienz des klassischen Fünf-Gewürze-Pulvers und kann Eintöpfe oder Pfannengerichte in einen duftenden Schmelztiegel exotischer Geschmacksnuancen verwandeln.

Mehrere Arten sind als Szechuanpfeffer im Umlauf, ich würde mich aber für *Zanthoxylum simulans* entscheiden. Die Beeren werden geerntet, sobald sie beginnen, aufzuplatzen und die kleinen schwarzen Samen im Inneren zeigen. Man streut sie auf ein Backblech, stellt sie an einen warmen Platz in der Wohnung und lässt sie dort ein paar Tage trocknen. Danach kommen sie in einen luftdicht verschließbaren Behälter.

SAFRAN

Crocus sativus

Das teuerste Gewürz der Welt ist sein Gewicht buchstäblich in Gold wert. **Man verortet den exotischen Safran meist im Mittelmeerraum, doch lässt er sich ohne Probleme auch in nördlicheren Breiten anbauen. Anbauländer sind unter anderem Deutschland, die Schweiz und Österreich, das bis vor hundert Jahren sogar als Safranzentrum Mitteleuropas galt.**

Im kühlen Großbritannien wurde Safran seit der Römerzeit bis ins Ende des 19. Jahrhunderts kultiviert – Ortsnamen wie Saffron Hill und Saffron Walden legen noch Zeugnis davon ab. Bedenkt man, dass im Lauf der Zeit auch noch eine kleine Eiszeit vorüberzog, ist das gar nicht so schlecht, oder?

Heutzutage wird man Safran mit Ausnahme der wenigen gewerblichen Safranplantagen bei uns in der Regel nur noch in Steingärten und Alpinhäusern antreffen, wo seine zarten, duftenden, violetten Blüten Farbe in die kürzer werdenden Herbsttage bringen. Safran wertet die verschiedensten Kuchen und Reisgerichte, ja sogar Rum und Gin auf, mit denen er sich zu leuchtend bernsteingoldenen Cocktails mixen lässt (für das Hochprozentige verwende ich persönlich ihn sogar am liebsten). Der Alkohol löst die Antioxidantien, die dem Pulver seinen lebhaften Farbton und die ansprechend volle Eiernote geben. Diese gesundheitsfördernden Phytonährstoffe haben auch schwach stimmungsaufhellende Wirkung und sorgen etwa 30 Minuten lang für Kicherattacken. Sie glauben mir nicht? Probieren Sie's aus.

Die sehr eng mit dem allgegenwärtigen Krokus verwandte Art ist verblüffend unkompliziert anzubauen. Ein 2 × 1 Meter großes Beet liefert mehr, als die Durchschnittsfamilie in einem Jahr verbraucht. Ist das nicht fantastisch?

3 cm

Safran anbauen

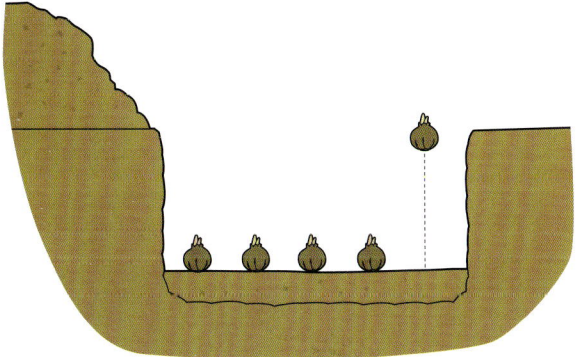

Die Knollen werden zum Sommerende verkauft. Sobald sie eintreffen, setzt man sie in ein Beet mit gut durchlässiger, also mit Sand oder Kies gemischter Blumenerde. Bestellen Sie die Knollen aber von einem verlässlichen Anbieter, denn sie blühen erst, wenn sie etwa 3 cm breit sind.

Bekommt man nur kleinere Knollen, muss man möglicherweise ein paar Jahre warten, bis man Safran ernten kann. Gute Händler geben auf der Verpackung an, ob ihre Knollen schon im ersten Jahr blühen.

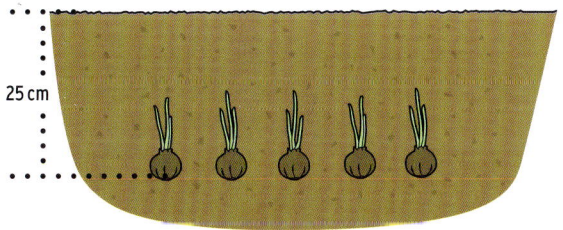

Bei Filmaufnahmen auf einer Familienplantage in Griechenland habe ich mir kürzlich einen weiteren wertvollen Tipp geholt, der mich ziemlich verblüfft hat. Statt die empfohlene Pflanztiefe von etwa 10 cm einzuhalten, vergruben die hellenischen Safranbauern ihre Knollen so tief, dass sich das untere Ende 25 cm unterhalb des Bodenniveaus befand. Anschließend füllten sie die Grube mit Kies auf. Allen, die mit der üblichen Kost an Gartenratgebern aufgewachsen sind, mag das lächerlich tief erscheinen, doch liefert diese Methode die bis zu zweifache Zahl an Blüten und eine entsprechend üppige Safranernte, wie sie durch Versuche herausgefunden hatten. Zudem reduziert man damit die Verluste durch den größten Knollenschädling - Eichhörnchen - praktisch auf null. Die Blätter wachsen erst im Frühjahr. Sie dürfen nicht verletzt oder abgeschnitten werden, da das die Pflanze schwächt.

Safran braucht im Spätsommer sechs Wochen lang eine Bodentemperatur von konstant mehr als 20 °C. Weil sich die Knollen in dieser Jahreszeit noch in der Ruhephase befinden, vergisst man sie leicht. Ist das Beet zudem mit Unkraut überwuchert, kann es durch den Schatten, den es wirft, zu kühl sein. Mit Kiesbeeten in mediterranem Stil umgeht man das Problem, denn die Kiesel unterdrücken unerwünschten Bewuchs und speichern zudem Wärme. Man kann Safran durchaus auch in kühleren Gegenden anbauen - derzeit existiert sogar eine gewerbliche Plantage in den kühlen Bergen von Nordwales. **Ich zupfe die hellroten Fäden aus der Mitte jeder Blüte mit einer Pinzette heraus, um die Blüte nicht zu ruinieren, und trockne sie drinnen auf Küchentüchern.**

VORSICHT DOPPELGÄNGER

Achten Sie peinlichst genau darauf, dass Sie für Ihre Safrankultur wirklich nur Krokus der Art *Crocus sativus* kaufen und nicht ähnliche Arten wie Herbstkrokus oder Herbstzeitlose. **Sie und einige andere Safran-Doppelgänger sind extrem giftig.** Alle seriösen Händler weisen auf dem Etikett klar darauf hin, dass ihr Safran genießbar ist. Haben Sie Zweifel, lassen Sie die Finger von den Knollen.

GRÜNE MANDELN

Grüne Mandeln gehören zu den bestgehüteten Geheimnissen der Nahostküche. Man bekommt sie, indem man die frischen, jungen Früchte erntet, bevor sich ihre behaarte Schale härtet. Ansonsten haben sie wenig mit den vertrauten Kernen zu tun, die man im Handel bekommt.

ANBAU

Mandeln brauchen wenig Pflege und sind ausgesprochen schön anzusehen. Sie kommen zwar in ganz Mitteleuropa in wintermilden Gegenden vor, fruchten allerdings nur im Mittelmeerraum verlässlich. In nassen, kurzen Sommern fangen sie sich zudem gern Pilzinfektionen wie die Kräuselkrankheit ein. Zum Glück gibt es inzwischen immer bessere Veredelungsmethoden und Sorten, sodass – zuzüglich einiger gärtnerischer Tricks – grüne Mandeln auch in unseren Breiten eine echte Option werden.

1) *Entweder* spätblühend ...

Mandelbäume blühen früh – also in einer Zeit, da möglicherweise noch nicht genug Bestäuber unterwegs sind. Außerdem sind die zarten Blüten zu Saisonbeginn sehr anfällig für Spätfröste. Der Fruchtansatz ist daher alljährlich gefährdet.

Die neue, spät blühende französische Sorte 'Mandaline' zeigt ihre hübschen rosa Blüten erst in der Frühjahrsmitte und damit unglaublich spät für eine Mandel. Die niederländische Züchtung 'Robijn', eigentlich eine Kreuzung zwischen Mandel und Pfirsich, blüht ebenfalls relativ spät. Weil sie obendrein fast völlig immun gegen die Kräuselkrankheit ist, gehört sie zu den ertragreichsten Sorten mit den süßesten Mandeln. Die aber vielleicht verlässlichste Form für gemäßigte Klimazonen ist die skandinavische 'Ingrid'. Sie trägt schmackhafte Nüsse und ist besonders widerstandsfähig gegen die Kräuselkrankheit, lässt dafür allerdings keine besonders hohe Ernte erwarten.

... *oder* Unterglaskultur (die bessere Lösung)

Wer eine Veranda, ein Gewächshaus oder einen Wintergarten hat, fährt gut mit der Sorte 'Princesse' mit köstlich süßen Mandeln. Sie wird in der Regel auf eine sehr schwachwüchsige Unterlage veredelt und bleibt daher mit Dimensionen von 1,2 Meter Höhe und Breite in einem Rahmen, der für die Topfkultur bestens geeignet ist. Drohen Spätfröste, kann man sie problemlos nach drinnen transportieren. Auch 'Robijn' wird inzwischen auf schwachwüchsigen Unterlagen verkauft und kann bei entsprechendem Schnitt auf 1,8-2,5 Meter Höhe beschränkt werden, sodass eine Topfkultur ebenfalls möglich ist.

Bleibt eine Mandel transportabel, hat das obendrein den Vorteil, dass man ihre Knospen trocken halten kann. Das minimiert das Risiko einer Infektion mit der Kräuselkrankheit, die über Sporen in der Luft und Regentropfen übertragen wird. Alle genannten Sorten zeigen übrigens von Natur aus gute Widerstandsfähigkeit dagegen.

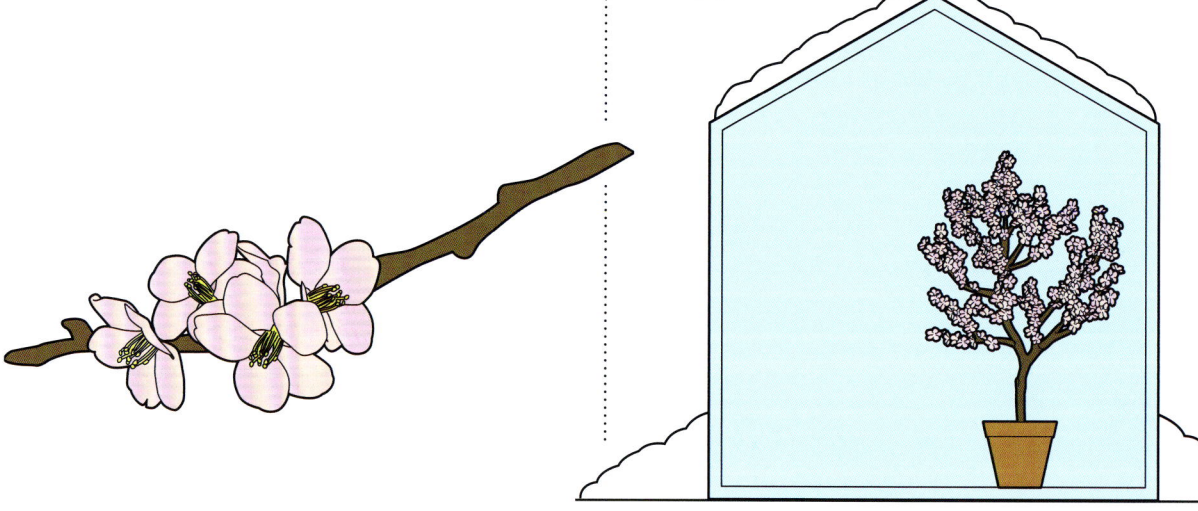

Früh in der Saison sind die ganzen Mandeln noch weich und grün. Später wird die Kernschale hart und die Nuss muss herausgebrochen werden.

2) Machen Sie's wie die Bienen

Ein simpler Trick zur Ertragssteigerung ist die Handbestäubung, bei der die Mitte jeder Blüte mit einem Pinsel gekitzelt wird.

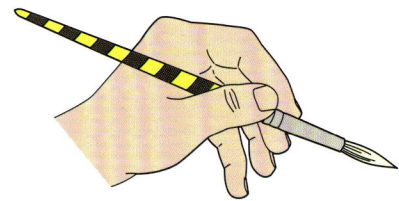

Damit erledigt man die Arbeit der Bienen, falls die sich nicht blicken lassen. Die Pollen werden mit dem Pinsel von Blüte zu Blüte übertragen, was die Fruchtbildung fördert und damit die Erntemenge erhöht. Gerade wenn man seinen Baum unter Glas stehen hat und Bienen die Blüten nicht erreichen können, ist diese Maßnahme unerlässlich. Aber selbst im Freiland lohnen sich die zehn Minuten investierte Zeit. Ansonsten sind alle hier genannten Formen selbst bestäubend. Man braucht also nicht zwischen mehreren Bäumen unterschiedlicher Sorten hin- und herzuspringen, um einen guten Fruchtansatz zu erreichen.

3) Suchen Sie das wärmste Plätzchen

Sie erhöhen die Chancen auf eine gute Ernte, wenn Sie Ihrem Mandelbäumchen den wärmsten, sonnigsten Platz im Garten zuweisen. Ideal ist ein Standort vor einer Ziegelmauer, die tagsüber die Sonnenwärme absorbiert und nachts wieder abgibt.

KURZTIPPS

• Angesichts ihrer spektakulären Blütenshow würde ich Mandeln einen Ehrenplatz an einem am intensivsten genutzten Platz im Garten zuweisen, idealerweise in Blickweite zum Küchenfenster. So hat die Familie die Pracht so oft wie möglich vor Augen.

• Ganz gleich, ob Sie Ihren Mandelbaum drinnen oder draußen kultivieren: Er sollte auf einer schwachwüchsigen Unterlage veredelt sein, damit er nicht zu groß wird. Eine gute Wahl sind 'St Julien A' und 'VVA-1'. Auf Unterlagen wie 'Myran' würden riesige Gehölze heranwachsen, an deren Mandeln man nur mit Mühe gelangen würde. Lassen Sie die Finger davon, außer Sie haben viel Platz – und eine standfeste Leiter!

• Pflanzen Sie Mandeln nicht neben Pfirsichen. Die beiden sind eng verwandt und können sich gegenseitig bestäuben, was eine unangenehm bittere Ernte nach sich zieht.

• Mandelbäume blühen und fruchten an ein- und zweijährigem Holz, übertreiben Sie es deshalb mit dem Schneiden nicht. Entfernt werden sollten nur abgestorbene, überkreuzte und verdichtete Triebe, außerdem alle, die aus der Reihe tanzen und so wachsen, dass der Baum seine ausgewogene Form durch sie einbüßt.

VERWENDUNG

Grüne Mandeln können als Ganzes gegessen werden. Sie sind weich und knackig, aber nicht üppig und nussig, sondern erfrischend und säuerlich. Geschmacklich erinnern sie an den Geruch von frisch gemähtem Rasen und werden mit ihren frühlingshaften Noten zwischen grünen Äpfeln und Weißweintrauben angesiedelt. Die äußere Schale ist daunig behaart und hat eine knackige, aber auch wässrige Textur. Gut dazu passen die noch unreifen Samen mit ihrer weichen und doch festen, geleeartigen Konsistenz und dem zarten Marzipangeschmack.

Im Nahen Osten vom Iran bis Israel werden diese Frühjahrshappen in Öl und Salz getaucht als Snacks genossen. Im Libanon legt man die Früchte oft mit Chilis und Koriandersamen in einer Zuckerlösung ein und isst sie zu gebratenem Hähnchen. Ich mag sie in dünne Scheiben geschnitten und in einer Pfanne mit den ersten Dicken Bohnen der Saison gebraten – oder, noch besser, mit Ziegenkäsekrümeln und gerösteten Schinkenstreifen ergänzt.

Gut harmonieren grüne Mandeln auch in einer Pasta Primavera mit einem Berg Parmesan und Zitronenöl. Am vielleicht besten und unverfälschtesten aber lassen sie sich in einem Frühlingskräutersalat genießen, wo ihre frische Säure zum Tragen kommen kann.

KOMMEN SIE MIESEN SOMMERN ZUVOR

Das Beste an grünen Mandeln ist für mich ihre frühe Verfügbarkeit. In unseren Breiten fällt der Sommer oft zu kurz aus, um Mandeln voll zur Reife zu bringen. Indem man sie grün isst, bekommt man ein weit ungewöhnlicheres, schwerer aufzutreibendes und teureres Produkt als die fertigen Mandeln aus dem Handel und trickst auch noch das schlechte Wetter aus. So haben Sie etwas von den Früchten und müssen nicht mehr zusehen, wie ein mieser Sommer Ihre Mandelträume zerplatzen lässt.

FRÜHLINGSSALAT MIT MANDELN 4 Portionen

Mit grünen Mandeln lässt sich der vielleicht erfrischendste Frühlingssalat aller Zeiten zaubern. Sie können das Rezept mit allem abwandeln, was im Garten greifbar ist. Ich habe Borretschblüten und etwas wilden Spargel mit eingespannt.

Zutaten:

100 g grüne Mandeln

100 g frische Frühlingserbsen

100 g Gurke, in Scheiben

200 g Radieschen

200 g Spargel

1 Spritzer Olivenöl und Sherryessig

Zubereitung:

ALLE ZUTATEN zusammengeben und servieren. Einfacher geht's nicht!

GESCHMACKS-
WELTEN

ESSIG UND EINGELEGTES

Am vielleicht leichtesten lässt sich der Geschmack von Gartengenüssen durch Einlegen in Essig einfangen. Dabei entstehen die unterschiedlichsten Sauerkonserven, Vinaigrettes und sogar Balsamico.

QUITTEN-*ACETO-BALSAMICO*

Der echte italienische *Aceto Balsamico Tradicionale* ist in Wirklichkeit gar kein Essig, sondern der Saft der sauren Trebbiano-Traube, der langsam durch Kochen eingedickt und in Eichenfässern ausgebaut wird.

Jeder mit einem Überschuss an sauren Früchten wie zum Beispiel Quitten kann dieses Verfahren übernehmen. Es funktioniert auch mit Bramley-Äpfeln und natürlich Weintrauben. Eine sensationelle Balsamico-Heimversion bekommt man, wenn man die Früchte in einen Entsafter gibt und das Ergebnis in einem Topf etwa eine Stunde lang köcheln lässt, bis aus 2 l schließlich 250 ml geworden sind. Besser kann man Überschüsse nicht verwerten. Die Reduktion hält sich im Kühlschrank mindestens einen Monat lang.

EINGELEGTE KIRSCHEN

Ergibt 1,5 kg

Das Einlegen von Obst ist wesentlich einfacher als das Einlegen von Gemüse (man braucht sich nicht darum zu kümmern, dass es fest bleibt). Zudem bekommt man Eingelegtes Obst außerhalb von Feinkostläden nur schwer. Hier mein Basisrezept, mit dem fast jedes Obst verarbeitet werden kann.

350 g Zucker und 175 ml Essig in einem großen Topf 5 Minuten köcheln lassen, bis sich der Zucker aufgelöst hat.

1 KG Kirschen mit Kräutern oder Gewürzen nach Belieben dazugeben und noch einmal 5 Minuten köcheln lassen, bis sie weich sind.

DIE GEKOCHTEN FRÜCHTE in ein warmes, sterilisiertes Gefäß geben. Den Sirup mit einem Kaffeefilter oder Seihtuch abseihen.

DEN SIRUP auf mittlerer Hitze 5–10 Minuten reduzieren, bis nur noch ein Drittel übrig ist. Die kochende Flüssigkeit auf die Früchte gießen und das Gefäß luftdicht verschließen.

DIE MISCHUNG an einen kühlen, dunklen Platz stellen. Sie ist nach einem Monat genussreif, hält sich aber noch mindestens ein Jahr.

HIMBEER-LORBEER-ESSIG

Ergibt 500 ml

Eine Zeitreise zurück ins Jahr 1989 erlebt man mit diesem Retro-Gebräu. Der frische, duftende und äußerst vielseitige Essig passt zu so ziemlich allen Speisen.

500 g Himbeeren in einer Schüssel zerdrücken und 500 ml Apfelessig darübergießen. Ein bis zwei Lorbeerblätter hineingeben, abdecken und eine Woche lang im Kühlschrank durchziehen lassen.

DIE MISCHUNG durch ein Sieb in einen Topf seihen und 100 g Zucker hineinrühren.

DEN GESÜSSTEN ESSIG köcheln, bis sich der Zucker aufgelöst hat. Noch heiß in ausgekochte Flaschen füllen. An einem kühlen, dunklen Platz hält sich der Essig mindestens ein Jahr.

FEIGEN-BALSAMICO

Obst mit weichem Fruchtfleisch wie zum Beispiel Feigen, Beeren und Pflaumen bereichern Balsamico um eine unglaubliche Fruchtfülle und seidige Textur. So kompliziert und ausgefeilt sich das anhört, so einfach ist es zuzubereiten. Meine Nummer eins ist Balsamico mit Feigen und einem Spritzer Vanilleextrakt. Über einen Salat oder frische Erdbeeren geträufelt schmeckt er umwerfend.

FEIGEN und Balsamico-Essig zu gleichen Teilen in einen Mixer geben und cremig pürieren. Durch ein Sieb seihen, um die Samen zu entfernen.

DIE MISCHUNG in einen breiten, flachen Topf geben und auf sehr niedriger Hitze unter gelegentlichem Umrühren rund 30–40 Minuten köcheln lassen, bis noch etwa die Hälfte übrig ist.

IN FLASCHEN füllen und servieren. Wer den Balsamico nicht gleich verwerten will, kann ihn mindestens einen Monat lang im Kühlschrank aufbewahren.

Himbeer-Lorbeer-Essig

Man kann es kaum glauben: Ein Löffel davon über Vanilleeis schmeckt schockierend gut. Erst probieren, dann urteilen!

Eingelegte Kirschen mit Lorbeer in Rotweinessig

Schmeckt mit ordentlich Stilton-Käse auf einer Pizza verteilt großartig.

Quitten-Aceto-Balsamico

So verwandelt man Überschüsse aus dem Obstgarten in ganz besondere Weihnachtsgeschenke.

Aprikosen in Weißweinessig

Auf gegrilltem Hähnchen im Sommer großartig.

Feigen-Balsamico

Macht aus einem normalen Käsetoast eine Speise für die Götter.

Feigen und Chilis in Apfelessig

Damit ist Ihr Cheddar nie wieder derselbe.

SCHNEIDEN UND TROCKNEN

Obst, Gemüse und Kräuter lassen sich am schnellsten und einfachsten durch Trocknen haltbar machen. In großen Girlanden über einer warmen Fensterbank drapiert geben sie auch noch ein originelles Dekor ab, wenn die Nacht hereinbricht.

Chilis und Pilze: Man kann sie einfach mit einer großen Nadel auf Küchengarn oder einen Bindfaden fädeln. In ein Fenster gehängt sind sie nach wenigen Wochen trocken und können verwendet werden. Zum Aufbewahren geben Sie sie mit einer dünnen Lage ungekochtem Reis in große Einmachgläser. Der Reis absorbiert überschüssige Feuchtigkeit.

Kräuter: Hartlaubige Mittelmeerkräuter wie Rosmarin, Salbei, Thymian und Lorbeer trocknen kopfüber an eine Schnur gebunden schon binnen einer Woche.

IN ÖL EINGELEGT

Das Einlegen in Öl ist eine hervorragende Methode zur Konservierung verschiedenster Obst- und Gemüsesorten. In dekorativen Gläsern sehen Ihre Überschüsse aus dem Garten wie edle Feinkostware aus. Hier vier Rezepte, wie Sie Ihre Tomaten, Chilis, Lampascioni und Kräuter haltbar machen.

SAN-MARZANO-TOMATEN MIT BASILIKUM

Ergibt 1 kg

3 KG Tomaten halbieren und mit der geschnittenen Seite nach oben auf 2 Backbleche legen. Gut würzen, mit 2 EL Knoblauchöl beträufeln und bei 110 °C im Ofen etwa 4 Stunden lang backen, bis sie weich und klebrig sind.

DIE TOMATEN mit einer Handvoll Basilikumblätter mischen und in sterilisierte Gläser geben, solange sie noch warm sind. Etwa 200 ml Extra-Vergine-Olivenöl darübergeben.

VERSCHLIESSEN und vor dem Verzehr mindestens einen Tag lang im Öl liegen lassen. An einem kühlen, trockenen Ort sollten sie sich bis zu einem Monat halten.

GERÄUCHERTE CHIPOTLES   Ergibt 500 g

FRISCH geräucherte Chipotles oder Jalapeños (siehe S. 196) in ein ausgekochtes Glas geben und 2 TL Sherryessig darüberträufeln.

MIT Extra-Vergine-Olivenöl auffüllen.

1–2 TAGE stehen lassen, an einen kühlen, dunklen Platz stellen und innerhalb eines Monats aufbrauchen.

LAMPASCIONI IN ÖL

Sie sind weich und zart und haben eine Bitternote, die süchtig macht. Mehr dazu im Rezept auf S. 152.

TIEFGEFRORENE KRÄUTER IN ÖL

Tiefgefrorene Kräuter in ölgefüllten Eiswürfelbehältern sind ein rasch griffbereiter Geschmackshit, der sofort in fertig portionierten Mengen in die Pfanne wandern kann. Fügt man noch gehackten Knoblauch und vorgedünstete Schalotten hinzu, sind die Gerichte noch schneller auf den Weg gebracht.

KONFITÜRE

Schon erstaunlich, wie man mit ein bisschen Hitze und Zucker dem Geschmack auf die Beine helfen und das frische Original in etwas völlig anderes verwandeln kann. Es deutet sogar einiges darauf hin, dass Köcheln die Verfügbarkeit der Phytonährstoffe in der Frucht erhöht. Worauf warten Sie noch?

In einem kühlen, dunklen Raum halten sich die meisten Konfitüren und Gelees bis zu einem Jahr lang. Nach dem Öffnen stellt man sie in den Kühlschrank und verbraucht sie binnen zwei Wochen.

SCHALOTTEN-SCHINKEN-KONFITÜRE

Ergibt 500 g

Es gibt keine bessere Würzsauce für Ihren selbst gebauten Cheeseburger beim Grillabend als diese rauchige, klebrig süße, intensive Konfitüre. Verwenden Sie hochwertigen Schinken.

8 SCHEIBEN Räucherschinken (etwa 300 g) bei etwa 180 °C grillen.

DAS SCHINKENFETT auffangen und 2 EL davon in einer Pfanne erhitzen. 400 g dick geschnittene Schalottenscheiben bei sehr schwacher Hitze etwa 20 Minuten braten, bis sie kurz vor dem Schwarzwerden sind. Die Mischung gut mit Salz und Pfeffer abschmecken.

DIE SCHINKENSCHEIBEN zerkrümelt über die Schalotten streuen. ½ geriebenen Kochapfel (ungeschält), jeweils ¼ TL Senfpulver und Zimt, 200 g Zucker und 3 EL Sherryessig hineinrühren. Aufkochen und unter gelegentlichem Umrühren 10 Minuten auf niedriger Hitze köcheln.

DIE MISCHUNG in warme, ausgekochte Gläser füllen und diese luftdicht verschließen.

Sie mögen Kürbiskonfitüre? In Italien gibt es eine speziell für Konfitüren gezüchtete alte Sorte namens 'Zucca da Marmellata'. Sie hat eine unglaubliche gelartige Konsistenz und eine kräftige goldgelbe Kürbisfarbe. Ich freue mich jedes Jahr auf diese Köstlichkeit.

KÜRBIS-MÖHREN-KONFITÜRE

Ergibt 1 kg

Ein beliebter Frühstücksaufstrich in Südfrankreich und Italien. Sündhaft gut mit Butter auf einem heißen Croissant.

JEWEILS 400 g Kürbis und Möhren in einen großen Topf reiben.

DAS GERIEBENE GEMÜSE mit 1 EL Butter sowie dem Saft und der Schale von einer unbehandelten Zitrone 20 Minuten weich kochen.

600 G ZUCKER, ½ TL Gewürzmischung (Koriander, Zimt, Piment, Muskatnuss, Ingwer, Nelken – gemahlen), 2 Kardamomschoten und 1 Prise Salz hineinrühren.

1 WEITERE STUNDE auf mittlerer Hitze köcheln, bis die Konfitüre dick wird. Sie ist fertig, wenn in der Spur eines über den Boden der Pfanne gezogenen Holzlöffels der Boden zu sehen ist.

KONFITÜRE in warme, sterilisierte Gläser füllen und Deckel daraufschrauben.

Sie haben Bedenken wegen des Zuckers? Kalt gerührte Konfitüre enthält 80 Prozent weniger Zucker. Wählt man zudem einen natürlichen Stevia-Süßstoff, braucht man sich gar keine Sorten mehr machen.

KALT GERÜHRTE HIMBEERKONFITÜRE

Ergibt gut 600 g

Kaltgerührte Konfitüre ist eine simple Art der Zubereitung von Brotaufstrichen im Schnellverfahren und ohne viel Zucker. Sie schmeckt frisch, ist kalorienarm und wird eher durch niedrige Temperaturen als durch viel Zucker konserviert.

500 g schwarze Himbeeren in eine große Schüssel geben und mit der Gabel zu einem Brei zerdrücken. Die geriebene Schale und den Saft einer halben unbehandelten Zitrone dazugeben.

1 EL Agar-Agar (im Reformhaus, Bioladen oder in der Backwarenabteilung von Supermärkten erhältlich) kurz in 400 ml Wasser in einem kleinen Topf einrühren. Topf ohne weiteres Rühren erhitzen und langsam köcheln lassen, bis das gesamte Agar aufgelöst ist.

100 g Zucker in die Agarlösung rühren und weitere 5 Minuten köcheln lassen.

DEN HEISSEN ZUCKER-AGAR-SIRUP über die zerdrückten Früchte gießen und durch Umrühren gut mischen. Die Mischung in einen kleinen Tiefkühlbehälter füllen und abkühlen lassen.

DIE MISCHUNG einfrieren.

Die ganz einfach zuzubereitende Konfitüre hält sich im Kühlschrank zwei Wochen, im Gefrierschrank bis zu einem Jahr. Portionsweise auftauen.

QUITTEN-CHILI-INGWER-KONFITÜRE

Ergibt 1 kg

Damit veredelt, wird ein bescheidener Cheddar-Toast zu etwas ganz Besonderem.

2 ENTKERNTE QUITTEN, 1 daumengroßes Stück Ingwerwurzel und die Schale einer unbehandelten Zitrone reiben.

DIE MISCHUNG und etwa 500 ml Grapefruitsaft in einen Topf geben. Den Saft einer halben unbehandelten Zitrone und eine halbe in Scheiben geschnittene rote Chili dazugeben, zum Kochen bringen und etwa 30 Minuten lang köcheln lassen, bis das Obst weich geworden ist.

500 G ZUCKER einrühren und die Mischung auf mittlerer Hitze weitere 60 Minuten köcheln, bis sie sich eindickt und eine rosa Farbe bekommt.

Leuchtende Konfitüre gefällig? Die magische Farbumwandlung von gelb zu rot beim Einkochen von Quitte ist auf die Tannine in der Frucht zurückzuführen. Die Menge ist aber von Posten zu Posten verschieden, sodass man als zusätzlichen Farbgeber Grapefruitsaft dazugeben sollte.

ALKOHOLISCHES AUS DER BOTANIKBAR

Alkohol ist das mit Abstand beste Lösungsmittel zum Extrahieren und Konzentrieren von Aromen, die im Inneren von Obst- und Gemüseköstlichkeiten verborgen liegen. Weil er zudem antimikrobielle Eigenschaften hat, kann man ihn auch noch für die Haltbarmachung verwenden. Seine Albernheit verursachende Nebenwirkung ist lediglich ein angenehmer Bonus! Hier meine Lieblingsrezepte ...

BIRNE IN DER BUDDEL

Wie zum Teufel geht das? Damit punkten Sie garantiert bei der nächsten Essenseinladung. Auf S. 106–107 verrate ich das Geheimnis.

SAFRAN-RUM MIT WÜRZE   Ergibt 350 ml

Dieser Cocktail unterstreicht die mild psychoaktive Wirkung von Safran und ergibt den garantiert erheiterndsten Martini der Welt.

350 ml weißen Rum mit 1 TL Safran, 4 Gewürznelken, einer halben Zimtstange, 1 Vanilleschote und 2 Kardamomkapseln in ein Glas geben. Einen Monat lang an einem kühlen, dunklen Platz aufbewahren. Anschließend durch ein Sieb seihen und zum Mixen bereitstellen. Die abgeseihte Mixtur wird sich aber noch merklich verbessern, wenn man sie weitere zwei bis drei Monate stehen lässt. Glauben Sie mir, das Warten lohnt sich!

FRAGOLA

Ergibt 600 ml

Der italienische Traditionslikör fängt das intensive Aroma von Walderdbeeren ein und macht daraus ein Getränk von durchschlagender Wirkung. 200 g Walderdbeeren in eine Flasche geben und 300 ml Wodka sowie 200 ml Zuckersirup darübergeben. Mindestens drei Monate an einen dunklen, kühlen Platz stellen. Das Elixier bringt Sommerflair ins Winterdunkel.

MARASKAKIRSCHEN

Nein, dabei handelt es sich nicht um die scheußlichen Kinderpartynaschereien aus den 1980er-Jahren, sondern um meine Version beschwipster Kirschen (*Prunus cerasus* var. *marasca*), die nach wie vor an der dalmatinischen Küste reifen. Wie Fragola zubereiten, aber Schattenmorellen nehmen.

PRICKELKNOPF-MINZE-ANANAS-WODKA

Ergibt 750 ml

Der prickelnde, duftende, fruchtige Mix eignet sich bestens zum Aufpeppen eines Tropenfruchtsalats oder eines feurigen Ginger Beer. 750 ml Wodka, 50 g Prickelknopf, 3 große Minzezweiglein und 20 g gehackte Ananas in ein Glas geben und zwei Wochen stehen lassen. Danach abseihen und in Flaschen umfüllen.

DOUGLASIEN-GIN

Ergibt 750 ml

Ein frischer, strahlender, unendlich duftender Gin – fast wie ein Weihnachtsbaumkonzentrat. Man kann ihn sofort trinken, doch schmeckt er besser, wenn man ihn drei Monate ziehen lässt.

750 ml Gin

75 g Douglasiennadeln

Schale einer Zitrone

ALLES im Mixer mischen.

DEN MIX eine Woche im verschlossenen Glas im Kühlschrank ziehen lassen.

DURCH einen Kaffeefilter oder ein Tuch sieben.

IN FLASCHEN füllen und ein Fichten- oder Tannenzweiglein hineingeben.

AUF-GEMISCHT

WEISSE SANGRIA MUTTER ERDE
Ergibt 1 l

JEWEILS 300 g Erdbeeren und helle Pfirsiche in Scheiben in einen großen Krug geben und den Saft einer halben unbehandelten Zitrone, 100 ml Holundersirup, eine Handvoll frisches Basilikum und 1 EL fein geschnittenen Stem-Ingwer hinzufügen. 1 Stunde stehen lassen.

REICHLICH Eis und 1 Flasche Weißwein darübergießen, kurz umrühren und servieren.

SAFRAN-BUTTER-RUM
Ergibt 300 ml

1 EL Rohrzucker, 2 Spritzer Safran-Rum mit Würze (siehe S. 214) und eine Zimtstange im Glaskrug mischen.

HEISSEN TEE und ein kleines Stückchen gesalzene Butter hineingeben und servieren.

OH TANNENBAUM
1 Portion

JE 1 BARMASS Douglasien-Gin (siehe S. 215) und Martini Bianco im Cocktail-Shaker zusammen mit 1 TL Puderzucker, 1 Spritzer Zitronensaft und reichlich Eis mischen.

STEHEN LASSEN, bis der Shaker beschlägt.

IN EIN MARTINIGLAS abseihen und ein junges, weiches Fichtenzweiglein hineingeben.

ROSEJITO
1 Portion

2 GROSSE ZWEIGE Marokkanische Minze (*Mentha spicata* var. *crispa* 'Marokko'), 1 Barmaß weißen Rum, 2 EL Rosenkonfitüre (siehe S. 174) und eine halbe Limette in Scheiben mit reichlich Eis in ein Glas geben.

MIT SODA auffüllen, mit einer Rosenknospe garnieren und servieren.

EISZEITEN

Durch Einfrieren lässt sich der Geschmack des Sommers in den Winter retten. Verwandeln Sie Ihr Obst in Eis am Stiel und Sie können Ihre Drinks damit kühlen, ohne sie verdünnen zu müssen.

PIMM'S MIT PEP

Ergibt 4 Lollis

1 GESCHÄLTE GURKE mit dem Saft und der Schale von 2 unbehandelten Limetten, 100 g Zucker und 250 ml Ginger Beer ohne Kohlensäure mixen.

EINIGE DÜNNE APFELSCHEIBEN (z. B. Bramley) in je einen von 4 Lolli-Formen geben und den Mix hineingießen.

DIE LOLLIS 6 Stunden lang einfrieren und in einen Cocktail aus Pimm's und Limonade stecken.

HOLUNDER-CUCAMELON-GIN-TONIC

Cucamelons werden auch Mexikanische Minigurken genannt. Sie sind traubengroße Verwandte der Salatgurke und sehen aus wie geschrumpfte Wassermelonen. Sie schmecken wie Gurken mit der frischen Säure eines Spritzers Limettensaft.

100 ML Holundersirup mit 600 ml gekochtem, abgekühltem Wasser verdünnen und in Eiswürfelschalen füllen, deren Fächer mit in Scheiben geschnittenen Cucamelons, Borretschblüten und Zweiglein Marokkanischer Minze gefüllt sind.

6 STUNDEN einfrieren und ein paar Eiswürfel davon in einen traditionellen Gin Tonic geben.

TIEFGEFRORENE BEEREN

Eine perfekte Garnierung oder ein Kühl-Lolli für weißen Schaumwein.

SOMMERBEEREN auf einen Grillspieß oder Zahnstocher spießen.

AUF EIN BACKBLECH legen, sodass sich die einzelnen Spießchen nicht berühren.

FÜR MINDESTENS 3 Stunden einfrieren.

2 Barmaß Pimm's, Erdbeer-, Orangen- und Gurkenscheiben. Mit Limonade auffüllen.

NÜTZLICHE ADRESSEN

Das Internet bietet neugierigen Hobbygärtnern unendlich viele Möglichkeiten, sich Samen und Pflanzen zu besorgen, die man nie im Heimwerkermarkt oder Gartencenter bekommen würde. Viele Anbieter liefern inzwischen international aus, sodass man sich Exoten und ungewöhnliche Sorten aus allen Teilen der Welt problemlos ins Haus kommen lassen kann.

Aromagärtnerei Deaflora
Die Gärtnerei mit Versandhandel hat sich auf Obst, Gemüse und Kräuter spezialisiert und bietet über 2000 Arten und Sorten an. Schönes Angebot an Basilikum, Roten Beten, essbaren Blüten, Feigen, Pastinaken, Weintrauben und vor allem Erdbeeren in allen Farben und Formen.
www.deaflora.de

Baker Creek Heirloom Seeds
Das Unternehmen offeriert eine erstaunliche Auswahl ungewöhnlicher und seltener Samen. Es hat seinen Sitz in den USA, liefert aber in alle Welt.
www.rareseeds.com

Ingana
Der Onlinehändler hat kein sonderlich breit gefächertes Angebot an Gemüsepflanzen, aber eine stattliche Auswahl an Chilis und alten Tomatensorten, vor allem aber an Kürbissen, Basilikum und Kapuzinerkresse zu bieten.
www.inganashop.de

Lubera
Das von Markus Kobelt, einem der größten Gartenspezialisten Europas, gegründete Schweizer Unternehmen gehört zu den innovativsten Zuchtbetrieben. Auf der Webseite findet man eine große Auswahl an Obst und speziell Beeren, Gemüse und Kräutern.

Der Versand erfolgt europaweit. Es gibt eigene Shops für Österreich, die Schweiz und Großbritannien mit teilweise auf die Länder zugeschnittenem Sortiment.
www.lubera.com

Magic Garden Seeds
Trotz des englischen Namens ein deutsches Unternehmen, das sich auf den Verkauf von Kulturpflanzensamen spezialisiert hat. Das Angebot ist nicht allzu umfangreich, doch findet man einige alte und seltene Obst- und Gemüsesorten.
www.magicgardenseeds.de

Plant World Seeds
Die Typen haben einen Katalog dick wie ein Telefonbuch. Darin finden sich schon allein mehrere Hundert Tomatensorten. Wenn sie etwas nicht haben, dann hat's keiner. Sie sitzen in Großbritannien, verkaufen aber weltweit.
www.plant-world-seeds.com

Semillas
Hat angeblich das weltweit größte Angebot an Chilisamen – von sanft über scharf bis sengend.
www.semillas.de

Tomandi
Schweizer Händler mit einer riesigen Auswahl an Tomatensorten und auch etlichen Chilis.
www.tomandi.ch

Tomaten, Chilis und Auberginen
Ein im deutschen Witten ansässiger Anbieter, der sich unter anderem auf Tomaten und Chilis spezialisiert hat und eine erstaunliche Vielfalt an Sorten für dieses Gemüse anbietet.
www.tomaten-chilis.de

Trade Winds Fruit
Meine liebste Bezugsquelle für die wahrhaft seltenen, abgefahrenen Gemüse- und Obstwunder der Welt. Sie suchen eine Wildtomate von den Galapagosinseln? Oder eine Maissorte, die einst von den Hopi-Indianern angebaut wurde? Trade Winds Fruit besorgt's. Das Unternehmen hat seinen Sitz im kalifornischen Santa Rosa, liefert aber fast in die ganze Welt.
www.tradewindsfruit.com

Samen- und Pflanzenhändler
Die folgenden Traditionsanbieter listen das übliche Sortiment an Obst, Gemüse, Kräutern und sonstigem Gartenbedarf auf. Sie bieten in der Regel ein großes Angebot an Sorten, die sich in unseren Breiten bewährt haben. Gelegentlich findet man aber auch ungewöhnliche Formen, interessante Neuzüchtungen und spektakuläre Exoten. Das Durchblättern ihrer Sortenlisten lohnt sich also.
www.poetschke.de
www.kiepenkerl.com
www.dehner.de
www.baldur.de
www.sperli.de
www.duerr-samen.de
www.garten-schlueter.de
www.samenshop24.de
www.saemereien.at
www.saemereien.ch
www.samen.ch

REGISTER

HINWEIS Bei der Zubereitung von Konfitüren, Chutneys, Eingelegtem und alkoholischen Getränken müssen alle Gläser, Schraubverschlüsse und Flaschen vor dem Befüllen steril gemacht werden. Man spült sie mit heißem Wasser, um alle Seifenrückstände zu entfernen, lässt sie trocknen und stellt sie auf ein Backblech. Dann erwärmt man sie im vorgeheizten Ofen 10 Minuten lang bei 160 °C. Alternativ kocht man sie aus oder wäscht sie im Gespirrspüler und verwendet sie sofort nach Beendigung des Spülprogramms, solange sie noch warm sind. Vor dem Befüllen müssen sie völlig trocken sein.

DANK

In diesem Buch sehen Sie immer nur Bilder von ein und demselben Typen. Hier nun der Teil, an dem ich endlich zugebe, dass viele Superstars hinter den Kulissen tätig waren, um dieses Buch möglich zu machen.

Die Royal Horticultural Society (RHS)

Als Erstes möchte ich die ganzen hervorragenden Experten der RHS nennen, allen voran Rae Spencer-Jones und Chris Young aus dem Redaktionsteam, weil sie das Gespür und die Vision hatten, das in Auftrag zu geben, was sich doch etwas abseits von der üblichen Gartenliteratur bewegt.

Natürlich wäre nichts möglich gewesen ohne die genialen Geister im RHS-Garten von Wisley. Oliver Wilkins, Mario De Pace und Matthew Pottage halfen mir, die vielen Hundert Sorten zu kultivieren, durch die ich mich für dieses Buch essen und fotografieren musste. Die Wissenschaftsgurus Alistair Griffiths und Guy Barter hielten mich auf Kurs und prüften meine Behauptungen sowie die Berge wissenschaftlicher Veröffentlichungen über die neuesten Forschungsergebnisse.

Die Gärtner und Feinschmecker

Weil in meinem Garten und dem der RHS in Wisley kein Quadratzentimeter mehr Platz war, musste ich willige Opfer auftreiben, die mich die übrigen Sorten anbauen ließen. Alfie Jackson von Suttons Seeds nahm die Herausforderung mit mehr als 200 Tomaten- und 150 Kürbissorten an. Die unerschütterliche Sarah Bell von der National Collection of Vines bot mir Dutzende Traubensorten zum Probieren an. Stephen Read von der Nationalen Feigensammlung baute einige der besten Züchtungen an, die ich je verkostet habe. Steve Waters auf der South Devon Chilli Farm half mir mit einer unglaublichen Vielfalt von Chilis aus, während Kimberly Campion von den Brogdale Collections mich an Hunderten von Kirsch- und Pflaumensorten knabbern ließ. Diese Pflanzenprofis sind alle so großzügig, dass Erstaunliches passiert, wenn man sie nur etwas fragt! Wunder bewirkte David Swain vom Obst- und Gemüsehandel Mash Purveyors, als ich verzweifelt nach Fotos, Auskunft und Verkostungsmöglichkeiten suchte.

Der Verlag

Die geduldigen Verlagsmitarbeiter nahmen meine schikanösen Vorstellungen und pingeligen Änderungswünsche mit einer superpositiven Wir-machen-das-schon-Einstellung hin. Yasia Williams-Leedham, Leanne Bryan, Alison Starling, Geoff Fennell und Clare Churly waren die eigentlichen Stars. Sie halfen mir, ein Buch zu schreiben, das hoffentlich ganz neue Maßstäbe in der Gartenliteratur setzt.

Danken muss ich auch meinen genialen Fotografen Jason Ingram und Antony Potts, die mit mir den ganzen Sommer über mehr als 16-stündige Arbeitstage absolvierten, die so weit in die Nacht reichten, dass wir schon mit unseren Handys als Beleuchtung arbeiten mussten. Ihre Professionalität und Geduld haben mir über die Angst hinweggeholfen, fotografiert zu werden.

Die Wissenschaftler

Als Letztes – aber nur, was die Reihenfolge anbelangt – danke ich den Gartenbauwissenschaftlern in aller Welt, ohne deren erstaunliche Forschungsarbeiten dieses Buch nicht möglich gewesen wäre. Ich habe mich durch mehr als 2000 wissenschaftliche Veröffentlichungen gearbeitet und einige der besten auf meine Webseite gestellt.

www.jameswong.co.uk   @botanygeek

Penguin Random House

Lektorat Leanne Bryan
Redaktion Caroline Taggart
Redaktionsleitung Alison Starling
Art Director Jonathan Christie, Yasia Williams-Leedham
Gestaltung und Satz Geoff Fennell
Herstellung Katherine Hockley
Illustrationen Tobatron
Fotos Jason Ingram

Royal Horticultural Society
Redaktionsleitung Rae Spencer-Jones
Redaktion Simon Maughan

Für die deutsche Ausgabe:
Programmleitung Monika Schlitzer
Redaktionsleitung Caren Hummel
Projektbetreuung Manuela Stern
Herstellungsleitung Dorothee Whittaker
Herstellungskoordination Katharina Dürmeier
Herstellung und Covergestaltung Kim Weghorn

Titel der englischen Originalausgabe:
Grow for flavor

First published in Great Britain in 2015 by Mitchell Beazley, an imprint of Octopus Publishing Group Ltd, Carmelite House, 50 Victoria Embankment, London EC4Y 0DZ

Published in association with the
Royal Horticultural Society, London
Design, photography and layout copyright
©Octopus Publishing Group Ltd 2015
Text copyright © James Wong 2015
Illustration copyright © Tobatron
James Wong asserts the moral right to be identified as the author of this work.
Alle Rechte vorbehalten

© der deutschsprachigen Ausgabe by
Dorling Kindersley Verlag GmbH, München, 2016
Ein Unternehmen der Penguin Random House Group
Alle deutschsprachigen Rechte vorbehalten

Jegliche – auch auszugsweise – Verwertung, Wiedergabe, Vervielfältigung oder Speicherung, ob elektronisch, mechanisch, durch Fotokopie oder Aufzeichnung, bedarf der vorherigen schriftlichen Genehmigung durch den Verlag.

Übersetzung Reinhard Ferstl
Lektorat Christine Ritter

ISBN 978-3-8310-2988-4

Druck und Bindung in China

Besuchen Sie uns im Internet
www.dorlingkindersley.de

Hinweis
Die Informationen und Ratschläge in diesem Buch sind von den Autoren und vom Verlag sorgfältig erwogen und geprüft, dennoch kann eine Garantie nicht übernommen werden. Eine Haftung der Autoren bzw. des Verlags und seiner Beauftragten für Personen-, Sach- und Vermögensschäden ist ausgeschlossen.

Die **Royal Horticultural Society** ist der führende britische Gartenbauverein. Er widmet sich der Förderung des Gartenbaus und stellt als gemeinnützige Organisation fachlichen Rat sowie Informationen zur Verfügung, bildet die nächste Generation von Gärtnern aus, bietet Kindern die Möglichkeit, erste Versuche beim Anbau von Pflanzen zu machen, und führt Forschungsarbeiten zu Pflanzen, Schädlingen und Umweltthemen durch.

JAMES WONG

James Wong ist ein in Kew ausgebildeter Botaniker, Autor und TV-Moderator. Er studierte Ethnobotanik und machte 2006 seinen Masterabschluss. Sein Hauptinteresse gilt zu wenig eingesetzten Nutzpflanzenarten und traditionellen Ernährungssystemen, die er im ländlichen Ecuador, auf Java und in Südchina erforschte. James Wong lebt in London.

Er ist Autor des Bestsellers *Grow Your Own Drugs* (deutscher Titel: *Meine Naturapotheke*, DK Verlag) und *Homegrown Revolution*, Moderator mehrerer Programme wie dem preisgekrönten BBC2-Programm *Grow Your Own Drugs* und der Reihe *Countryfile*.

2014 wurde James Wong zum RHS-Botschafter ernannt. Ihm liegt vor allem am Herzen, wissenschaftliche Fakten aus der botanischen Forschung einem neuen Publikum anschaulich und nutzbringend zu vermitteln. Dabei stellt seine Leidenschaft für Genüsse seine Liebe zu Pflanzen fast noch in den Schatten. James' kleiner Garten in London dient ihm als Versuchsanlage für die verschiedensten Obst- und Gemüsesorten und gärtnerischen Anregungen aus aller Welt.

RHS

Die Royal Horticultural Society ist der führende britische Gartenbauverein. Er widmet sich der Förderung des Gartenbaus und stellt als gemeinnützige Organisation fachlichen Rat sowie Informationen zur Verfügung, bildet die nächste Generation von Gärtnern aus, bietet Kindern die Möglichkeit, erste Versuche beim Anbau von Pflanzen zu machen, und führt Forschungsarbeiten zu Pflanzen, Schädlingen und Umweltthemen durch.